Walter Simon

GABALs großer Methodenkoffer

Führung und Zusammenarbeit

Walter Simon

GABALs großer Methodenkoffer
Führung und Zusammenarbeit

GABAL

Bibliografische Information der Deutschen Bibliothek

Die Deutsche Bibliothek verzeichnet diese Publikation in der Deutschen Nationalbibliografie; detaillierte bibliografische Informationen sind im Internet über http://dnb.ddb.de abrufbar.

Sonderausgabe des unter ISBN 3-89749-587-2 erschienenen Titels.

ISBN 978-3-89749-898-3

Lektorat, Satz: Rommert Medienbüro, Gummersbach. www.rommert.de
Umschlaggestaltung: +Malsy Kommunikation und Gestaltung, Willich
Umschlagfoto: Photonica, Hamburg
Grafiken: Justus Kaiser/Rommert Medienbüro, Gummersbach
Druck: Salzland Druck, Staßfurt

Abonnieren Sie unseren Newsletter unter:
www.gabal-verlag.de

Inhalt

B Interaktionelle Führung

C Strukturelle Führung

D Zusammenarbeit, Kooperation

E Führungsmodelle und -konzepte

Zu diesem Buch

Führung ist ein allgegenwärtiges Phänomen. Sie begegnet uns als Archetyp in der Gestalt Gottes, des Vaters oder – im Berufsleben verkörpert – durch den Chef. Hierbei handelt es sich zumeist um männliche Vorbilder, die als Beleg dafür dienen, dass Führung eben eine männliche Domäne ist.

Führer, Geführte, Verführte

Man trifft auf „Führer“ im Fußballverein in Person des Spielmachers oder in der Partei repräsentiert durch Funktionäre. Auch der Oberpimpf bei den Pfadfindern nimmt eine Führungsrolle wahr. Wir selbst sind Führer und zugleich Geführte oder gar Verführte.

Viele Fragen

Über das Thema Mitarbeiterführung ist viel gesagt und geschrieben worden. Man blickt in einen Dschungel an Literatur und erkennt vor lauter Wald kaum noch Bäume. Ein Begriffsdickicht erschwert die Übersicht und Zuordnung. Was sind Führungsmodelle? Was unterscheidet diese von Führungsstilen? Welches sind die elementaren Aufgaben eines Vorgesetzten? In welchem Verhältnis stehen Führung und Management zueinander? Werde ich richtig geführt? Verzweifelt fragt sich die neue Führungskraft: „Welches ist das richtige Werkzeug für welches Problem?“ Fragen wie diese bewegen Führer und Geführte gleichermaßen.

Mögliche Sichtweisen

Es gibt viele Antworten, je nach Standort und Standpunkt, Erkenntnisinteresse oder wissenschaftlicher Profession. Mögliche Betrachtungsweisen des Phänomens Führung sind:

- Führung zur Gestaltung des Gruppenprozesses
- Führung unter dem Gesichtspunkt der Persönlichkeit des Führers
- Führung zu dem Zweck, bei anderen Einverständnis zu erreichen
- Führung zwecks Ausübung von Einfluss
- Führung als Handlung oder Verhalten
- Führung als eine Form der Überredung

- Führung unter dem Gesichtspunkt der Machtbeziehung
- Führung zum Zwecke der Interaktion
- Führung zwecks Zielerreichung

Psychologen antworten anders auf die Frage nach dem Zweck von Führung als Betriebswirte oder Techniker. Der eine antwortet auf der Basis seiner Erfahrungen, ein Zweiter aus dem Bauch heraus und ein Dritter zitiert Lehrbuchweisheiten.

Unübersichtliches Gelände

Der Fragende ist aber meist nicht schlauer als vorher. Professor Oswald Neuberger bringt die Situation auf den Punkt: „*Will man sich auf dem Gebiet der Führung orientieren, so trifft man auf unübersichtliches Gelände: Es gibt beeindruckende Prachtstraßen, die aber ins Nichts führen, kleine Schleichwege zu faszinierenden Aussichtspunkten, Nebellöcher und sumpfige Stellen. Auf der Landkarte der Führung befinden sich auch eine ganze Reihe Potemkinscher Dörfer, uneinnehmbare Festungen oder wild wuchernde Slums.*“ (Neuberger 1995, S. 2)

Kein Patentrezept

Für Probleme der Mitarbeiterführung gibt es keine stromlinienförmigen Musterlösungen. Zu unterschiedlich sind die Situationen und Zusammenhänge. Hier gilt statt eines Entweder-oder ein Sowohl-als-auch. Statt nur eines Rezepts werden verschiedene benötigt, je nach Personen und Sachlage.

Wie ein Apothekerschrank

Das ist der Grund, warum der vorliegende Band keiner Schule oder Richtung folgt, sondern sich als Apothekerschrank für verschiedene Wehwehchen des Führungsalltags versteht. Den neuen „Führungskoffer“ können Sie in diesem Sinne als eine Art „Erste-Hilfe-Kästchen“ nutzen. Er ist weder ein theorielastiges Fachbuch noch ein stichwortartiges Lexikon. Inhalt, Themenmenge, Zeitbedarf und individuelle Lernkapazität wurden in ein ausgewogenes Verhältnis gebracht, die Hauptpunkte eines Themas so sehr verdichtet, dass Sie als Leser auf der Basis des ökonomischen Prinzips mit wenig Aufwand den größtmöglichen Nutzen erzielen.

Die fünf Bände des GABAL-Methodenkoffers

Vorgenanntes gilt für alle fünf Bände der Buchreihe „GABALs großer Methodenkoffer", von denen zusammen mit diesem Buch nun bereits vier Bände erschienen sind.

Band 1 (Methodenkoffer Kommunikation) hat auf der folgenden Gliederung basierend alle relevanten Kommunikationsthemen zum Inhalt: **Band 1**

A. Umfassende Kommunikationsmodelle
B. Teilaspekte der Kommunikation
C. Besondere Kommunikationsformen und -zwecke

Der Themenbogen spannt sich von den umfassenden Kommunikationsmodellen (z. B. Neuro-Linguistisches Programmieren) über Teilaspekte der Kommunikation (z. B. Fragetechnik) bis hin zu besonderen Kommunikationsformen (z. B. Rhetorik).

Im *zweiten Band (Methodenkoffer Arbeitsorganisation)* werden die wichtigsten persönlichen Arbeitstechniken behandelt: **Band 2**

A. Persönliche Arbeitsmethodik
B. Lern- und Gedächtnistechniken
C. Denktechniken
D. Kreativitätstechniken
E. Stressbewältigungsmethoden

Zeit- und Zielmanagement, Informationsbewältigung, Super-Learning, Logisches und Laterales Denken, Autogenes Training und Meditation sind einige der Themen, die hier behandelt werden.

Der *dritte Band (Methodenkoffer Management)* ist ein reiches Füllhorn an Managementtechniken. In vier Hauptabschnitten werden insgesamt 40 Werkzeuge vorgestellt: **Band 3**

A. Funktionales Management
B. Funktionsintegrierende Managementkonzepte
C. Qualitätsoptimierende Managementtechniken
D. Strategische Managementthemen

Der Bogen spannt sich von Themen wie Szenariotechnik, Nutzwertanalyse, Entscheidungsbaumtechnik, Kennzahlen, Kepner-Tregoe-Methode und Wertanalyse bis hin zu strategischen Themen wie Change-Management und Lernende Organisation.

Band 4 Den *vierten Band* halten Sie in der Hand. Er wird im nächsten Abschnitt beschrieben.

Band 5 Im *fünften Band* dieses Kompendiums *(Methodenkoffer Persönlichkeit)* geht es um die Persönlichkeit beziehungsweise um Wege und Möglichkeiten der Persönlichkeitsentwicklung. Erfolg im Studium, Beruf und Alltag hängen zu einem großen Teil von der Persönlichkeit des jeweiligen Menschen ab, von seinem Denken und Fühlen, seinen Werten und Normen, seinem Wollen und Tun. In diesem Band werden darum Konzepte und Methoden vorgestellt, mit denen Sie störendes Verhalten erkennen oder falsche Strategien korrigieren können.

Inhalt und Aufbau dieses Bandes

Hauptabschnitte von Band 4 Der hier vorliegende *Band 4* ist in folgende Hauptabschnitte gegliedert:

A. Hinführung
B. Interaktionelle Führung
C. Strukturelle Führung
D. Zusammenarbeit, Kooperation
E. Führungsmodelle und -konzepte

Interaktionelle Führung Die Untergliederung des ersten Hauptabschnitts „*Interaktionelle Führung*“ *(B)* orientiert sich an den elementaren Führungsaufgaben: Ziele vereinbaren, Aufgaben delegieren, Mitarbeiter informieren usw. Hier erfahren Sie, was Ihre elementaren Aufgaben als Führungskraft sind beziehungsweise die Ihres Vorgesetzten.

Strukturelle Führung Im zweiten Teil „*Strukturelle Führung*“ *(C)* werden Ihnen Elemente der strukturellen Führung vorgestellt, so beispielsweise Leitbilder, Führungsgrundsätze und die Gestaltung der Unternehmenskultur. Hier wird Ihnen gesagt, wie Sie indirekt, etwa über die Gestaltung der Organisation, eine Abteilung oder ein Unternehmen führen.

Teamarbeit

Ein weiterer Abschnitt *(D)* behandelt die wichtigsten Fragen der Zusammenarbeit im Team.

Modelle und Konzepte

Im letzten Abschnitt *(E)* lernen Sie wichtige führungstheoretische Modelle und Konzepte kennen. Hier wird die ganze Bandbreite an Sichtweisen und Erklärungsversuchen zum Phänomen der Mitarbeiterführung deutlich.

Alle fünf Bände sind von Struktur und Inhalt aufeinander abgestimmt. Die meisten Kapitel nehmen Bezug auf andere oder geben Querverweise. So, wie Hammer, Nagel und Zange zusammengehören, so stehen auch die Inhalte der fünf Bände in Beziehung zueinander.

Vertiefende Informationen

Sollten Sie weitere und vertiefende Informationen zu Führungskonzepten und -tools wünschen, so verweise ich auf mein Buch „*Managementkonzepte von A bis Z*“, das ebenfalls im GABAL Verlag erschienen ist. Es kann den vorliegenden Band sinnvoll ergänzen.

Literatur

Neuberger, Oswald: *Führen und geführt werden.* Stuttgart: Enke 1995.

Simon, Walter: *Managementkonzepte von A bis Z.* Offenbach: GABAL Verlag 2002.

TEIL A

Hinführung

1. Führungslehre im Wandel der Zeit

Weg vom alten Paradigma

Führung im heutigen Sinne entstand als Reaktion auf das Management, wie es vor allem im Übergang vom 19. in das 20. Jahrhundert praktiziert wurde. Man kann auch sagen, dass das wissenschaftlich fundierte Human-Resources-Management als Reaktion auf das Scientific-Management des Frederick W. Taylor entstand. Taylor sah im Mitarbeiter ein zweckrational denkendes Wesen, dem es vor allem um die Maximierung seiner wirtschaftlichen Vorteile gehe, der der Maschine angepasst werden müsse. Dieses Denken prägte viele Managergenerationen und war über Jahrzehnte hinweg das herrschende Paradigma.

1.1 Human-Relations-Schule

Die Hawthorne-Experimente

Mitte der 1920er-Jahre versuchten viele US-Firmen den Taylorismus zu perfektionieren. Eine der Untersuchungen aus dieser Zeit wurde weltberühmt und zum Ausgangspunkt eines neuen managementtheoretischen Ansatzes. Gemeint sind die *Hawthorne-Experimente,* die ab 1924 stattfanden. Wegen der unerwarteten Ergebnisse, die im Widerspruch zum tayloristischen Glaubensbekenntnis dieser Zeit standen, beauftragte man den Nationalökonom und Psychologen Elton Mayo von der Harvard-Universität, umfassende Studien über den Einfluss physischer Bedingungen auf den Arbeitsprozess anzustellen.

Ein neuer Faktor

Am Ende seiner Untersuchungen stand die Entdeckung des bis dahin unbekannten „Faktors der menschlichen Beziehungen". Damit sind die psychischen und sozialen Begleitphänomene der industriellen Arbeit gemeint.

Die Ergebnisse dieser Studien stellten die Gültigkeit der Aussagen des Scientific-Managements in Frage. Im Gegensatz zur tayloristischen Konzeption des „homo oeconomicus", der nach individueller Nutzenmaximierung strebt, kamen Mayo und seine Mitarbeiter zu folgenden Schlussfolgerungen:

1. Das Produktionsergebnis wird durch soziale Normen und nicht durch physiologische Leistungsgrenzen bestimmt.
2. Nichtfinanzielle Anreize motivieren stärker als finanzielle.
3. Industriearbeit ist nicht nur formelle, sondern auch informelle Gruppenarbeit.

Nicht nur das Individuum sehen

Dementsprechend handeln die Arbeiter nicht nur als Individuen, sondern meist im Kontext der Gruppenbeziehungen. Das soziale Leben der Beschäftigten bezieht seine Bedeutung aus der Berufssphäre. Insofern stellt Arbeit nichts Fremdes im Leben der Menschen dar. Sozialer Status, Verbrauchsgewohnheiten, gesellschaftliche Beziehungen u. a. m. stehen mit der beruflichen Tätigkeit und dem Betrieb in engster Beziehung.

Verhalten hängt von den Normen der Gruppe ab

Jene Experimente führten zu der Erkenntnis, dass die tatsächliche Produktionsmenge industrieller Arbeit nur im losen Zusammenhang mit der möglichen physischen Tagesleistung der Arbeiter steht. Diese ist in erster Linie eine Funktion sozialer Normen, die sich in den verschiedenen Arbeitsgruppen herausbildeten. Dadurch wurde deutlich, dass Arbeit eine Gruppentätigkeit, das heißt ein sozialer Prozess, ist und das Verhalten des Arbeiters wesentlich von den Normen jener Gruppe abhängt, der er angehört.

Faktoren für die Arbeitsleistung

Der materielle Lohn und die physischen Arbeitsbedingungen sind deshalb nicht die einzigen entscheidenden Faktoren für die Arbeitsleistung. Der Wunsch nach Anerkennung, Sicherheit und echter Zugehörigkeit, nach Prestige und Status sind für den Mitarbeiter ebenso wichtig. Allein die Tatsache, im Blickpunkt der Wissenschaftler zu stehen, hatte dazu geführt, dass im Arbeitsteam ein elitäres Gruppenbewusstsein entstand, aus dem Motivation und Identifikation resultierten. Diese Folgewirkungen gingen als so genannter *Hawthorne-Effekt* in die industriesoziologische Diskussion ein.

Im Gegensatz zu Taylor, der sich für die Leistung des einzelnen Arbeiters interessierte, betont die Human-Relations-Schule, dass es die Organisation nicht nur mit Individuen, sondern zugleich mit Arbeitsgruppen zu tun hat, die sich nicht unbedingt mit den formellen Arbeitseinheiten decken. Die Mitglieder solcher Gruppen gehen Wechselbeziehungen ein, die nicht dem Fluss der Arbeit folgen, sondern kreuz und quer durch den ganzen Betrieb verlaufen.

→ Ergänzende und vertiefende Informationen zur Gruppenarbeit finden Sie im Kapitel D 2 dieses Buches.

Einfluss informeller Gruppen

Diese informellen Gruppen sind für die Human-Relations-Schule von besonderer Bedeutung, da sie nicht nur – wie schon erwähnt – den Arbeitsrhythmus ihrer Mitglieder bestimmen, sondern auch das Sicherheitsgefühl, die sozialen Verhaltensformen sowie die Bewertung der eigenen Arbeit und des Betriebes.

Kein Störfaktor

Während die tayloristische Organisationstheorie solche informellen Gruppen als Störfaktor betrachtet, sieht sie die Human-Relations-Schule als wichtig und notwendig für das betriebliche Funktionieren: *„Informelle Beziehungen sind nicht zufällig und nebensächlich für den Ablauf des Betriebes, im Gegenteil: Keine Organisation vermag wirksam zu funktionieren, wenn sie nicht ein parallel laufendes, spontanes Netz zwischenmenschlicher Beziehungen enthält.“* (Roethlisberger und Dickson, in: Oetterli 1971, S. 552)

Für Zufriedenheit sorgen

Eines der Hauptziele der Human-Relations-Schule bestand nun darin, für die Zufriedenheit der Arbeitnehmer zu sorgen. Sie empfahl, die informellen Gruppenbeziehungen zu beachten. Statt starrer Organisationsstrukturen und formaler Abläufe, fordert die Human-Relations-Schule, die informellen Aspekte des Organisationsgeschehens zu erkennen.

Informelle Führer

Ein weiteres, wichtiges Resultat der Human-Relations-Experimente modifizierte auch jene Annahmen des Scientific-Managements, wonach allein Vorarbeiter, Meister oder Abteilungsleiter die Mitarbeiter führen. Bei verschiedenen Untersuchungen wurden so genannte „informelle Führer“ festgestellt, die dadurch, dass sie die Gruppennormen am besten erfüllten, aus der Gruppe herausragten und diese beeinflussten.

Platz in der sozialen Pyramide

Solche informellen Führer bilden sich heraus als Folge von informellen Wechselbeziehungen, aus denen soziale Wert- und Einschätzungen hervorgehen. Während der Arbeiter einerseits einen bestimmten räumlichen Platz einnimmt, bekommt er andererseits aufgrund solcher sozialen Bewertungsprozesse seinen sozialen Platz innerhalb der sozialen Statuspyramide zugewiesen, der nicht unbedingt mit dem Status des formell zugewiesenen Platzes übereinstimmen muss.

Drei Empfehlungen

Als Folge der Experimente ergingen diese Empfehlungen an das Management:

1. Die Mitarbeiter und insbesondere jene, die mit Führungsaufgaben betraut sind, sollen lernen, auf andere zu hören und Fragen zu stellen, die einen Überblick über gegebene Situationen ermöglichen, die eigenen Gefühle und die der anderen erkennen sowie die soziale Realität des Betriebes beobachten.
2. Untere Ränge sollten an den Entscheidungen der oberen beteiligt werden, besonders in Angelegenheiten, die sie selbst betreffen. Delegierung wird in diesem Zusammenhang auch als Mittel zur Freisetzung des schöpferischen Potenzials der Beschäftigten auf allen Ebenen des Betriebes empfohlen.
3. Auch das Führungsverhalten muss einer gründlichen Revision unterzogen werden. An die Stelle des bis dahin vorherrschenden autoritären Führungsstils sollte das Konzept „demokratischer Führung" treten. Man war der Meinung, dass die möglichen Führungsstile anhand der Begriffe „demokratisch", „autoritär" und „laisser-faire" operationalisierbar seien. Nach entsprechenden Untersuchungen – unter anderem mit Kindergruppen – gelang man zu der Erkenntnis, dass die „personenbezogene Führung" bessere Auswirkungen auf die Produktivität hat als die „produktionsbezogene".

Plötzliches Ende

Der Schwarze Freitag 1929 und die nachfolgende Weltwirtschaftskrise bereiteten den Experimenten ein plötzliches Ende. Dann kam der Zweite Weltkrieg. Noch bevor die breite Diskussion über die Erkenntnisse aus den Chicagoer Fabrikhallen begann, griffen die amerikanischen Manager wieder zu den ihnen vertrauten Mitteln der Kommandowirtschaft mit Befehl, Gratifikation, Sanktion und Kontrolle im Zentrum des Führungsverhaltens.

1.2 Max Webers Führungstypologie

Verschiedene Führungsstile

Ein Managementmodell deutscher Provenienz entstand in der Heidelberger Denkschmiede des Soziologen Max Weber (1864–1920). Sein Bürokratiemodell wurde zum Organisationsgerüst aller deutschsprachigen Amtsstuben und Industriekontore vom Baltikum bis hin zum Balkan. Er war der Erste, der verschiedene Führungsstile zu erkennen meinte, begrifflich differenzierte und wie folgt beschrieb (vgl. Weber 1956):

Patriarchalischer Führungsstil

Wie ein Familienvater

Der Patriarch führt seine Mitarbeiter fast wie ein Familienvater, ohne sie an der Führung zu beteiligen. Er sieht seinen „Herrschaftsanspruch" im bloßen Generations-, Reife-, Wissens- und Erfahrungsunterschied begründet. In der Rolle der Vaterfigur befriedigt er gleichzeitig den „Treue- und Versorgungsanspruch" seiner „Belegschaftskinder".

Der Koordinationsaufwand der patriarchalischen Führung ist aufgrund der einfachen Überschaubarkeit gering, doch die Effizienz in dem Sinne beschränkt, dass sie das geistige Potenzial der Mitarbeiter nur wenig beziehungsweise gar nicht fördert. Der Patriarch betrachtet seine Worte als Gesetz und duldet keinen Widerspruch.

Charismatischer Führungsstil

Der einzigartige Alleinherrscher

Der Charismatiker begründet seinen Führungsanspruch mit seinem Charisma. Er ist einzigartig und hat weder Vorgänger noch Nachfolger noch Stellvertreter neben sich. Allein die Begeisterung der Mitarbeiter sorgt dafür, dass er ihnen vieles abverlangen kann. Wie auch der Patriarch ist der Charismatiker ein „Soloherrscher", wobei sein Herrschaftsanspruch weniger auf Gehorsam, als viel mehr auf seiner hohen Anerkennung bei den Mitarbeitern fußt.

Autokratischer Führungsstil

Führung mittels eines Apparates

Auch der autokratische Führer ist wie der Patriarch oder der Charismatiker mit viel Macht ausgestattet, bedient sich jedoch eines Führungsapparates und herrscht nicht unmittelbar. Der autokratische Führungsstil fand seine Entstehung in Kirchen, absolutistischen Staaten und Großunternehmen, da die Bedienung eines Führungsapparates den Aufbau solch großer sozialer Gebilde erst möglich machte. Dabei ist zu bemerken, dass autokratische Führung durch einen besonderen Typ von „Geführten" erst ermöglicht wird, und zwar solchen, die sich zu unbedingtem und präzisem Gehorsam verpflichten.

Bürokratischer Führungsstil

Alles ist klar geregelt

Bürokratische Führung ist gekennzeichnet durch fachliche Kompetenz von „bürokratischen Instanzen", von einem *„Reglement mit Gewaltenteilung, mit präzisen Beschreibungen der Stellenbefugnisse und der Verwaltungsabläufe"* (Weber). An die Stelle der obersten alleinigen Führungspersönlichkeit tritt ein hierarchischer Apparat, in dem sämtliche Ränge von ganz unten bis ganz oben integriert werden. In der bürokratischen Führung existiert ein „System der ständigen Kontrolle und Gegenkontrolle", welches „Sicherheit vor Willkür" bietet und den „Anspruch des Fachwissens" sichert.

Im Gegensatz zur autokratischen mit ihrem Disziplinierungsmechanismus wird bei der bürokratischen Führung vielmehr dem Führenden Disziplin abverlangt. Die bürokratische Führungsweise löste um die Jahrhundertwende die von Willkür geprägte „konstitutionelle Monarchie" ab und hat im Laufe der Entwicklung heute eine eher negative Bedeutung erlangt.

1.3 Mütter und Väter der Führungslehre

Eine lange Liste

Lang ist die Liste derer, welche die Führungslehre seit der Wende vom 19. zum 20. Jahrhundert prägten. Auf ihr stehen vor allem Amerikaner, die zumeist aus dem akademischen Milieu stammen. Hier sollen nur jene vorgestellt werden, die auf Theorie und Praxis bedeutsam einwirkten und auch heute noch gewürdigt werden.

Mary Parker Follet

Kritik am klassischen Ansatz

Schon vor Mayo hatte die Konfliktforscherin Mary Parker Follet (1886–1939) die Schule des „klassischen Managements", der neben Frederick Taylor auch Max Weber und Henry Fayol angehören, wegen ihres bürokratischen, mechanistischen und antipsychologischen Ansatzes kritisiert. Insbesondere wandte sie sich gegen eine Verabsolutierung der Autoritätsrolle. Follet stellte die Idee der „gemeinsamen Macht" an die Stelle der „dominierenden Macht". Erst durch die Integration der Tätigkeiten aller Mitglieder erreicht eine Organisation ihre maximale Effektivität. Sie forderte, dass die Menschen „miteinander" arbeiten und sich nicht „einer unter dem anderen" befindet. Die Frage lautet nicht *„Vor wem bin ich verantwortlich?"*, sondern *„Wofür bin ich verantwortlich?"*.

Konflikte sind normal

Als Konfliktforscherin erkannte sie frühzeitig die konstruktive Rolle des Konflikts als einen „normalen Prozess" der Zusammenarbeit. Statt Dominanz und Kompromiss suchte sie die konstruktive Integration von Gegensätzen.

Mary Parker Follet hat leider keine systematisierte Darlegung ihrer Ansichten hinterlassen, sondern ist mit zahlreichen Vorträgen und Artikeln an die Öffentlichkeit getreten.

McGregors XY-Theorie

Die Sicht des Managers bestimmt den Erfolg

Die von Mayo und seinen Anhängern begründete Sozialpsychologie des Unternehmens wurde am konsequentesten von Douglas McGregor (1906–1964) weiterentwickelt. Er war der Meinung, dass die Entwicklung von Unternehmen durch den Einfluss einer ganzen Reihe von falschen Vorstellungen über die Verhaltensmotive der Mitarbeiter gebremst werde. Seine Erkenntnisse brachte er auf diesen Nenner: Die allgemeine Sichtweise, die ein Manager von Menschen beziehungsweise Mitarbeitern hat, bestimmt dessen Verhalten und damit den

Unternehmenserfolg. Sieht der Manager den Mitarbeiter positiv, folgt daraus ein anderes, eher motivierendes Führungsverhalten als bei einer negativen Sichtweise, aus der in der Regel Kontrolle und Sanktionen resultieren. McGregor definiert die verschiedenen Sichtweisen idealtypisch als X- und Y-Theorie. Pessimistische Sichtweisen von Menschen, wie sie für Adam Smith, N. Machiavelli, F. Taylor oder S. Freud typisch sind, subsumierte er unter X, optimistische Sichtweisen, für die J. Locke, E. Mayo und A. Maslow stehen, unter Y.

Die wichtigsten Annahmen der Theorien X und Y nach D. McGregor:

Theorie X und Theorie Y im Überblick

Theorie X	**Theorie Y**
Der Mensch hat eine angeborene Abscheu vor der Arbeit und versucht, sie soweit wie möglich zu vermeiden.	Der Mensch hat keine angeborene Abneigung gegen Arbeit, im Gegenteil: Arbeit kann eine wichtige Quelle der Zufriedenheit sein.
Deshalb müssen die meisten Menschen kontrolliert, geführt und mit Strafandrohung gezwungen werden, einen produktiven Beitrag zur Erreichung der Organisationsziele zu leisten.	Wenn der Mensch sich mit den Zielen der Organisation identifiziert, sind externe Kontrollen unnötig; er wird Selbstkontrolle und eigene Initiative entwickeln.
Der Mensch möchte gern geführt werden, Verantwortung vermeiden, hat wenig Ehrgeiz und wünscht vor allem Sicherheit.	Die wichtigsten Arbeitsanreize sind die Befriedigung von Ich-Bedürfnissen und das Streben nach Selbstverwirklichung.
	Der Mensch sucht bei entsprechender Anleitung eigene Verantwortung. Einfallsreichtum und Kreativität sind weit verbreitete Eigenschaften in der arbeitenden Bevölkerung; sie werden jedoch in industriellen Organisationen kaum aktiviert.

Theorie X

„Ihrem Wesen nach legt Theorie X", schrieb McGregor (1970, S. 150), *„größten Nachdruck auf Taktiken und Kontrolle – auf Verfahren und Techniken, um den Mitarbeitern zu sagen, was sie zu tun haben. Mit ihrer Hilfe kann man auch ermitteln, ob sie die ihnen aufgetragenen Arbeiten auch erledigen, und dementsprechend Belohnung aussprechen oder Strafen verhängen (…)*

Theorie Y

Nach Theorie Y hingegen muss man seine Aufmerksamkeit erst einmal dem Charakter der gegenseitigen Beziehungen widmen. Zu schaffen ist eine Umgebung, aus der ein stärkeres Gefühl der Verpflichtung gegenüber den unternehmerischen Zielen erwächst und den Mitarbeitern Gelegenheit gibt, ein Maximum an Initiative, Erfindungsgabe und Selbständigkeit zu entfalten, um die Ziele zu erreichen."

Materielle Belohnung reicht nicht mehr

Laut Theorie Y, die nach McGregors Meinung die gegenwärtige Lage widerspiegelt (er meint die USA nach dem Zweiten Weltkrieg), haben die Beschäftigten im Wesentlichen ihre materiellen Bedürfnisse befriedigt. Folglich eignet sich die materielle Belohnung nicht mehr als Stimulus, um den Mitarbeiter anzuspornen. *„Wenn er seinen Magen gesättigt hat"*, schreibt McGregors Schüler Ways (1966, S. 146), *„dann beginnt er von der Befriedigung höher stehender Bedürfnisse zu träumen. Er strebt danach, seine Persönlichkeit stärker herauszustellen und sein Ich zu befriedigen, das wesentlich schwieriger zu sättigen ist als der Magen"*.

Chester Barnards Leadership-Theorie

Drei Führungsaufgaben

Auch Chester Barnard (1886–1961), der als Direktor der New Jersey Bell Telephone (später AT&T) tätig war, gehörte zu den Begründern der Sozialpsychologie des Betriebes. Er erkannte und beschrieb als einer der ersten Führungstheoretiker die entscheidende Rolle der Führungskraft für den Unternehmenserfolg und wurde so zum Mitbegründer des späteren Leadership-Konzepts. Von ihm stammt auch die erste umfassende Darstellung der mitarbeiterbezogenen Führungsaufgaben: *„Die Grundaufgaben sind erstens die Schaffung eines Kommunikationssystems; zweitens die Förderung von anhaltendem Einsatz und Leistung und zum Dritten die Formulierung und Festlegung von Zielen."* In diesem Zusammenhang erkannte er die Bedeutung von Zielen, Werten und ganzheitlicher Unternehmensführung (Barnard 1968, S. 217).

→ Ergänzende und vertiefende Informationen zum Thema Leadership finden Sie im Kapitel E 10 dieses Buches.

Auflösung der Gegensätze

Barnard vertrat stets eine kritisch-distanzierte Position gegenüber den dogmatischen Ausprägungen des Taylorismus der Human-Relations-Theorie. Er sah in der Betonung produktionstechnischer und leistungsorientierter Aspekte einerseits und menschbezogener Aspekte andererseits keine Gegensätze. Sie erfassen jeweils nur einen Aspekt des komplexen Organisationsphänomens, welches seiner Meinung nach unter Einbeziehung der Umwelt als offenes soziales System betrachtet werden muss. Er definierte als Erster der Theoretikerzunft das Unternehmen als „soziales System" und untersuchte die innere Struktur dieses Systems sowie dessen Wechselwirkung mit der Umwelt. Damit wurde er zum Wegbereiter der Schule der sozialen Systeme.

Herzbergs Motivationstheorie

Spaltung in zwei Richtungen

Barnards Synthese von Mitarbeiterorientierung und Leistungsausrichtung könnte einer der Gründe dafür gewesen sein, warum sich die verhaltensorientierte Managementwissenschaft in der Zeit nach 1950 in zwei Richtungen aufspaltete. Die eine erweiterte ihr Betrachtungsfeld und mündete in einen systemtheoretischen Ansatz. Die andere suchte nach neuen Erkenntnissen über die Mitarbeitermotivation. An ihrer Spitze stand Frederick Herzberg (1923–2002).

Motivationsfaktor Arbeitsinhalt

Seine empirischen Studien widerlegten Taylor, der im Lohn das einzige Mittel sah, die Leistung des „homo oeconomicus" zu steigern. Für Herzberg bildet die Arbeit selbst, insbesondere der Arbeitsinhalt, den entscheidenden Motivationsfaktor.

Er fand heraus, dass bestimmte Faktoren nicht einachsig zu Wohlbefinden oder Unwohlsein führen, zum Beispiel gute Arbeitsbedingungen zur Motivation oder uninteressante Arbeit zur Demotivation. In diesem Zusammenhang ermittelte er zwei unterschiedliche Einflussfaktoren (Motivatoren und Hygienefaktoren), die sowohl Zufriedenheit als auch Unzufriedenheit bewirken (s. Abbildung im Kapitel B 3).

Humanisierung der Arbeit

Herzbergs Motivations-Hygiene-Theorie bot in den 1970er-Jahren die theoretische Grundlage für die unter der Losung „Humanisierung der Arbeit" durchgeführten Veränderungen in der Arbeitsorganisation.

→ Ergänzende und vertiefende Informationen zu Herzbergs Motivationstheorie finden Sie im Kapitel B 3 dieses Buches.

1.4 Kritik und der Versuch der Integration der Schulen

Vorwurf: Wichtige Aspekte werden ausgeblendet

Über die Schule der menschlichen Beziehungen ist unendlich viel geschrieben worden, am meisten über die Hawthorne-Experimente. Viel Kritik wurde von linken und rechten Theoretikern geäußert, von Managementwissenschaftlern und später von den Begründern selbst. So wird der Schule vorgeworfen, dass die menschlichen Beziehungen im Unternehmen als interpersonelle, im günstigsten Fall als Gruppen-, nicht aber als sozialökonomische Beziehungen betrachtet würden. Folglich meinen ihre Vertreter, dass man die sozialen Probleme in den Grenzen eines jeden einzelnen Betriebes lösen kann, ohne Bezug zur sozialökonomischen Struktur der Gesellschaft. Man wirft der Human-Relations-Schule vor, dass sie nur mit direkten Variablen operiert und das äußere Milieu ignoriert.

Die deutlichste Kritik findet sich in den Arbeiten von Rensis Likert, Douglas McGregor und R. McMurray. Sie kommen zu der Schlussfolgerung, dass man die Bedeutung des moralischen Faktors zur Steigerung der Arbeitsproduktivität nicht überschätzen darf. Likert schreibt (1955, S. 12):

Moralischer Faktor und Produktivität

„Auf der Grundlage einer Untersuchung, die ich im Jahre 1937 durchgeführt habe, nahm ich an, dass der moralische Faktor und die Arbeitsproduktivität sich unbestreitbar in einer direkten Abhängigkeit voneinander befinden (…) Umfangreiche Forschungs-

arbeiten, die seit dieser Zeit durchgeführt wurden, zeigten, dass diese Vorstellung sich als zu vereinfacht erwiesen hat.“

Ein großer Irrtum

Nicht minder klar, ja fast resigniert äußert sich der XY-Modell-begründer McGregor (1954, S. 21): *„Ich dachte, dass ich vermeiden kann, „Boss“ zu sein (...) Ich dachte, es könnte sein, dass ich so handeln kann, dass alle mich lieben werden, dass gute „human relations“ alle Unstimmigkeiten und Meinungsverschiedenheiten beseitigen. Ich konnte keinem größeren Irrtum anheim fallen. Es bedurfte zweier Jahre, bis ich endlich einzusehen begann, dass ein Leiter die Realisierung der Macht nicht vermeiden kann (...)“*

1.5 Idealtypische (theoretische) und realtypische (empirische) Führungsmodelle

Vereinigung der Theorien

Von 1950 an unternahmen amerikanische Wissenschaftler den Versuch, die von Fayol, Weber und Taylor geschaffene „klassische Theorie von Management und Organisation“ mit der „Schule der menschlichen Beziehungen“ zu vereinigen. Warren Bennis vom Massachusetts Institute of Technology bezeichnete diese Gruppe als „Revisionisten“.

Zwei Gruppen

Die neuen führungstheoretischen Modelle waren zunächst noch rein theoretischer Natur, wurden aber im Verlauf der 1960er-Jahre empirisch fundiert. Im Rahmen der wissenschaftlichen Systematisierung entstanden mehrere begriffliche Zuordnungen beziehungsweise Klassifikationsgruppen. So unterschied eine von vielen Einteilungen etwa zwischen

- idealtypischen Ansätzen und
- realistischen Ansätzen.

Theoretische Ansätze

Erstere sind *theoretischer* Natur, so zum Beispiel die weiter vorn beschriebene Typologisierung von Führungsstilen durch Weber oder die Kontinuum-Theorie von Robert Tannenbaum und Warren Schmidt (s. u.). Hier wird das Führungsverhalten nach dem Ausmaß der Entscheidungsfreiheit der Mitarbeiter angeordnet. Die Verhaltensspanne reicht vom extrem autoritären bis hin zum Laisser-faire-Führungsverhalten.

Realtypische Ansätze

Zu den *realtypischen* Ansätzen gehören die im Kapitel E dieses Buches beschriebenen Führungskonzepte, so etwa das Grid-Modell. Es handelt sich hierbei um den Versuch, empirisch abgesicherte Effizienzaussagen über Führungsstile zu treffen.

Die folgenden vier Studien erlangten große Bekanntheit.

Iowa-Studie

Experimente zum Erziehungsstil

Den ersten Versuch, empirisch fundierte Aussagen über Führungsstile zu machen, unternahm der aus Deutschland in die USA emigrierte Begründer der modernen Sozialpsychologie Kurt Lewin (1890–1947) mit Schülern. Seine Erziehungsstil-Experimente begründeten seinen wissenschaftlichen Ruhm. Er wollte die Auswirkungen unterschiedlichen Führungsverhaltens auf das Leistungsverhalten von aggressiven Kindern studieren.

Die zugrunde gelegten Führungsstile waren „autoritär", „demokratisch" und „laisser faire".

Stil	Charakteristika	Wirkung
Autokratisch 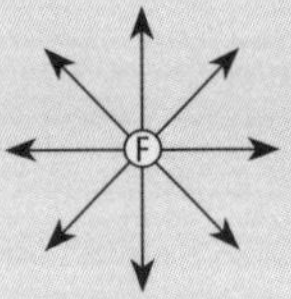	– Entscheidungsgewalt allein beim Leiter – subjektive Lob- und Kritikäußerung – unpersönliche Rolle des Führers	– mehr Feindseligkeit, Aggressionen, Rivalität – Unzufriedenheit, größere Nachgiebigkeit gegenüber dem Leiter – dafür Spannungsreduktion an einem „Prügelknaben"
Demokratisch 	– Entscheidungen durch die Gruppe – Nennen verschiedener Lösungen – freie Partnerwahl – objektive Lob- und Kritikäußerung – Führer als Gruppenmitglied, jedoch keine aktive Teilnahme	– mehr Äußerungen mit „Wir-Charakter – mehr Kreativität – Gruppengefühl und Freundlichkeit
Laisser-faire 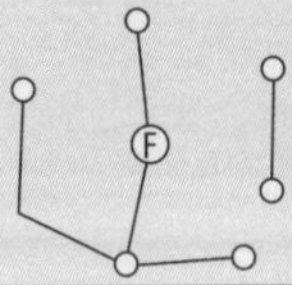	– Führer hält sich völlig fern vom Gruppengeschehen	ähnliche Ergebnisse wie bei der autokratischen Atmosphäre

Lewin kam zu dem Schluss, dass das unterschiedliche Verhalten in demokratischen, autokratischen und anarchischen Situationen kein Ergebnis der Persönlichkeit oder des Führungsverhaltens, sondern eine Wirkung der Atmosphäre insgesamt (Gesamtsituation!) ist.

Michigan-Studie

Mitarbeiter- gegen Leistungsorientierung

Im Jahre 1947 stellten Forscher der Universität von Michigan die Frage nach dem richtigen Führungsverhalten. Sie gingen jedoch zunächst davon aus, dass Mitarbeiterorientierung (employee orientation) und Leistungsorientierung (production orientation) zwei Extrempunkte einer Dimension sind.

Mitarbeiterorientierung ← versus → **Leistungsorientierung**

Das Stilkontinuum

Hierfür wurde der Begriff Michigan-Stilkontinuum geprägt. Die Managementforscher gingen von der Annahme aus, dass, wenn man das eine Ziel verfolgt, man das andere aus den Augen verliert. Dies verwarfen sie jedoch später und kamen zum gleichen Ergebnis wie die nachstehend beschriebene Ohio-Studie. Ein Mehr an Mitarbeiterorientierung muss also nicht durch ein Weniger an Aufgabenorientierung erkauft werden und umgekehrt genauso. Jedoch waren sie der Meinung, dass langfristig die Mitarbeiterorientierung zu höherer Leistung führt, während die Leistungsorientierung nur bei kurzzeitiger Erhöhung der Produktivität erfolgreich ist.

Kritik

Schon früh meldeten sich Kritiker zu Wort und bemängelten unter anderem, dass keine situativen Einflüsse berücksichtigt wurden und das Führungsgeschehen so komplex ist, dass es außer den zwei Kriterien noch weitere wichtige Bedingungen für den Führungserfolg geben müsste.

Tannenbaum/Schmidt-Modell

Sehr bekanntes Modell

Eines der bekanntesten Modelle, Führungsstile auf einem eindimensionalen Kontinuum zu beschreiben, ist das Führungsstil-Kontinuum nach Robert Tannenbaum und Warren Schmidt

(1958), die nach dem Subjekt der Willensbildung/Entscheidung grundsätzlich zwischen autoritärem und kooperativem Führungsstil unterscheiden, jedoch auf einem Kontinuum graduell insgesamt sechs Stile (autoritär, patriarchalisch, beratend, konsultativ, partizipativ, delegativ) differenzieren.

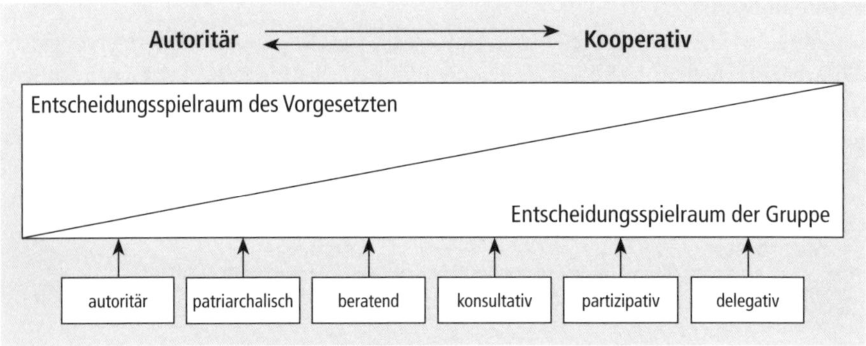

Die sechs Stile

Die sechs Stile bedeuten:

1. *Autoritär:* Der Vorgesetzte entscheidet und ordnet an.
2. *Patriarchalisch:* Der Vorgesetzte entscheidet; er ist aber bestrebt, die Untergebenen von seinen Entscheidungen zu überzeugen, bevor er sie anordnet.
3. *Beratend:* Der Vorgesetzte entscheidet; er gestattet jedoch Fragen zu seiner Entscheidung, um durch deren Beantwortung die Akzeptanz zu erreichen.
4. *Konsultativ:* Der Vorgesetzte informiert seine Untergebenen über seine beabsichtigten Entscheidungen; die Untergebenen haben die Möglichkeit, ihre Ansichten und Einschätzungen zu äußern, bevor der Vorgesetzte die endgültige Entscheidung trifft.
5. *Partizipativ:* Die Gruppe entwickelt Vorschläge; aus der Zahl der gemeinsam gefundenen und akzeptierten möglichen Problemlösungen entscheidet sich der Vorgesetzte für die von ihm favorisierte Lösung.
6. *Delegativ:* Die Gruppe entscheidet, nachdem der Vorgesetzte zuvor das Problem aufgezeigt und die Grenzen des Entscheidungsspielraums festgelegt hat. Der Vorgesetzte fungiert als Koordinator nach innen und außen.

Der Entscheidungsspielraum des Vorgesetzten nimmt in der Dimension nach rechts immer mehr ab. Der einzelne Mitarbeiter beziehungsweise die Gruppe erhalten mehr und mehr Entscheidungsspielraum. Der Prozess der Lösungsfindung ändert sich von eigener Entscheidungsfindung und Durchsetzung durch die Führungskraft hin zu Entscheidungen der Gruppe und rein koordinativem Verhalten des Vorgesetzten.

Unterschiedliche Spielräume

Ohio-State-Studie

Die 1947 begonnene Studie der Ohio-State-University sollte klären, wie sich Führungsverhalten auf das Individuum und die gesamte Gruppe auswirkt. Erstes Untersuchungsfeld war der militärische Führungsbereich, für den man den so genannten LBCQ (Leader Behavior Description Questionnaire) mit 150 Fragen entwickelte, aus dem später der Supervisory Behavior Description-Fragebogen entstand.

Militärische Führung im Fokus

Mitarbeiter sollten nun anhand der folgenden neun Faktoren ihre Vorgesetzten beschreiben:

1. Integration
2. Initiative
3. Mitgliedschaft
4. Repräsentation
5. Organisation
6. Domination
7. Kommunikation
8. Anerkennung
9. Leistungsbetonung

Neun Faktoren

Nach Auswertung der Fragebögen wurde deutlich, dass sich erfolgreiches Führungsverhalten nicht allein aus diesen Faktoren ergibt. Man kam zu dem Schluss, dass Führungserfolg nicht nur von den sozialen Beziehungen zu den Geführten abhängt, sondern ergänzend von der Ausrichtung auf das gemeinsame Ziel.

Erfolg hängt auch vom Ziel ab

Aus diesen Ergebnissen wurden letztendlich folgende zwei Dimensionen abgeleitet:

1. Mitarbeiterorientierung (employee centered)
2. Sachaufgaben-/Leistungsorientierung (production centered)

Vier Kombinationen

Diese zwei Dimensionen münden in die abgebildeten vier Führungsstilkombinationen. Im Gegensatz zur Michigan-Studie soll ein erfolgreicher Führer Ausprägungen in beiden Grunddimensionen aufweisen. Diese Überlegung wurde später von Robert Blake und Jane Mouton in ihrem Grid-Modell konkretisiert.

→ Ergänzende und vertiefende Informationen zu diesen Themen finden Sie im Kapitel E 2 dieses Buches.

Ohio-State-Leadership-Quadrant

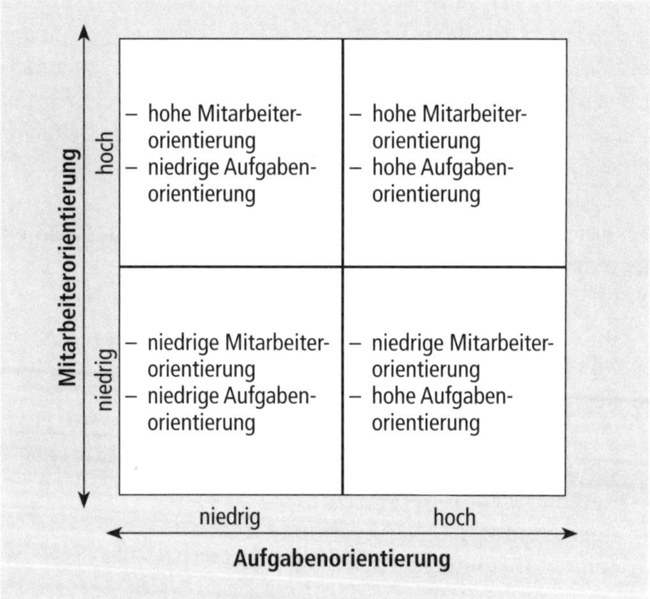

Group-Dynamic-Studien

Zwei Funktionen

Diese Richtung geht von zwei elementaren Führungsfunktionen aus:

1. Erreichen der Gruppenziele und
2. Zusammenhalt der Gruppe.

Daraus ergeben sich als zentrale Führungsfunktionen die

- Lokomotionsfunktion (Zielerreichung) und die
- Zielfunktion (Zusammenhalt der Gruppe).

Diese Dichotomie zieht sich durch die gesamte Theoriediskussion beziehungsweise Führungsliteratur der 1960er- und 1970er-Jahre.

Führungsmodelle nach dem Grad der Dimensionierung

Eindimensional oder zweidimensional

Eine andere Art der Klassifikation basiert auf der Betrachtung der Anzahl der den Modellen zugrunde liegenden Dimensionen. Demnach gehört das Kontinuummodell von Tannenbaum und Schmidt sowie die Einteilung von Lewin in die Führungsstile autoritär, demokratisch und laisser faire zur Gruppe der eindimensionalen Modelle. Die an den Staatsuniversiäten von Michigan und Ohio entstandenen Modelle haben zweidimensionalen Charakter, ebenso die Group-Dynamic-Studien. Sie alle basieren auf zwei Dimensionen, aus deren Kombination unterschiedliche Führungsstile resultieren.

Dimensionen der Modelle

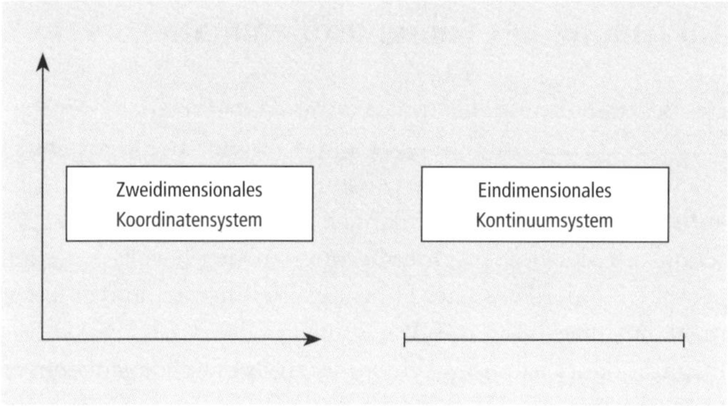

Dreidimensionaler Ansatz

Da das im Kapitel E 4 vorgestellte 3D-Führungsmodell neben der Mitarbeiter- und Leistungsorientierung zusätzlich noch die Situation integriert, spricht man von einem dreidimensionalen Ansatz.

Die Dimensionen im Überblick:

- eindimensional: Michigan-Studie, Tannenbaum/Schmidt, Lewin
- zweidimensional: Grid, Ohio-Studie, Group-Dynamic-Studien
- dreidimensional: Reddin, Hersey und Blanchard

Kritik: Wichtige Aspekte werden ausgeblendet

In der Diskussion des Lewinschen Ansatzes und der Studien der Universitäten von Ohio und Michigan wurde immer wieder kritisiert, dass wesentliche Begleitumstände für den Führungserfolg ausgeblendet blieben, so beispielsweise die Persönlichkeit des Vorgesetzten, die Situation beziehungsweise das Umfeld, in dem sich Führer und Geführte bewegen, oder die Beziehungen in einer Arbeitsgruppe, vor allem zwischen dem Führer und den Geführten. Als Folge hiervon bildeten sich weitere Schulen heraus, von denen die Eigenschaftentheorie und die Situationstheorie den größten Bekanntheitsgrad erlangten. Zu erwähnen wäre aber auch ein deutscher Ansatz, dessen theoretische Leistung darin besteht, die amerikanischen Führungsmodelle relativiert zu haben. Gemeint sind die Beiträge von Oswald Neuberger, Lehrstuhlinhaber für Personalwesen und Führung an der Universität Augsburg.

1.6 Theorie der Führungsdilemmata

Oswald Neuberger

Der Begriff Führungsdilemmata stammt nicht von dem, der erstmals auf den Spannungsbogen in der Zweiteilung Mitarbeiterorientierung einerseits und Leistungsorientierung andererseits aufmerksam gemacht hat, nämlich Oswald Neuberger. Bei der schon fast sklavischen Orientierung auf den jeweils neuesten Schrei US-amerikanischer Führungs-Heilslehren fand er leider nicht die ihm gebührende Beachtung in Theorie und Praxis. Das mag mit dem Ort seines Lehrstuhls zusammenhängen, dem er trotz verschiedener Berufungen an renommiertere Lehrstätten treu blieb. Wer außerdem die Zunft deutschsprachiger Führungstrainer meines Erachtens völlig zu Recht als „Zeremonienmeister ähnlich Medizinmännern bei Regentänzen“ charakterisiert, muss mit dem Bann jener Berufsgruppe rechnen. Mit Lichtenberg sei 80 von 100 deutschen Führungstrainern gesagt: *„Wo die Sonne des Wissens tief steht, da werfen auch Zwerge lange Schatten.“*

Führung ist eingeengt

Neuberger betont, dass Führung in Organisationen normalerweise keine freie schöpferische Tätigkeit sei, sondern durch Zwänge, Pflichten, Normen usw. eingeengt ist. Viele Seiten richten Erwartungen an den Vorgesetzten, die jedoch unklar und widersprüchlich sind und deshalb ständige Such-, Interpretations- und Gestaltungsleistungen erfordern. Die Führungsforschung hat diese dialektische Natur der Anforderungen an Vorgesetzte bisher kaum berücksichtigt.

15 Widersprüche

Der Führungspsychologe Neuberger diagnostiziert 15 Dilemmata, die er als antagonistische Widersprüche charakterisiert. Diese fordern ständig Kompromisse zwischen den Alternativen, die jeweils beide unverzichtbar sind.

Führungsdilemmata nach Neuberger

1.	Mitarbeiter als Objekt	versus	Mitarbeiter als Subjekt
2.	Berücksichtigung der Einzigartigkeit	versus	Berücksichtigung der Gleichartigkeit
3.	Bestehendes bewahren	versus	Bestehendes verändern
4.	Ordnung durchsetzen	versus	Freiheit ermöglichen
5.	Auf Distanz achten	versus	Offenheit und Nähe aufbauen
6.	Auf Sachlichkeit achten	versus	Emotionalität zeigen
7.	Kontrollieren	versus	Vertrauen
8.	Konkurrenz fördern	versus	Kooperation fördern
9.	Einzelverantwortung betonen	versus	Gesamtverantwortung betonen
10.	Spezialisierung	versus	Generalisierung
11.	Herausforderung	versus	Fürsorge
12.	Einzelentscheidung	versus	Gruppenentscheidung
13.	Zielorientierung	versus	Verfahrensorientierung
14.	Extrinsische Motivation	versus	Intrinsische Motivation
15.	Eigennutz	versus	Gemeinnutz

Führung existiert wegen der Widersprüche

Oswald Neuberger schlussfolgert, dass der Führungsstil eines Vorgesetzten die Art und Weise eines Vorgesetzten ist, wie er die Dilemmata seiner Situation bewältigt. Er muss sich seines Verstandes bedienen und eigenverantwortlich handeln. Andererseits ist es so, dass die Institution Führung nur deshalb existiert, weil es diese Widersprüche gibt. Eine Beseitigung der Führungsdilemmata würde einer Beseitigung der Institution Führung gleichkommen.

Praktikern empfiehlt er, sich zu weigern, konfektionierte Lösungen einzukaufen, da Führung nicht so simpel programmierbar ist, wie manche Schnellrezepte es vorgaukeln. „*Trau keiner Führungstheorie*", schreibt er, denn „*jede Theorie vereinfacht, abstrahiert, wählt aus: Es geht um das Abbilden, Verstehen, Erklären und nicht um das Verdoppeln von Wirklichkeit. Damit ist jede Theorie einseitig, lückenhaft, vorläufig*".

1.7 Eigenschaftentheorie

Was macht einen guten Führer aus?

Im Zusammenhang mit der Verbreitung der Massenpsychologie entstand die Eigenschaftentheorie oder auch „Great Man Theory" – die Theorie vom „großen Mann". Sie untersucht, was Führer von Geführten unterscheidet beziehungsweise wodurch sich gute Führer von schlechten abheben, und analysiert Personen, die es von sich aus in Führungspositionen geschafft haben. Sie hat eine enge Nähe zum Sozialdarwinismus und diente lange Zeit auch als Ideologie zur Herrschaftssicherung. Demnach verfügten Abkömmlinge aus Adelshäusern per se über bessere Führungseigenschaften als Angehörige der Unterklassen. Was gut ist beziehungsweise als Führungserfolg erkannt wird, drückt sich in der Karriere aus. Jedoch müssen die Eigenschaften, welche die Karriere begünstigten, nicht immer diejenigen sein, die ein Unternehmen erfolgreich machen.

Eigenschaften des Führers

Als Eigenschaften gelten über längere Zeiträume hinweg breite und stabile Persönlichkeitsmerkmale, die sich in unterschiedlichen Situationen als konsistent erweisen. Bis zu 500 verschiedene Eigenschaften wurden in der einschlägigen Literatur bis etwa in die 50er-Jahre des letzten Jahrhunderts hinein identifiziert. Aber nur bei den folgenden Führereigenschaften stimmten nach Untersuchungen des US-Führungsforschers Ralph M. Stogdill zehn oder mehr Untersuchungen überein:

- Intelligenz
- Schulische Leistungen
- Zuverlässigkeit beim Einsatz der Verantwortung
- Aktivität und soziale Teilnahme
- Sozioökonomischer Status
- Soziabilität
- Initiative

- Ausdauer
- Sachkenntnis
- Selbstvertrauen
- Begreifen der Situation
- Kooperationsbereitschaft
- Beliebtheit
- Anpassungsfähigkeit
- Wortgewandtheit

Schlüsselqualifikationen

Einiges hiervon findet sich im Katalog der Schlüsselqualifikationen wieder, der im ersten und zweiten Band dieser Buchreihe vorgestellt wurde. Das gilt dort besonders für die Bereiche Sozialkompetenz und persönliche Kompetenz.

Sozialkompetenz

Merkmale sozialer Kompetenz

Sozialkompetenz zeigt sich in der Fähigkeit und Bereitschaft, sich auf andere Menschen einzustellen, sich gruppen- beziehungsweise personenorientiert zu verhalten. Im beruflichen Kontext versteht man unter Sozialkompetenz die Fähigkeit, umsichtig, partnerschaftlich und verantwortungsbewusst mit Menschen und Mitteln umzugehen. Dies wiederum setzt Empathie voraus. Damit ist die Fähigkeit gemeint, sich in das Denken und Fühlen eines anderen Menschen hineinzuversetzen. Toleranz und Akzeptanz sind ergänzende Persönlichkeitsmerkmale, die den sozial kompetenten Menschen auszeichnen.

Persönliche Kompetenz

Nicht auf ein Merkmal reduzierbar

Zahlreiche empirische Studien Mitte des 20. Jahrhunderts – besonders hervorzuheben ist die Untersuchung Stogdills von 1948 – konnten die Eigenschaftentheorie nicht belegen. Kein Merkmal erwies sich als „die Führungseigenschaft“ des Great Man. Es gab zwar einzelne Untersuchungen, mit deren Hilfe sich eine bestimmte Eigenschaft isolieren ließ. Diese jedoch konnten in späteren Untersuchungen nicht bestätigt werden.

Auch Neuberger ist der Meinung, dass Führung eine ganz andere Qualität hat als in der „Great Man Theory“ postuliert ist: *„Es geht um die verlässliche und berechenbare Erledigung von*

Daueraufgaben, nicht um tollkühne Heldenstreiche oder den mitreißenden Aufbruch zu neuen Ufern."

Das bedeutet jedoch nicht, dass es eine solche Eigenschaft nicht gibt, sondern nur, dass sie mit den zur Verfügung stehenden Mitteln bisher nicht nachgewiesen werden konnte.

Wie kommt der Führer zu seinem Status?

Nach dem „Fiasko" des eigenschaftsorientierten Ansatzes ging man dazu über, bestimmte Eigenschaften miteinander zu kombinieren, um vielleicht so zu einheitlichen Ergebnissen zu kommen. Aber auch diese Hoffnung wurde nicht erfüllt. Stogdill, der über hundert Untersuchungen auf gemeinsame Ergebnisse hin überprüft hat, schreibt: *„Führung scheint nicht eine Sache des passiven Status oder des einfachen Besitzes von Eigenschaftskombinationen zu sein."* (Bass and Stogdill 1994) Vielmehr ist er der Meinung, dass eine dynamische Beziehung zwischen den Mitgliedern einer Gruppe besteht, in welcher der Führer seinen Status erhält, indem er sich aktiv in eine Gruppe einbringt und dort sein Wissen und Können unter Beweis stellt.

Stogdill hat damit den Weg zum interaktionstheoretischen Ansatz bereitet und gleichzeitig den grundlegenden Mangel der Eigenschaftsforschung aufgezeigt, nämlich die Einseitigkeit dieses Ansatzes.

Persönlichkeitstests

Die große Verbreitung von Persönlichkeitstests im Rahmen der Bewerberauswahl für Führungspositionen zeigt, dass eigenschaftstheoretische Erklärungsversuche immer noch beliebt sind. Sie geben eine erste, wenn auch vage Sicherheit, ob das Eignungsprofil des Bewerbers zum Anforderungsprofil der Stelle passt. Darin liegt im Wesentlichen ihr Wert.

1.8 Situationstheorie

Situativer Kontext

Die Situationstheoretiker fragen nicht nur nach bestimmten Führungseigenschaften oder der Wahrnehmung von Mitarbeiterorientierung einerseits und Aufgabenorientierung andererseits, sondern bringen den situativen Kontext in die Analyse des

Führungserfolges ein. Für sie existiert kein Great Man, der immer und überall erfolgreich agiert, und auch kein Best Way für alle Personen und Situationen. Unterschiedliche Sachverhalte erfordern entsprechende Führungsstile. Führung soll sich deshalb flexibel in Abhängigkeit von gegebenen Situationen beziehungsweise Problemen vollziehen. Zu den situativen Faktoren können der Reifegrad der Mitarbeiter, das individuelle und das organisationsspezifische Wertesystem, die fachliche Kompetenz, die Art der Aufgaben, die Eigenschaften der Gruppen und viele Faktoren mehr gehören.

Kontingenztheorie

Den größten Bekanntheitsgrad erzielte die Kontingenztheorie von Fred Edward Fiedler (1967). Er unterschied zwei elementare Verhaltensweisen, nämlich *aufgabenorientiert* (autoritärer Vorgesetzter) und *personenorientiert* (partizipativer Vorgesetzter). Die Gruppenleistung ist abhängig von einem geeigneten Zusammenpassen der beiden Verhaltensweisen und der situativen Möglichkeit, Einfluss auf die Mitarbeiter auszuüben.

Drei Variablen

Drei Situationsvariablen sind ausschlaggebend:
1. Aufgabenstruktur
2. Positionsmacht des Führers
3. Führer-Mitarbeiter-Beziehungen

→ Ergänzende und vertiefende Informationen zum Thema situatives Führen finden Sie in den Kapiteln E 3 und E 4 dieses Buches.

Reifegrad der Mitarbeiter

Die ebenfalls im Abschnitt E vorgestellte Führungstheorie von Hersey und Blanchard sieht im Reifegrad der Mitarbeiter den entscheidenden situativen Faktor. Dieser setzt sich zusammen aus
- der *Funktionsreife* des Mitarbeiters (Fähigkeiten, Wissen und Erfahrung) sowie
- der *psychologischen Reife* (Bereitschaft, Leistung zu bringen und Verantwortung zu übernehmen).

→ Ergänzende und vertiefende Informationen zur Reifegradtheorie finden Sie im Kapitel E 5 dieses Buches.

1.9 Das 7-S-Modell und seine Fortschreibung durch Peters und Waterman

Weiche und harte Faktoren

Der in vielen Führungskonzepten wiederkehrende Gedanke der Kompatibilität soziohumaner und sozioökonomischer Aspekte findet sich auch im „Managerial Molecule" von McKinsey, das in den 1970er-Jahren in der Diskussion um den Wert japanischer Führungstechniken entstand. Es versteht sich als Kritik an vielen Führungsmodellen, welche die weichen Führungsfaktoren negieren. Wegen seiner Betonung der Human-Resources-Faktoren wird es trotz seines unternehmensstrategischen Charakters hier als führungstheoretischer Ansatz mit vorgestellt, was ebenso für die nachfolgende Übersicht der von Peters und Waterman ermittelten Erfolgsfaktoren gilt.

Das 7-S-Modell

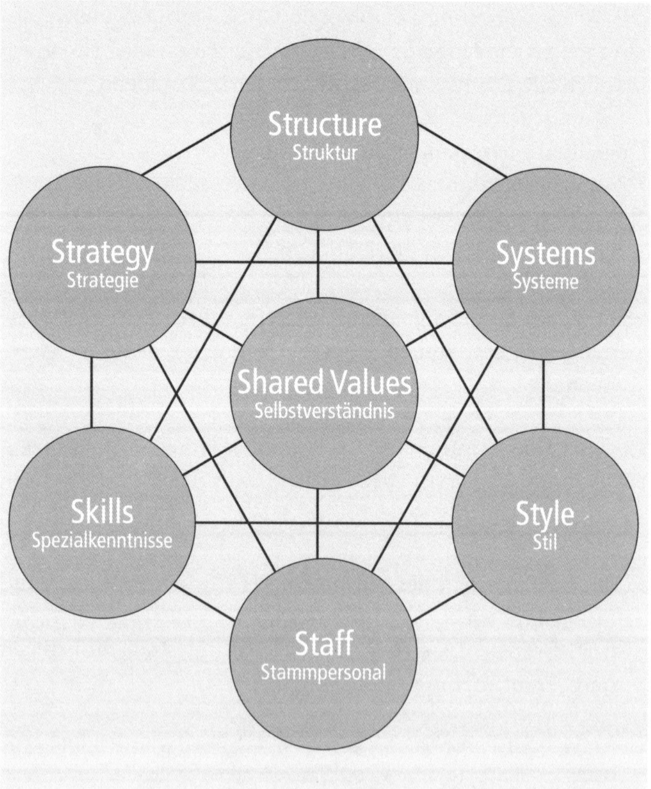

Die Hauptthese dieses Konzepts lautet, dass sich unternehmerischer Erfolg aus der Wechselwirkung dieser sieben Faktoren ergibt. Aber nicht alle S-Elemente sind gleichbedeutend. Die drei *harten* S (Struktur, Strategie und Systeme) sind zwar wichtig, aber für eine innovative Unternehmenskultur und die Idee des „Productivity trough people" spielen die *weichen* S (Stammpersonal, Stil, Spezialkenntnisse und Selbstverständnis) eine wichtigere Rolle. Dennoch betont das Modell die Vernetzung aller Faktoren.

Modell vernetzt alle Faktoren

Thomas J. Peters und Robert H. Waterman, die damaligen Statthalter von McKinsey in San Francisco Anfang der 1980er-Jahre, haben das 7-S-Modell fortgeschrieben. In ihrer empirisch fundierten Erfolgsanalyse ermittelten sie diese acht Grundtugenden für ein erfolgreiches Unternehmen:

Acht Grundtugenden

1. Primat des Handelns
2. Nähe zum Kunden
3. Freiraum für Unternehmertum
4. Produktivität durch Menschen
5. Sichtbar gelebtes Wertesystem
6. Bindung an das angestammte Geschäft
7. Einfache Organisation
8. Straff-lockere Führung

1.10 Theorie der strukturellen Führung

In den vergangenen Jahren konnte die St. Galler Managementschule der US-Hegemonie auf dem Feld der Managementtheorien einen gewissen Einhalt bieten. Im engeren Bereich der Führungstheorien war es der inzwischen emeritierte Ordinarius für Betriebswirtschaftslehre, Rolf Wunderer, der mit originellen Gedanken die Führungslehre befruchtete. Er weist auf den Nutzen der durch indirekte Steuerungsmechanismen praktizierten Führung gegenüber der direkt auf den Mitarbeiter Einfluss nehmenden Führung hin. Dabei geht er von der These aus, dass institutionelle Regelungen mehr Erfolg versprechen als direkte Führungshandlungen. Bei letzterer Form der Einflussnahme durch den Vorgesetzten, von ihm „interaktionelle Führung" ge-

Direkte und indirekte Führung

nannt, wird das Mitarbeiterverhalten durch Kommunikation, hier insbesondere mittels der Führungsaufgaben, unmittelbar beeinflusst. Diese sich direkt vollziehende interaktionelle Führung ergänzt die strukturelle, schließt Steuerungslücken und sichert die Flexibilität.

Von diesem Gedanken ausgehend wurde das vorliegende Buch in den Abschnitten B und C in interaktionelle und strukturelle Führung gegliedert.

Interaktionelle und strukturelle Führung im Vergleich

Interaktionelle Mitarbeiterführung	**Strukturelle Mitarbeiterführung**
Unmittelbare Einwirkung auf den Mitarbeiter	Mittelbare Einwirkung auf den Mitarbeiter
Situative Gestaltung der zwischenmenschlichen Beziehungen	Zielgerichtete inhaltliche, prozessuale und strukturelle Regelungen der Führungs- und Arbeitsorganisation
Spielraum zur Modifikation der strukturellen Führung	Ersetzt und substituiert teilweise die interaktionelle Führung
Wirkung durch Wahrnehmung von Führungsaufgaben (Delegierung, Anerkennung, Kritik u. Ä.)	Kulturelle, strategische und organisatorische Faktoren
Verantwortung: direkter Vorgesetzter	Verantwortung: Top-Management

Unpersönliche Faktoren treten in den Vordergrund

Bei der strukturellen Führung wird auf die Kultur-, Strategie- und Organisationsgestaltung Einfluss genommen. Der Vorgesetzte übernimmt die Rolle eines „Impresarios" und schafft ein Feld für die Situationsgestaltung, zum Beispiel durch gute Arbeitsbedingungen. Die Führungskraft nimmt also kaum Einfluss auf die Mitarbeiterinnen und Mitarbeiter. Unpersönliche Faktoren – beispielsweise Stellenbeschreibungen, Verfahrensvorschriften, Führungsgrundsätze, Ethikregeln usw. – treten in den Vordergrund.

→ Ergänzende und vertiefende Informationen zum Thema strukturelle Führung finden Sie im Kapitel E 8 dieses Buches.

Literatur

Chester I. Barnard: *The Function of the Executive.* Cambridge (Mass.): Harvard University Press 1968.

Bernard M. Bass und Ralph M. Stogdill: *Bass and Stogdill's Handbook of Leadership.* New York: The Free Press 1994.

Frederick Herzberg, B. Mausner und B. Synderman: *The Motivation to Work.* New York 1959.

Rolf Hoerner und Katharina Vitinius: *Heiße Luft in neuen Schläuchen. Ein kritischer Führer durch die Managementtheorien.* Frankfurt/M.: Eichborn 1997.

H. Koontz: *The Management Theory Jungle and the Existential Manager. In: Academiy of Management Journal, Bd. 4, Nr. 3 1961, S. 174.*

Kurt Lewin: *Die psychologische Situation bei Lohn und Strafe.* Darmstadt: Wissenschaftliche Buchgesellschaft 1974.

Rensis Likert: *Developing Patterns in Management. Strengthening Management for the New technology.* New York 1955.

Douglas McGregor: *Der Mensch im Unternehmen.* Düsseldorf: Econ 1970.

Douglas McGregor: *On Leadership.* In: Antioch Notes Mai 1954.

Oswald Neuberger: *Führen und führen lassen. Ansätze, Ergebnisse und Kritik der Führungsforschung.* Stuttgart: Lucius und Lucius 2002.

Oswald Neuberger: *Führung. Ideologie – Struktur – Verhalten.* Stuttgart: Enke 1985.

Oswald Neuberger: *Organisation und Führung.* Stuttgart, Berlin, Köln, Mainz: Kohlhammer 1977.

G. S. Ordiorne: *The Management Theory Jungle and the Existential Manager.* In: *Academiy of Management Journal, Bd. 9, Nr. 2/1966, S. 110.*

Thomas J. Peters und Robert H. Waterman jun.: *Auf der Suche nach Spitzenleistungen: Was man von den bestgeführten US-Unternehmen lernen kann.* Frankfurt/M.: Redline Wirtschaft 2004.

F. J. Roethlisberger und W. J. Dickson: *Management and the Worker.* Cambridge (Mass.) 1939; zitiert nach: Jörg Oetterli: *Betriebssoziologie und Gesellschaftsbild.* Berlin: de Gruyter 1971.

Franz Rudolph: *Klassiker des Managements. Von der Manufaktur zum modernen Großunternehmen.* Wiesbaden: Gabler 1994.

Hermann Simon: *Das große Handbuch der Strategiekonzepte: Ideen, die die Businesswelt verändert haben.* Frankfurt/M.: Campus 2000.

M. Ways: *Tomorrow's Management.* In: Fortune, Bd. 74, Nr. 1/1966, S. 148.

Max Weber: *Wirtschaft und Gesellschaft.* Tübingen 1956.

Rolf Wunderer: *Führung und Zusammenarbeit. Eine unternehmerische Führungslehre.* Neuwied: Luchterhand 2003.

2. Führungswandel durch Wertewandel

Reizüberflutung und Orientierungslosigkeit

Die Arbeits- und Lebensbedingungen ändern sich ständig. Politische, weltanschauliche oder religiöse Rahmensetzungen sind nach und nach weggebrochen. Die Kirche, die hier früher ihre Aufgabe sah, sieht sich selbst einem massiven Wertewandel ausgesetzt. Unsere Welt wird schneller, mobiler und globaler. Im undurchdringlichen Neben- und Miteinander in unserer Gesellschaft gehen überschaubare Lebensräume verloren. Die Vielzahl an Informationen bewirkt eine Reizüberflutung, die es erschwert, einen eigenen Standpunkt zu finden. Die Frage nach dem Sinn des Lebens wird neu gestellt. Diese Suche ist oft sehr diffus und verfehlt ihr Ziel. Als Folge der Sinnkrise werden unter anderem spirituelle und esoterische Angebote genutzt. Das alles hat Auswirkungen auf die Arbeitswelt und damit auf Führung und Zusammenarbeit.

Definition „Werte"

Was sind Werte? Ein Wert ist eine Idee, eine Sichtweise, ein Grundsatz, mit dem das Denken und Handeln eines Menschen oder einer Gruppe geprägt und beeinflusst wird. Werte bilden sich durch menschliche Kontakte und persönliche Erfahrungen, vor allem in der Kinder- und Jugendzeit, und haben für den Menschen eine „Soll-"Orientierungsfunktion. Sie bestimmen die Moral, indem sie menschliches Handeln individueller Willkür entziehen. Werte sind auch die als implizite Verfassung bezeichnete Grundlage einer Gemeinschaft, die sich mittels moralischer Regeln als solche formiert.

Ebenen von Werten

Es gibt verschiedene Werteebenen. Menschenwürde, Freiheit und Gerechtigkeit stehen an der Spitze. Instrumentelle Werte wie Arbeit und Familie stehen mit ihnen in einem Funktionszusammenhang. Aus ihnen leiten sich Ansehen und Einkommen ab. An der Basis stehen Tugenden, mit denen Werte verwirklicht werden, beispielsweise Toleranz, Disziplin oder Sparsamkeit.

2.1 Wertewandel – Was hat sich verändert?

Alle sind betroffen

Neue Technologien und Organisationsformen, Globalisierung, Zuwanderung und die damit verbundene kulturelle Diffusion bewirken neue Bedürfnisse, Einstellungen und Handlungsmuster. Diesen Prozess des Wertewandels bezeichnen manche Autoren gern als „stille Revolution“. Es vollzieht sich eine Wandlung vieler Werte. Davon sind nicht nur Teilgruppen der Bevölkerung, sondern – ungeachtet eines Vorsprungs bei den jungen Leuten mit hohem Bildungsniveau – sämtliche Altersklassen und Sozialschichten betroffen, sodass sich einschneidende Auswirkungen in allen Lebensbereichen und Veränderungen in der Mentalität der Menschen feststellen lassen. Während gesellschaftliche und anerzogene Werte eine Orientierung zur Ausprägung der eigenen Einstellung bieten, schafft ein Wertewandel neue Orientierung. Aus dieser entsteht ein zunehmend verändertes Verhältnis des Individuums zu den Anforderungen der gesellschaftlichen Umwelt.

Materielle und postmaterielle Bedürfnisse

Geistes- und Sozialwissenschaftler verschiedenster Disziplinen haben über Ursachen und Auswirkungen des Wertewandels nachgedacht und neue Begriffe in die Diskussion eingebracht. Der US-Politologe Ronald Inglehart unterscheidet zwischen *postmateriellen* Bedürfnissen/Werten einerseits und *materiellen* Bedürfnissen/Werten andererseits. Damit orientiert er sich am US-Psychologen Abraham Maslow, der von diesen fünf elementaren Bedürfnisklassen ausgeht: Selbsterhaltung, Sicherheit, Zugehörigkeit, Anerkennung und Selbstverwirklichung. Während die materiellen Bedürfnisse eher der Gruppe der Selbsterhaltungsbedürfnisse zuzurechnen sind, haben die postmateriellen Werte ihren Ursprung im Bereich der Anerkennung- und Selbstentfaltungsbedürfnisse.

→ Ergänzende und vertiefende Informationen zum Thema Bedürfnisse finden Sie im Kapitel B 3.3 dieses Buches.

Vom Überleben zum Erleben

Die Studien zeigen, dass für jüngere Menschen eher eine postmaterialistische Werteorientierung und für ältere eher eine materialistische typisch ist. Letztere ist das Pendant zur traditionellen Arbeitsgesellschaft. Die Ursachen hierfür beruhen größtenteils auf Negativerfahrungen älterer Menschen in Kriegs- und Notzeiten. In der Prosperitätsperiode der zweiten Jahrhunderthälfte ging es nicht mehr um das *Über*leben, sondern um das *Er*leben. Auf diesem von positiven Erfahrungen geprägten Hintergrund entwickelte sich eine postmaterialistische Werteorientierung basierend auf emanzipatorischen, partizipatorischen und hedonistischen Werten. Werte, die das Verhalten des Menschen von außen beeinflussten, wie Pflicht, Askese und Fremdbestimmung, wurden von der Selbstverwirklichung und der Selbstbestimmung verdrängt.

2.2 Von Pflicht- und Akzeptanzwerten zu Selbstentfaltungswerten

Selbstentfaltung statt Pflicht und Gehorsam

Kennzeichnend für diesen Prozess ist die Ablösung materialistischer Wertvorstellungen („Schaffe, schaffe, Häusle baue …“) durch intrinsische Werte wie Lebenslust und Selbstentfaltung. Man spricht in diesem Zusammenhang auch von der Substitution alter Pflicht- und Gehorsamswerte (Fleiß, Treue, Ordnung) durch individuelle Freiheits- und Selbstentfaltungswerte (Gleichberechtigung, Toleranz und Zivilcourage). Das Prinzip „Leistung“ verschwindet dabei nicht, sondern wird nur nach Sozial- und Herkunftsgruppen, Alter und Geschlecht, Religion und Wohnort neu geordnet.

Vier Gruppen

Der Werteforscher Helmut Klages unterteilt die Menschen im Kontext der Wertediskussion in vier Gruppen:
1. Aktive Realisten
2. Nonkonforme Idealisten
3. Ordnungsliebende Konventionalisten
4. Perspektivlose Resignierte

Realisten und Resignierte

Der *aktive Realist* ist der interessanteste Mitarbeitertyp. Er erwartet Freiraum für Selbstorganisation, -entfaltung und Kreativität und hinterfragt Hierarchien und starre Strukturen. Von den *perspektivlosen Resignierten* sind dagegen weder Innovationen noch Führungsqualitäten zu erwarten.

Die vier Gruppen auf einen Blick

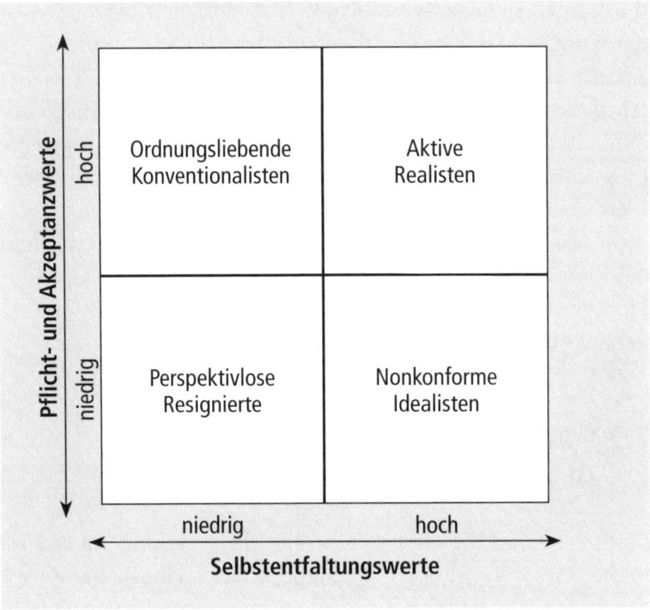

Phänomene des Wertewandels

Beispiele für den Wertewandel sind folgende Entwicklungen beziehungsweise Phänomene:

- Freizeitorientierung
- Ablehnung von Bindung, Unterordnung und Verpflichtung
- Betonung des eigenen Lebensgenusses, eines hedonistischen Lebensstils
- Erhöhung der Ansprüche in Bezug auf eigene Selbstverwirklichungschancen
- Bejahung der Gleichheit und Gleichberechtigung zwischen den Geschlechtern
- Betonung der eigenen Gesundheit
- Hochschätzung einer ungefährdeten und bewahrten Natur
- Skepsis gegenüber den Werten der Industrialisierung wie beispielsweise Gewinn, Wirtschaftswachstum, technischer Fortschritt
- Abwendung von der Arbeit als einer Pflicht hin zum „Mittel-zum-Zweck"-Charakter
- Ordentlichkeit und Pünktlichkeit sind nicht mehr erstrebenswerte Tugenden

- Familie und Partnerschaft sind wichtigste Lebensinhalte
- Technikskepsis bis hin zur Technikfeindlichkeit
- Verstärktes Kommunikations- und Geselligkeitsbedürfnis
- Der Anspruch auf höhere Lebensqualität und Detailkritik am Arbeitsplatz nimmt zu

Bedeutungsgewinne und -verluste

Die Entwicklung der Freiheits- und Entfaltungswerte wie Selbstverwirklichung, Genuss und Erlebnis haben in der postmodernen Generation massiv an Bedeutung gewonnen. Tugenden wie Sparsamkeit, Bescheidenheit und Freundlichkeit fallen dem Wertewandel hingegen teilweise zum Opfer. Auf dem Weg in das 21. Jahrhundert wird die Freizeit zum eigentlichen Motor des gesellschaftlichen Wandels. Weitere Individualisierungsschübe durch Auflösung traditioneller industriegesellschaftlicher Lebens- und Zeitformen sind in den nächsten Jahren zu erwarten.

Alte und neue Werte im Vergleich

Alte Werte	Neue Werte
Selbstdisziplin	Partizipation
Pflichterfüllung	Selbstentfaltung
Ordnung	Autonomie
Gehorsam	Selbstverwirklichung
Fremdbestimmung	Eigenverantwortung
Orientierung auf morgen	Aufgehen im Heute
Ergebnisorientierung	Erlebnisorientierung
Fortschrittsoptimismus	Zukunftspessimismus
Naturnutzung	Naturschonung
Haben (Karriere)	Sein (Leben)
Christliche Religiosität	Beliebige Spiritualität
Männlichkeitsbetonung	Weiblichkeitsorientierung
Erst Arbeit, dann Vergnügen	Vergnügen bei der Arbeit
Arbeit und Freizeit getrennt	Arbeit und Freizeit vermengt

Individualisierung, aber sozial

Dieser Individualisierungsprozess wird sich weiter fortsetzen. Hier geht es jedoch um eine neue, sozial vermittelte Individualität. Werte wie zum Beispiel Freundschaft, Ehrlichkeit und Toleranz werden an Bedeutung gewinnen. Menschen werden sich in Interessen-Netzwerken organisieren, ehrenamtliches Engagement wird eine Renaissance erleben und zwischenmenschliche Kommunikation an Bedeutung gewinnen.

2.3 Werteverlust seit den 1980er-Jahren?

Die Forschungsergebnisse des erwähnten US-Politologen Inglehart gelten für den Zeitraum Ende der 1960er- bis Mitte der 1970er-Jahre. Spätere Forschungen relativieren seine Ergebnisse dahingehend, dass sie zwar einen Wandel hin zu postmateriellen Werten postulieren, aber weiterhin einen hohen Konsens über die Bedeutung der Grundwerte Freiheit, Gleichheit, Gerechtigkeit, Frieden und Sicherung der physischen Existenz unterstellen. Doch das Bekenntnis zu diesem Konsens garantiert nicht, dass sich die Menschen auch danach richten.

Neue Innerlichkeit

In den 1980er- und 1990er-Jahren verringerte sich der Einfluss von Staat und Kirche weiter. Der Kampf zwischen Kapitalismus und Kommunismus um die „besseren Werte“ erlosch mit dem Fall des „Eisernen Vorhangs“. Die ständige Betonung der Wertüberzeugungen von Demokratie, Meinungsfreiheit und Marktwirtschaft westlicherseits und Gemeinschaftlichkeit, Klassenlosigkeit und Planwirtschaft östlicherseits wich zugunsten einer neuen Innerlichkeit. Sekten füllten das entstandene Vakuum. Statt Sinn zu stiften, verbreiten sie Unsinn, der von den Sinnsuchenden aber oft erst später als solcher erkannt wird.

Hohe Erlebnisdichte

Neben den Arbeits- trat der Freizeitmarkt mit einer noch nie dagewesenen Erlebnisdichte im Alltagsleben. Im Moment der Erfüllung entsteht bereits die Frage, was denn nun als Nächstes kommen soll. Die Befriedigung stellt sich deshalb nicht mehr ein, weil die Suche nach ihr zur Gewohnheit geworden ist. Je mehr das Erlebnis zum Lebenssinn wird, umso größer wird auch die Angst vor dem Ausbleiben neuer Höhepunkte. Werte im ethischen Sinn und der durch die Medien angeheizte Erlebnishunger sind kaum kompatibel. Lebenssinn entwickelt sich immer mehr zu einer knappen Ressource. Der Erlebnisreichtum bewirkt einen Orientierungsdschungel, von dem das Wochenmagazin DER SPIEGEL in einer Titelgeschichte schreibt: *„Die jüngste Generation muss mit einer Werteverwirrung zurechtkommen, deren Ausmaß kaum abzuschätzen ist. Klare Maßstäbe für Recht und Unrecht, Gut und Böse (...) sind für sie kaum noch erkennbar.“* Aus anderen Quellen geht hervor, dass Jugendliche aus Hass, Spaß, Langeweile und Frust Gewalt anwenden.

Keine Lust zum Arbeiten?

Doch auch hier gilt das Prinzip der Ausnahme, der Gegensätzlichkeit und Widersprüchlichkeit. Während die Sozialforscherin Elisabeth Noelle-Neumann vom Allensbacher Demoskopie-Institut eine zunehmende Arbeitsunlust der jungen Generation beschrieb, kommt der im Sold der Zigarettenfirma BAT stehende Sozialforscher Horst Opaschowski zu optimistischen Ergebnissen. Er schreibt, dass sich der deutlich größere Anteil aller Berufstätigen (40 Prozent) für Leistung ausspreche, gefolgt von weiteren 36 Prozent, die sich für eine Kombination zwischen Leistung und Lebensgenuss entscheiden. Nur 21 Prozent wollen gerade so viel tun wie notwendig.

Leistung muss Spaß machen und Sinn stiften

Die Ergebnisse Opaschowskis sollten nicht im Sinne einer Renaissance der alten Pflichtwerte interpretiert werden. Wenn Leistung gezeigt wird, dann muss die Arbeit auch Spaß machen und Sinn stiften. Die nachrückende Generation ist entschlossen, ein angenehmes Leben zu führen, statt „von der Stange“ zu leben.

Arbeit und Freizeit verschmelzen

Im Zentrum der Sinnsuche steht die Freizeit. Die Bereiche Arbeit und Freizeit verschmelzen mehr und mehr, so dass ein Pendeln zwischen beiden Bereichen begonnen hat. Im Berufsleben gewinnt die Balance zwischen Arbeit und Freizeit stärkeres Gewicht. Selbstverwirklichung wird sowohl in der Freizeit wie in der Arbeit gesucht. Doch trotz dieser Entwicklung ist bis heute kaum eine Veränderung von Personalführung und Organisationsstruktur als Folge des Wertewandels zu beobachten.

2.4 Werte und Arbeit

Tief greifende Veränderungen

In der Wirtschaft vollziehen sich gravierende Strukturveränderungen mit folgereichen Mutationen des menschlichen Wertebewusstseins. Diese Veränderungen sind tief greifender als der Übergang von der Agrar- zur Industriegesellschaft.

Hier einige Beispiele:

Veränderungen der Arbeitswelt

1. Veränderungen in der Unternehmensumwelt:
   - Zunahme der Konkurrenz
   - Fortschreiten von Konzentrationsprozessen
   - Verstärkte internationale Verflechtungen
   - Verknappung und Erschöpfung von Rohstoffen

Komplexität

2. Komplexität:
   - Aufgaben, Entscheidungen, Probleme und Bedingungen im Unternehmen werden immer komplexer.
   - Sie überfordern oft herkömmliche Organisationsformen. Deshalb vollzog sich eine Umwandlung von der traditionell tayloristischen Arbeitsorganisation zu Teamarbeit und komplexen Arbeitsbereichen.

Geschwindigkeit

3. Leistung und Geschwindigkeit:
   - Schnelligkeit wird neben Kapitalkraft, Produktivität, Qualität und Innovation zum entscheidenden Wettbewerbsfaktor.
   - Der immer schneller werdende technische Fortschritt bedeutet nicht den Abschied von der industriellen Massenproduktion, sondern lediglich die durch Technik ermöglichte Verlagerung des Schwerpunktes auf den Dienstleistungsbereich.

4. Neue Struktur:
   - Dezentrale Entscheidungsstrukturen
   - Selbst- statt Fremdkontrolle
   - Vertrauenskultur statt Misstrauensstruktur
   - Proaktives statt reaktives Verhalten

- Zunehmende Abhängigkeit der Unternehmer/Arbeitgeber von den Qualifikationen der Mitarbeiter aufgrund der modernen Produktions- und Dienstleistungsarbeit

Personal

5. Personalentwicklung:
   - Das Unternehmen steht aufgrund höherer Personalnebenkosten unter steigendem Kostendruck.
   - Es herrscht Knappheit an qualifizierten Arbeitskräften.
   - Die Anforderungen an das Personal verändern sich quantitativ und qualitativ.
   - Aus- und Weiterbildung sind zunehmend aufgaben- und problembezogen.
   - Die Entlohnung gestaltet sich leistungsbezogener.
   - Es gibt eine zunehmende Erwerbsbeteiligung der Frauen mit hohem Bildungsniveau und spezifischen Ansprüchen an Selbstbestätigung.

Veränderungen im Bewusstsein

Parallel zum Strukturwandel in der Wirtschaft ist ein Wertewandel im Bewusstsein und im Lebensstil eingetreten, der besonders in der Arbeitswelt spürbar ist. Werte wie Disziplin, Gehorsam und Fleiß verlieren auch hier an Kraft. Eigeninitiative, Kreativität und Selbstständigkeit gewinnen an Bedeutung.

Moderne Forderungen

Im Zuge fortschreitender gesellschaftlicher Modernisierung werden Ansprüche wie gutes Einkommen, ein sicherer Arbeitsplatz, aber auch Mitbestimmung sowie Freiräume bei der Arbeitsgestaltung gefordert.

Höhere Ansprüche

Bei Mitarbeitern in allen Berufen findet man ein immer mehr durch Selbstbewusstsein und Stolz charakterisiertes Verhältnis zur Arbeit. Am meisten Ansprüche stellen jüngere Erwachsene an ihre Arbeit. Sie suchen zum Beispiel

- Möglichkeiten zur Persönlichkeitsentfaltung und
- einen Rückbezug zur eigenen Emotionalität.

Bei einer Untersuchung des Statistischen Bundesamtes von 1995 sollte die Einstellung zur Arbeit und die Arbeitszufriedenheit gemessen werden. Man stellte diese zwei Fragen:

1. Wie wichtig ist Ihre Arbeit für Ihr Wohlbefinden?
2. Wie wichtig ist Ihnen der Beruf gegenüber der Freizeit?

Arbeit ist „sehr wichtig"

Auf die erste Frage antworteten mehr als die Hälfte, dass das Wohlbefinden bei der Arbeit „sehr wichtig" ist.

Bei der zweiten Frage ist

- 31 Prozent der Befragten der Beruf wichtiger,
- 30 Prozent die Freizeit wichtiger und
- 39 Prozent beides gleich wichtig.

Arbeit und Freizeit harmonisieren

„Menschen leben, um zu arbeiten." Diese dem Industriezeitalter entsprungene Einstellung verliert zunehmend an Geltung. Arbeit und Freizeit werden heute zwar auch noch als getrennte Lebensbereiche behandelt, doch gilt es, die Dimensionen Arbeit und Freizeit zu harmonisieren. Die Zeiten, in denen die spärliche Freizeit überwiegend der Erholung für den Beruf diente, werden durch Zeitsouveränität und Lebensqualität im gesamten Leben abgelöst.

Freizeit hat mehr Bedeutung

Es kann hier jedoch nicht von einer völligen Abkehr von der Arbeitsgesellschaft hin zur Freizeitgesellschaft gesprochen werden. Der Beruf bildet weiterhin die Grundlage zur Existenzsicherung, doch hat der Bereich Freizeit im postmodernen Zeitalter an Bedeutung gewonnen. Alte Werte der Erwerbsarbeit wie Leistung, Pflicht und Verantwortung werden dabei nicht verdrängt, sondern erhalten durch die neuen Werte Spaß, selbst aktiv zu sein, Spontaneität, soziale Kontakte sowie Freizeit einen neuen Stellenwert.

Fließende Übergänge schaffen

Leistung und Lebensgenuss sind für die junge Generation keine Gegensätze mehr. Das vollkommen neue Arbeitsverständnis, „zu arbeiten, um zu leben", macht fließende Übergänge zwischen Berufs- und Privatleben erforderlich, die geschaffen werden müssen.

Die zum Ausdruck kommenden subjektbezogenen Ansprüche an die Arbeit sind nicht neu. Bei bestimmten Berufsgruppen haben sie schon immer eine Rolle gespielt. Neu ist nur die breite

Streuung der Ansprüche in der Gesellschaft und die Offenheit beziehungsweise Selbstverständlichkeit, mit der man diese Ansprüche geltend macht.

Der Arbeitsstil der Zukunft

Blick in die Zukunft

Der Arbeitsstil der Zukunft wird folgendermaßen geprägt sein:

- neue Verteilung der Lebensarbeitszeit: länger an Jahren, kürzer pro Woche
- häufigerer Wechsel des Arbeitsplatzes
- Zunahme von Teilzeitarbeit (auch vorübergehend), Tele- und Heimarbeit
- Nachbarschafts- und Familienhilfe sowie Tätigkeiten in sozialen Einrichtungen
- stetig steigender Anteil an Eigenvorsorge für Pension und Rente

Mehr Flexibilität und Freiraum

Immer weniger Menschen arbeiten zudem heute noch in regelmäßigen, normalen Arbeitsstrukturen und festen Anstellungen. Die Forderung, Arbeit und Freizeit zu harmonisieren, macht flexible Beschäftigungssysteme und Arbeitszeitstrukturen nötig. Neben der Arbeitszeitverkürzung wird nach dem Motto „Mehr Freizeit, weniger Lohn“ Personalpolitik betrieben. Auf Jobsharing, Teilzeitbeschäftigung und PC-Arbeitsplätze von zu Hause aus muss sich das moderne Management einstellen. Persönlicher und unternehmerischer Freiraum am Arbeitsplatz wird zur bestimmenden Kategorie für Qualität im Berufsleben und Auswahlkriterium bei der Suche nach dem individuell passenden Arbeitgeber.

Immaterielle Bedürfnisse

Tarifverhandlungen und Einstellungsgespräche werden weniger von Geld als von Fragen der Entfaltungsmöglichkeiten, Gestaltungsspielräume und Zeitsouveränität geprägt sein. „Erst die Arbeit, dann das Vergnügen“, wird aus dem Sprachgebrauch verschwinden.

Die Kommunikationspolitik wird einen Wandel erfahren. Neueste Technologien machen es möglich, jeden Mitarbeiter zu informieren und in den Unternehmensprozess zu involvieren. Aus Mitarbeitern sollen Mitunternehmer und Mitdenker werden, die auf allen Hierarchiestufen den Erfolg des Unternehmens mit steuern und mit tragen können. Offene Kommunikation macht es möglich, eine Unternehmung einheitlich auftreten zu lassen.

2.5 Wertewandel bedeutet Führungswandel

Wichtig: Identifikation

Finanzielle Anreize allein haben an Zugkraft für die Mitarbeiter verloren. Auch bieten starre Organisationsformen nicht mehr die erforderlichen Freiräume. Motivation durch Identifikation ist die Herausforderung für die Führung von heute in Unternehmen und Organisationen. Besonders vor dem Hintergrund der Informationsgesellschaft gewinnt die Integration des „soft factors" Mensch an Bedeutung.

Auf Kundenbedürfnisse einstellen

Nach außen muss das Unternehmen aber auch die immer umfangreicheren und individuelleren Wünsche und Bedürfnisse der Kunden befriedigen. Bei der heutigen Wandlung zur Dienstleistungswirtschaft muss somit auch die Unternehmung Ansprüche an ihre Mitarbeiter stellen wie zum Beispiel:

- Anpassungsfähigkeit
- Flexibilität
- Mobilität
- Qualifikation
- selbstbewusstes Auftreten

Es handelt sich um ein Geben und Nehmen: Der Angestellte bringt sein Wissen und Können in die Arbeit ein und fordert dafür individuelle Entfaltungsmöglichkeiten in seinem Beruf. Der Arbeitgeber gibt ihm diese Möglichkeit und fordert von ihm eine gute, qualifizierte Arbeit.

Tabus und Gebote verlieren an Kraft

Auch sind Tabus, Gebote, Rangordnungen und Machtverhältnisse Attribute des ausklingenden Industriezeitalters und werden nicht mehr als unverrückbar betrachtet. Es zählt die Einstellung: Wenn heute noch etwas als gegeben betrachtet wird, dann das *Ich*. Die Wertehaltung hat sich stark in Richtung Durchsetzungskraft, Individualität und persönliche Robustheit entwickelt. Die Führungskraft der Zukunft wirkt respektvoll durch Kompetenz, nicht durch Rangordnung. Soziale Kompetenz steht bei der Auswahl neuer Führungskräfte über der Fachkompetenz.

Auswirkungen auf die Unternehmensführung

Ein genereller Wertewandel der Gesellschaft macht auch einen Wandel in der Unternehmenskultur erforderlich. Die Forderung nach Selbstentfaltung, Engagement, Beteiligungen, Autonomie, sinnerfüllter Arbeit und Identifikation mit der Arbeit kann zu Problemen hinsichtlich sinkender Leistungsbereitschaft der Mitarbeiter führen. Eine wachsende Kluft zwischen den veränderten Arbeitsansprüchen und konservativen Wertestrukturen hat eine wachsende Distanz zur ausgeübten Tätigkeit und eine zunehmende Freizeitorientierung zur Folge. Neue Wertvorstellungen von Kunden, Lieferanten und Mitarbeitern müssen daher in die Unternehmensleitsätze integriert werden, nach denen das moderne Unternehmen geführt wird.

Nicht aufzwingen, sondern einbeziehen

Ein Wertewandel im Unternehmen fordert dabei immer Zeit und kann den Mitarbeitern nicht durch eine von der Führungscrew entwickelte Vision in Papierform aufgezwungen werden. Die Führungskräfte und Mitarbeiter müssen in den Wandlungsprozess einbezogen werden. Zukünftig dauerhaft erfolgreiche Unternehmen müssen versuchen, die individuellen Werte der Mitarbeiter, die im Unternehmen erlebte Realität und das langfristige Unternehmensziel in Einklang zu bringen.

2.6 Fazit

Potenziale nutzen, Herausforderungen annehmen

Der Wertewandel hat in den Menschen zwar viele neuartige Potenziale hervorgebracht, jedoch fehlt vielen Unternehmen noch der „Schlüssel“, um sie aufzuschließen. Die Ausbreitung individualisierter Wünsche nach Selbstentfaltung, -steuerung und -kontrolle stellt keine Abweichung vom Pfad der Tugend dar, sondern ist vielmehr eine List der Vernunft in einer Epoche, in der die Menschen zunehmend zur Selbstständigkeit herausgefordert sind und sich sowohl Lebenschancen als auch Lebensrisiken zu stellen haben. Die Denkmodelle vom *weltbezogenen Subjekt* (Industriegesellschaft) und *subjektbezogener Welt* (Erlebnisgesellschaft) dürfen nicht mehr als sich ausschließende, sondern als sich ergänzende Formen der Lebensauffassung erscheinen. In den nächsten Jahren werden sich weitere Individualisierungsschübe, insbesondere die Auflösung traditioneller Lebens- und Zeitformen abzeichnen. Zeitkompetenz wird gefordert sein. Es gilt, das komplexe Wechselspiel zwischen Arbeit und Freizeit so zu gestalten, dass sich ein persönlicher Zeitstil entwickelt, in dem Arbeit und Freizeit, Muße und Erlebnis zufrieden stellende Verbindungen eingehen.

Kooperativer Individualismus

Der Wertewandel hat einen kooperativen Individualismus hervorgerufen. Gefragt ist eine informelle Geselligkeit. Kommunikation mit der Familie, den Kindern und dem Partner genießt schon heute einen hohen Stellenwert. Interessante Arbeitstätigkeiten erhöhen die Bereitschaft zur Mehrarbeit. Auch wenn Manager mit hoher Sozialkompetenz heute noch in der Minderzahl sein mögen – der Trend geht weltweit zum partnerschaftlich-eigenverantwortlichen Arbeiten.

Leistung bringen, Erlebnisse genießen

Die Erlebnisgesellschaft bleibt in ihrem Kern eine Leistungsgesellschaft, aber ihre Mentalität kreist um eine erlebnisvolle Lebensführung und glückvolle Selbstverwirklichung und damit um das Sozial- und Werteprofil des neuen Hedonismus.

Literatur

Christian Giordano und Jean-Luc Patry: *Wertekonflikte und Wertewandel.* Münster: Lit 2005.

Rolf Heiderich und Gerhart Rohr: *Wertewandel.* München: Olzog 1999.

Ronald Inglehart: *Modernisierung und Postmodernisierung. Kultureller, wirtschaftlicher und politischer Wandel in 43 Gesellschaften.* Frankfurt/M.: Campus 1998.

Ronald Inglehart: *Kultureller Umbruch. Wertwandel in der westlichen Welt.* Frankfurt/Main: Campus 1995.

Helmut Klages: *Wertewandel.* Speyer: Forschungsinstitut für Öffentliche Verwaltung 1999.

Johannes Michael Schnarrer: *Arbeit und Wertewandel im postmodernen Deutschland.* 1996.

TEIL B

Interaktionelle Führung

1. Ziele vereinbaren

Führung bedeutet zielorientierte Gestaltung

Der Ansatz der „zielorientierten Führung" wird gern dem „Management-by-Objectives-Modell" zugeordnet. Doch kann er auch aus dem Verständnis des allgemeinen Führungsbegriffs abgeleitet werden, sofern man „Führung" als zielorientierte Gestaltung von Betrieben beziehungsweise Einflussnahme von Personen versteht. Zielorientierung ist notwendig, da der Gütererstellungsprozess in der immer dynamischer und komplexer werdenden Unternehmensumwelt nicht dem Zufall überlassen werden darf, sondern zielorientiert ausgerichtet sein muss.

→ Vertiefende Informationen zum Thema Management by Objectives finden Sie im Kapitel E 6 dieses Buches.

Leistungsstandards vereinbaren

Beim zielorientierten Führen werden qualitative und quantitative Leistungsstandards vereinbart, um Leistung messbar zu machen. *Quantitative Ziele* sind meist Kennzahlen, welche die Ziele mengenmäßig und operational ausdrücken. *Qualitative Ziele* beschreiben das Objekt (z. B. Umsatzsteigerung). Sie lassen sich nicht immer messen und haben oftmals den Charakter von Grundsätzen und Verhaltensnormen.

Durch die Bildung von Leistungsstandards kann der Erfolg überprüft werden. Dieser Rückkopplungseffekt durch Kommunikation und Feedback macht den Führungsprozess zu einem kontinuierlichen Prozess, der neue Zielsetzungen ermöglicht.

1.1 Merkmale eines Zieles

Definition „Ziel"

Ziele sind Motiv und Antrieb des menschlichen Handelns. Sie sind ebenso sowohl die Ursache entsprechend ausgerichteten Verhaltens als auch dessen Wirkung. Ein Ziel ist das, wonach der Mensch strebt, worauf seine Handlung oder Absicht gerichtet ist beziehungsweise die exakte Beschreibung eines in Zukunft angestrebten Zustandes.

Zielkriterien

Eine Zielformulierung muss folgenden Erfordernissen gerecht werden:

- Definition des Ziel*inhalts* (Was?)
- Definition der Ziel*menge* (Wie viel?)
- Definition der Ziel*zeit* (Wann?)
- Definition des Ziel*grunds* (Warum?)

Ziele sollten genau ausformuliert und schriftlich festgehalten werden. Nur so können sie als Leitfaden für das zukünftige Handeln dienen.

Ablauf der Zielbildung

Normalerweise durchläuft die Zielbildung unterschiedliche Phasen, zum Beispiel die Zielplanung, Zielsuche und die Zielabstimmung. Hierbei gilt es besonders zu klären, in welcher Beziehung die Ziele zu den bisherigen Zielen stehen und ob es sich um Ober-/Unterziele beziehungsweise Haupt-/Nebenziele handelt. Erst dann werden die Ziele formuliert. Der Inhalt, das Ausmaß und die Zeit werden bestimmt und auf ihre Erreichbarkeit hin geprüft. Zuletzt werden die Ziele für verbindlich erklärt. Eine Zielrevision hat immer dann stattzufinden, wenn nach Überprüfung des Zielerreichungsgrades eine zu weit gehende Zielabweichung eingetreten ist.

Weg nicht eingrenzen

Mittels einer Zielbeschreibung werden Ziele transparent und eindeutig bestimmt. Das vermeidet Missverständnisse. Die begriffliche Bestimmung eines Ziels in den drei Dimensionen Inhalt (was), Ausmaß (wie viel) und Zeit (wann) ermöglicht Eindeutigkeit, ohne den Spielraum im Hinblick auf einzuleitende Maßnahmen und Handlungen einzugrenzen. Die Formulierung sollte bewirken, dass die Mitarbeiter die Ziele akzeptieren und zu ihrer Erreichung beitragen. Der Weg zum Ziel liegt in ihrem eigenen Ermessensspielraum. Dieses Zugestehen von Kompetenz und Verantwortung ist neben materiellen Anreizen ein starker Motivationsfaktor.

Motivationsstimulus schaffen

Gelingt es, die aufgabenbezogenen Ziele des Mitarbeiters mit einem Erfolgserlebnis im Hinblick auf die eigenen Ziele zu verbinden, resultiert daraus ein zusätzlicher Motivationsstimulus. Das gilt insbesondere für die Formulierung von Zielen in ideologischen Wertbegriffen, denn dies bietet Identifikationsmöglichkeiten mit einem Vorbild, nährt Hoffnungen auf Verbesserungen und trägt zur Stärkung des eigenen Selbstvertrauens bei.

Faktorenliste

Beim Führen mit Zielen sollte man die Unternehmensziele berücksichtigen – etwa so, wie auf der folgenden Abbildung dargestellt. Unternehmensziele dienen der Entwicklung eines Unternehmens und sichern den Erfolg. Dieser bemisst sich darin, inwieweit es gelungen ist, die festgelegten Ziele zu erreichen. Zielorientiertes Führen ist somit gleichzeitig ein erfolgsorientiertes Führen.

Zielmanagement im Unternehmen

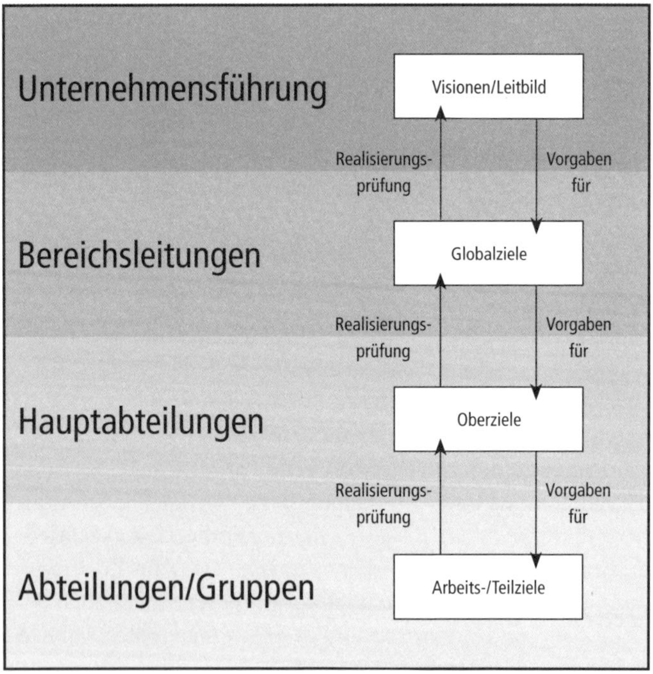

1.2 Die Vorgehensweise bei der Zielvereinbarung

Voraussetzung für ein zielorientiertes Führen ist das Vorhandensein eines gut ausgebauten Planungs-, Informations- und Kontrollsystems. Diese Basis ermöglicht erst das Festlegen, Verfolgen, Kommunizieren und Überprüfen von Zielen und deren Erreichbarkeit.

Basis schaffen

Zielorientierte Führung verlangt von Ihnen als Führungskraft die enge und vertrauensvolle Zusammenarbeit mit Ihren Mitarbeitern. Anhand der folgenden Fragen und Aufgaben kann die Basis für eine zielorientierte Führung geschaffen werden. Führungskraft und Mitarbeiter bearbeiten gemeinsam die folgenden drei Schritte:

1. Zielfindung
2. Vereinbaren von Leistungsstandards
3. Vereinbaren von Kontrollverfahren

Schritt 1: Zielfindung

Fragen zur Zielfindung

Idealerweise beantwortet sich jeder Mitarbeiter und jede Führungskraft selbst diese Fragen:

- Welche persönlichen Ziele und Erwartungen habe ich momentan?
- Welche davon möchte ich in meiner jetzigen Tätigkeit verwirklichen?
- Wie werden sich meine Ziele und Erwartungen mit der Zeit voraussichtlich ändern?
- Welches sind die Unternehmensziele?
- Wie werden meine Ziele durch die Unternehmensziele beeinflusst?
- Wie können die Unternehmensziele und meine persönlichen Ziele so aufeinander abgestimmt werden, dass sie harmonieren?

Ziele nicht setzen, sondern vereinbaren

Hierbei gilt zu beachten: Ziele werden nicht *gesetzt,* sondern *vereinbart.* Nur so wirken sie motivierend. Wer also Ziele vereinbart, muss Prozesse im Unternehmen so gestalten, dass Ziele erreicht werden.

Schritt 2: Vereinbaren von Leistungsstandards

Ziele überprüfen

Leistungsstandards präzisieren die Ziele. Daher muss im Voraus geprüft werden, ob die Ziele folgenden Kriterien gerecht werden:

- präzise formuliert
- terminbezogen
- quantifiziert oder qualitativ bestimmt
- durch Toleranzen beschränkt
- integriert
- widerspruchsfrei
- realistisch
- bezüglich der Zielerfüllung beurteilbar

Beispiel

So werden Ziele nicht vereinbart

Vorgesetzter: Guten Tag, Herr Schulze, gut, dass Sie gleich gekommen sind. Wir müssen unbedingt die Planung für das kommende Halbjahr besprechen. Es gibt Qualitätsprobleme mit der neuen Maschine. Die Konkurrenz baut irgendwie bessere Maschinen als wir. Der Absatz leidet darunter. Also, um es kurz zu machen: Wir müssen Qualität und Verkauf optimieren.

Mitarbeiter: Was meinen Sie genau?

Vorgesetzter: Na ja, wir müssen unsere Produkte, insbesondere die neue Maschine stärker innovieren. Wir brauchen einfach mehr Qualität.

Mitarbeiter: Was wir auch immer machen, das kostet Geld und geht in den Preis.

Vorgesetzter: Das darf es nicht! Denken Sie immer an die Japaner. Hohe Qualität zu Niedrigstpreisen muss unser Leitsatz sein.

Mitarbeiter: Verträgt sich denn das beides?

Vorgesetzter: Das muss sich vertragen, irgendwie. Sie bekommen das schon hin, Herr Schulze.

Mitarbeiter: Wenn wir den Vertrieb aktivieren wollen, brauchen wir neue und wirksamere Werbemittel. Eventuell müssten wir eine Agentur einschalten. Auch das kostet Geld.

Vorgesetzter: Ja, ja, aber das haben wir nicht. Wir müssen das mit Bordmitteln schaffen.

Mitarbeiter: Was erwarten Sie konkret von mir?

Vorgesetzter: Das will ich Ihnen genau sagen: Sie sollen dafür sorgen, dass wir mit einer qualitativ besseren Maschine ein größeres Stück vom Kuchen bei Maschinen dieses Typs abbekommen.

Mitarbeiter: In welchen Zeiträumen denken Sie?

Vorgesetzter: Besser gestern als morgen. Wir müssen auf der Hannover Messe neue Modelle vorführen. Also, wir brauchen sie schnellstens.

Mitarbeiter: Da wird es aber eng in der Entwicklung und Konstruktion. Wir haben nicht die Kapazität für solche Schnellschüsse.

Vorgesetzter: Zur Not setzen Sie Überstunden an.

Mitarbeiter: Die müssen wir aber erst mal durchsetzen. Auf viel Gegenliebe stoßen wir nicht in der Belegschaft.

Vorgesetzter: Mag sein, aber Probleme sind dafür da, gelöst zu werden.

Mitarbeiter: Welche Vorstellungen haben Sie bezüglich des zu erlösenden Preises?

Vorgesetzter: Wir brauchen einen akzeptablen Preis.

Mitarbeiter: Was heißt das?

Vorgesetzter: Dass wir billiger sind als andere deutsche Anbieter.

Mitarbeiter: Wie viel billiger als wer?

Vorgesetzter: Na, Sie wissen ja, „profit is the name of our game" – und der muss angemessen sein. Sie machen das schon, da bin ich zuversichtlich. Die Marschroute ist ja jetzt ganz klar. Sie kennen das Ziel. Packen wir's an. Ach, bevor ich es vergesse: Bei der Alpha 2 gibt es ähnliche Probleme. Kümmern Sie sich doch auch mal darum und ergreifen Sie die nötigen Maßnahmen!

Schritt 3: Vereinbaren von Kontrollverfahren

Kontrolle transparent gestalten

Kontrollverfahren sind notwendig, um zu überprüfen, ob und inwieweit die Ziele erreicht worden sind. Als Führungskraft sollten Sie aber, um Transparenz zu schaffen, dem Mitarbeiter darstellen, wie die Kontrollen durchgeführt werden. Führung bedeutet in diesem Fall, mit dem Mitarbeiter den Kontrollablauf gemeinsam zu gestalten.

Identifikation fördern Für die Einführung zielorientierter Führung ist es notwendig, dass sich Mitarbeiter und Führungskräfte mit dem Konzept identifizieren. Verbessert wird dies durch die konsequente Unterstützung der Unternehmensleitung. Eine aktive Informationspolitik erleichtert die Konzeptumsetzung.

Anreize schaffen Die Schaffung von Anreizen motiviert Mitarbeiter und Führungskräfte und verbessert die Zielerreichung. Anreize können hierbei finanzielle Vergütung, aber auch Fortbildung beziehungsweise Schulungen und Lob beziehungsweise Anerkennung sein. Die Beiträge des Mitarbeiters richten sich nach den Anreizen, die er im Betrieb erhält.

Akzeptanz erhöhen Durch ausreichende Informationen, Einbindung in Entscheidungen und Vergabe von Kompetenz wird der Mitarbeiter an Ziele herangeführt. Auf diese Weise wird die Akzeptanz der Ziele erhöht. Nur wenn der Mitarbeiter den Sinn in den Zielen sieht, ist er bereit, seinen Beitrag zur Zielerreichung zu leisten.

Literatur

Ottmar L. Braun: *Zielvereinbarung im Kontext strategischer Organisationsentwicklung.* Landau/Pfalz: Verlag Empirische Pädagogik 2000.

Walter Simon: *30 Minuten für das Realisieren Ihrer Ziele.* Offenbach: GABAL Verlag 2005.

Walter Simon: *Ziele managen. Ziele planen und formulieren. Zielgerichtet denken und handeln.* Offenbach: GABAL Verlag 2000.

Rainer W. Stroebe: *Führungsstile: Management by Objectives und situatives Führen.* Heidelberg: Sauer 1999.

Horst Wildemann: *Flächendeckende Zielvereinbarung im Unternehmen. Leitfaden zur Einführung.* München: Transfer-Centrum 1997.

2. Mitarbeiter informieren und mit ihnen kommunizieren

Ohne Information und Kommunikation ist Berufstätigkeit, ja menschliches Zusammenleben überhaupt undenkbar. Information ist das Mitteilen von Wissen oder Daten zu einem bestimmten Zweck. Sie ist wichtig, um Ungewissheit zu reduzieren. Dementsprechend definiert man Information auch als die Verminderung des Unbekannten.

Ohne Kommunikation kein Zusammenleben

2.1 Anatomie der Kommunikation

Eine Information besteht aus einer zeitlich begrenzten Folge von Zeichen oder Symbolen (z. B. Sprache, Schrift, Körpersignale), die in einer Informationsquelle strukturiert werden. Von dort wird sie an einen Sender weitergeleitet. Über einen „Kanal" gelangen die Sendesignale an den Empfänger, der sie als Information wahrnimmt.

Definition „Information"

Damit eine gegenseitige Verständigung zwischen den Kommunikationspartnern zustande kommen kann, müssen zwischen ihnen Zeichen oder Symbole, die für beide Seiten die gleiche oder zumindest ähnliche Bedeutung haben, vorhanden sein. Der Zeichenvorrat, über den beide verfügen, muss also eine bestimmte Menge gemeinsamer Elemente aufweisen. Die Kommunikationspartner müssen ein gemeinsames Verständnis beispielsweise von einem Handschlag haben oder das Gleiche mit dem Wort „Haus" verbinden.

Gemeinsamer Zeichenvorrat

Auch die Mimik, Gesten, Posen und andere körpersprachliche Zeichen tragen zur Kommunikation bei. Ein Gespräch ist nicht

Körpersprachliche Zeichen

nur eine Sache des gesprochenen Wortes oder des schriftlichen Austausches von Informationen. Selbst die Sprechgeschwindigkeit, Modulation und Artikulation sind Bestandteile der Kommunikation. Man spricht in diesem Zusammenhang auch von der nonverbalen Kommunikation.

Schriftliche Kommunikation

Vermeintlich wortfreie Faktoren spielen auch bei der schriftlichen Kommunikation eine Rolle: Papierart, Schriftbild, Farben, Illustrationen und Aufmachung tragen dazu bei, den Informationswert zu verstärken oder zu schwächen. Man denke hier nur an die Werbung.

Kommunikation ist Informationsaustausch

In der Arbeit werden Informationen ausgetauscht, durchdacht, bearbeitet, gespeichert und weitergegeben. Dementsprechend definiert man Kommunikation als Informationsaustausch, als ein Verhalten, das durch „Mit-Teilen (Geben)“ und „Teil-Nehmen (Nehmen)“ geprägt ist. Im Unterscheid zur *Information* sind zum Zustandekommen von *Kommunikation* zwei Partner nötig, und zwar der *Sender* (Kommunikator), von dem die Information ausgeht, und der *Empfänger* (Kommunikand), der sie erhält.

Grundmodell der Kommunikation

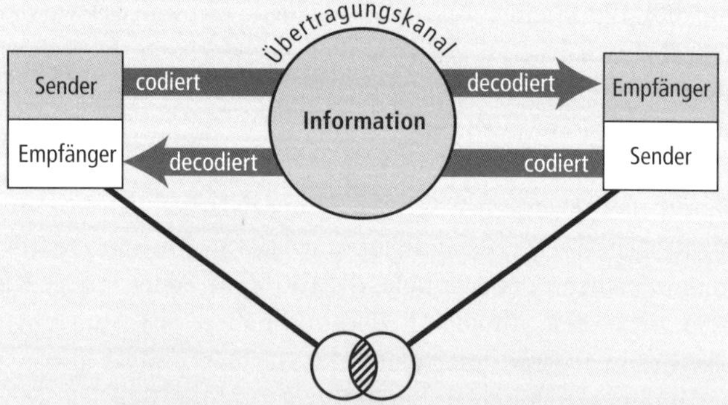

Verständigung findet in dem sich überlappenden Bereich statt, und zwar in dem Maße, in dem beide Partner über die gleichen Zeichen (z. B. deutsche Sprache oder Fachsprache) verfügen.

Bleibt eine Rückmeldung aus oder ist sie nicht vorgesehen, dann liegt der Fall einer „Einweg-Kommunikation“ vor, zumeist in

Form eines Monologs oder Schriftstücks. Erst durch die Rückmeldung darüber, ob und wie die Informationen empfangen wurden, entsteht als „Zweiweg-Kommunikation" ein Dialog oder ein Gespräch.

Defizite bei vielen Führungskräften

Allein der Vorsatz, ein Gespräch gut führen zu wollen, genügt nicht. Man braucht dazu Know-how und vor allem gute Kommunikationswerkzeuge. Die Mitarbeiterbefragungen vieler Unternehmen zeigen immer wieder, dass Führungskräfte besonders im Bereich der Gesprächsführung Kommunikationsdefizite aufweisen. Hoch qualifizierte Fach- und Führungskräfte verfügen in der Gestaltung zwischenmenschlicher Beziehungen oft nicht über das gebotene Niveau.

Fähigkeit verkümmert

Wir lernen, wie man Auto fährt. Wir nehmen Fahrstunden und studieren die Regeln und Gesetze. Aber wie machen wir es im zwischenmenschlichen Bereich? Wir reden darauf los, wir reagieren negativ, wir streiten uns, und wir schieben anderen die Schuld zu. Obwohl doch der Mensch viel komplizierter ist als ein Auto, meinen wir, ihn ohne jedes Training verstehen zu können! Die Kommunikationsmedien werden immer moderner, aber die Fähigkeit zur Kommunikation verkümmert beständig.

Der Kommunikationstheoretiker Paul Watzlawick bringt dies auf den Punkt: „*Wir sind wie eingesponnen in Kommunikation und sind doch – oder gerade deshalb – unfähig, überhaupt zu kommunizieren.*"

Sender und Empfänger sind Menschen

Die entscheidende Voraussetzung für das Gelingen der Informationsweitergabe oder eines Gespräches liegt im Verhalten der Kommunikationspole „Sender" und „Empfänger" – und das sind in der Regel immer Menschen. Letztendlich entscheidet das persönliche Kommunikationsverhalten darüber, ob ein Gespräch zustande kommt. Nicht die Technik, sondern der Mensch ist und bleibt der Mittelpunkt jeder Kommunikation.

Aber selbst dann, wenn Menschen scheinbar nicht kommunizieren, teilen sie sich mit. Denn „*es ist unmöglich, nicht zu kommunizieren*" (Paul Watzlawick). Dieses Axiom basiert auf der Erkenntnis, dass Verhalten kein Gegenteil hat. Handeln, aber auch Nichthandeln haben Mitteilungscharakter.

Hol- und Bringschuld

Trotz des Überflusses an Information herrscht allzu oft ein Mangel an Kommunikation. Informationen beziehungsweise Wissen werden in Aktenordnern abgelegt, statt in „Werkzeugkästen". Sie gehören aber in die Hände von Mitarbeitern, denn viele Probleme und Fehler beruhen auf einem Mangel an Information und Kommunikation. Aus diesem Grunde spricht man auch von einer gleichzeitigen Hol- und Bringschuld aller Mitarbeiter. Jeder ist Glied einer Informationskette und für das Gelingen eines einzelnen Informationsvorganges ebenso verantwortlich wie für die gesamte Kommunikationsatmosphäre.

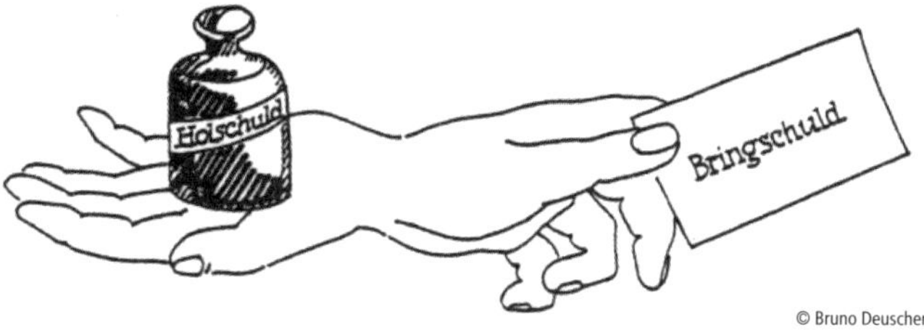

© Bruno Deuscher

Kommunikation ist kein Selbstzweck

Gute Führung und Zusammenarbeit sind an gutes Informieren und Kommunizieren gebunden. Mit *In-Form-ationen* werden Mitarbeiter *in Form* gebracht. Denn nur, wer das Richtige weiß, kann das Richtige tun. Darum ist Kommunikation niemals Selbstzweck, sondern immer Mittel zum Zweck, besonders im Geschäftsleben. Und dieser Zweck heißt effektive und zielgerichtete Kooperation, vor allem dann und dort, wo Probleme zu lösen sind. Ein Problem ist dann zufrieden stellend gelöst, wenn beide Partner – oder besser noch alle Partner – die Lösung als Gewinn betrachten.

→ Ergänzende und vertiefende Informationen zu zahlreichen Facetten des Themas Kommunikation finden Sie im gesamten ersten Band dieser Buchreihe (Methodenkoffer Kommunikation).

2.2 Führung ist Kommunikation

Führen heißt im Kernbestandteil informieren und kommunizieren, denn, wo Informationen fehlen, beginnen und blühen die Gerüchte.

Führungskräfte sind „Informationsbutler"

Führung sowie Kommunikation und Information sind zwei Seiten ein- und derselben Medaille. Der Mitarbeiter ist nicht Befehlsempfänger, sondern Kommunikationspartner im Arbeitsprozess. Auf der anderen Seite sind die Führungskräfte „Informationsbutler" beziehungsweise Knotenpunkte im Kommunikationsnetzwerk der Organisation. *„Nicht das Rauf und Runter entlang der Dienstwege, sondern ein Hin und Her zwischen vielen Knotenpunkten ist vonnöten"* (Paul Watzlawick), um konstruktiv und positiv zusammenzuarbeiten.

Zu viel Management, zu wenig Führung

Gespräche sind das beste Mittel, um die Beziehungen zwischen Führenden und Geführten zu kitten. Viele Unternehmen leiden schon lange an einem Zuviel an Management und einem Zuwenig an Führung. Managen bedeutet, bewirken, herbeiführen, die Leitung oder Verantwortung übernehmen. Führen heißt, beeinflussen, die Richtung und den Kurs bestimmen, Handlungen und Meinungen steuern. Die Manager machen die Dinge richtig, Führende tun die richtigen Dinge. In diesem Sinne heißt Führen, das Verhalten von Menschen unter Nutzung von Kompetenz (Informationsvorsprung, Fachwissen, Macht usw.) zielgerichtet zu beeinflussen.

Soziale Kompetenz ist gefragt

Ist ein Konflikt- oder Problemfall eingetreten, dann bewegen Sie sich als verantwortlicher Vorgesetzter im grellen Scheinwerferlicht des Mitarbeiterinteresses. Hier ist der Nachweis zu erbringen, ob man nur Stelleninhaber oder Führungskraft ist, ob man neben der formalen auch über die menschliche und soziale Kompetenz verfügt, die notwendig ist, um Mitarbeiter zu führen.

Wahrnehmung ist nicht Wahrheit

Selektive Wahrnehmung

Wenn Beteiligte irgendeines Sachverhaltes etwas wahrnehmen, dann ist diese Wahrnehmung von deren grundlegenden Lebensinteressen mitgeprägt. Die Kommunikationswissenschaftler sprechen in diesem Zusammenhang von selektiver (auswählender) Wahrnehmung. So zeigt sich selektives Hören darin, dass wir oder der andere nur das hören, was er hören will. Das wird oft durch projektives Hören ergänzt, das heißt, wir oder der andere interpretieren eigene Wünsche und Vorstellungen in das Gehörte.

Gemeint heißt noch längst nicht **gesagt.**
Gesagt heißt noch längst nicht **gehört.**
Gehört heißt noch längst nicht **verstanden.**
Verstanden heißt noch längst nicht **einverstanden.**
Einverstanden heißt noch längst nicht **durchgeführt.**
Durchgeführt heißt noch längst nicht **beibehalten.**

Was ist Wahrheit?

Dieser Sachverhalt betrifft insbesondere Konfliktsituationen, bei denen es Mitverantwortliche, Betroffene und gegebenenfalls „Schuldige“ gibt. Hier nimmt jeder das wahr, was der Empfänger (für) wahr nimmt. Anders ausgedrückt: Wahr ist nicht das, was man sagt. Wahr ist das, was der andere hört. Es gibt keinerlei Gründe, dass der andere das hört, was man sagen wollte. Gelingt es dem Sender nicht, sich verständlich zu machen, haben wir zwei Wahrheiten, aber keine Verständigung und erst recht keine Problemlösung.

Zwei wichtige Fragen

Um Wahrnehmungsprobleme zu reduzieren, sollten sich alle an der Kommunikation Beteiligten immer wieder diese beiden Fragen stellen:

- Habe ich mich verständlich ausgedrückt und bin richtig verstanden worden?
- Hat der andere es wirklich so gemeint, wie es bei mir angekommen ist?

Sach- und Beziehungsebene

Die Kommunikation vollzieht sich auf zwei Ebenen, nämlich

1. der Sachebene und der
2. Beziehungsebene.

Sachebene

Vordergründig geht es bei der Kommunikation um einen Sachverhalt, also um das *Was*. Routinefragen sind zu klären, Aufträge zu erledigen oder Probleme zu lösen. Diese Art der Kommunikation vollzieht sich auf der *Sachebene.*

Beziehungsebene

In einem Gespräch spielen natürlich auch Gefühle eine Rolle, die auf der *Beziehungsebene* empfunden werden. Vielleicht ist jemand „stinksauer" auf einen Mitarbeiter, weil dieser einen Fehler verursachte. Das schwingt in der Kommunikation auf der Beziehungsebene mit, in der Wortwahl, dem Tonfall und der Körpersprache.

Der Beziehungsaspekt drückt sich in der Art und Weise des Verhaltens der Kommunikationspartner aus. Wird etwas vorwurfsvoll gesagt, dann drückt sich darin eine Beziehung zum anderen aus. Hier geht es um das *Wie* der Kommunikation.

Wohlbefinden ist wichtig

Ist die Beziehung zwischen den Gesprächspartner neutral oder positiv, dann bleibt die Inhaltsebene frei von Störungen, das heißt, die Botschaften können ungehindert zum anderen durchdringen. Fühlt sich aber mindestens einer der Gesprächspartner unwohl (Angst, Nervosität, Ärger, Neid, Eifersucht etc.), dann wird plötzlich die Beziehung wichtiger als der Inhalt.

Fehler im Umgang mit den Ebenen

Meist werden die Beziehungen nicht kommuniziert, sondern scheinsachlich auf der Sachebene ausgetragen – auch deshalb, weil man sich nicht dem Vorwurf der Unsachlichkeit aussetzen möchte. Zwar würde man dem anderen gern die Meinung sagen, aber man „webt" es in den Sachinhalt, zum Beispiel, indem man die Meinung oder Vorschläge des „Rivalen" mit vorgeschobenen Argumenten ablehnt. Häufiger wird aber der umgekehrte Fehler gemacht, indem man einer sachlichen Meinungsverschiedenheit ausweicht und sich auf die Beziehungsebene begibt.

Quelle für Missverständnisse

Ihr Gesprächspartner hat die freie Entscheidung, wie er das Gesagte auffasst. „Da haben Sie mich aber falsch verstanden", hört man oft als Erklärung für einen Gesprächskonflikt. Vielleicht hat sich die andere Seite aber auch falsch ausgedrückt. Der sich angegriffen fühlende Gesprächspartner hat das, was der andere sagte, anders entschlüsselt, als dieser es meinte. Hier liegt eine Quelle für Missverständnisse.

Beispiel

Beispiel: Verwechslung von Sach- und Beziehungsebene
Vorgesetzter: Waren Sie in der Halle, als der Unfall passierte?
Mitarbeiter: Aha, jetzt wollen Sie mir die Schuld in die Schuhe schieben.

Der Mitarbeiter hat die auf der Sachebene an ihn gerichtete Frage auf der Beziehungsebene empfangen und in einen Angriff umgedeutet. Dieses Beispiel zeigt, wie wichtig es ist, die Beziehungsebene zu beachten.

Gute Beziehung, gutes Gespräch

Je besser die Beziehung zwischen den Gesprächspartnern ist, umso konstruktiver lässt sich ein Gespräch führen. Darum sind alle Verdächtigungen, Schuldzuweisungen und Bevormundungen zu unterlassen. Um die Beziehung nicht zu gefährden, müssen Sie als Vorgesetzter dem Betroffenen mit einem Mindestmaß an menschlicher Wertschätzung gegenübertreten. In diesem Zusammenhang spricht man auch von Reversibilität, also von einer Art „Umkehrbarkeit". Reversibilität meint, dass Sie in einer Art und Weise mit Ihren Mitarbeitern sprechen, wie Sie es umgekehrt auch gern hätten.

Sach- und Beziehungsebene beim Kommunizieren

Inhalts- und Beziehungsaspekt

Fassen wir diesen wichtigen Aspekt der Kommunikation zusammen: Die Art und Weise, *wie* Sie etwas sagen (oder verschweigen), ist ein wesentlicher Bestandteil der Kommunikation. Auf der Sachebene werden Sachinhalte ausgetauscht, auf der Beziehungsebene Informationen *über* die Information, also solche, die darauf hinweisen, wie die mitgeteilten Sachverhalte aufzufassen sind. Inhalts- und Beziehungsaspekt einer Mitteilung lassen sich also nicht trennen. Der Inhaltsaspekt wird vorwiegend sprachlich direkt und der Beziehungsaspekt indirekt (Tonlage, Körperhaltung, Wortwahl etc.) übermittelt.

Werkzeuge für beide Bereiche

Um sich auf der Sach- und Beziehungsebene in Gesprächen und Besprechungen richtig zu bewegen, sind die folgenden Werkzeuge hilfreich, die entweder eher im Sach- oder im Beziehungsbereich eingesetzt werden.

Die nachfolgenden Ausführungen beziehen sich auf die wichtigsten in der Grafik benannten Methodenhinweise, so dass den Gesprächsteilnehmern klar wird, was sie tun müssen, um auf beiden Ebenen optimal zu kommunizieren.

Sachlichkeit und Verständlichkeit

Sachliches Verhalten

Im Arbeits- oder auch im Vereinsleben sollten nicht nur eigene Interessen, sondern die Sache im Mittelpunkt stehen. Folgende Verhaltensweisen tragen zur Versachlichung einer konfliktgeladenen Gesprächssituation bei:

- Die Betroffenen und Beteiligten haben Gelegenheit, die eigene Sicht eines Sachverhaltes zu schildern.
- Es werden Fragen gestellt und Informationen erbeten.
- Die eigenen Meinungen und Wertungen werden ausdrücklich als solche gekennzeichnet.
- Die Teilnehmer orientieren das Gespräch hin auf die notwendigen Maßnahmen und die sich daraus ergebenden Ziele.
- Die Teilnehmer verzichten auf Selbstdarstellung.

Visualisierung und Sprachstil

Um die Verständlichkeit zu fördern, sollten Sie Gesprächsinhalte visualisieren. Besonders akademisch gebildete Führungskräfte müssen gegenüber nichtakademischen Mitarbeitern auf ihre Wortwahl und ihren Sprachstil achten.

Wer fragt, der führt

Mit einer Frage starten

Es heißt: „Wer fragt, der führt – wer fragt, der aktiviert – wer fragt, der motiviert." Führen, aktivieren und motivieren sind die originären Aufgaben eines Vorgesetzten, insbesondere im Mitarbeitergespräch. Im Zweifelsfalle ist es immer besser, nichts zu sagen, sondern erst einmal zu fragen!

Non-direktive Gesprächsführung

Fragen sind das wichtigste Ausdrucks- und Gestaltungsmittel der non-direktiven Gesprächsführung. Die *direktive* Gesprächsführung bedient sich der Wertung, des Urteils, der Aussage, der Vorgabe. Sie ähnelt eher dem Verhör, hat monologischen Charakter und generiert wenig Information. Darum schafft sie Barrieren beim Gesprächspartner und blockiert die weitere Kommunikation.

Eine *non-direktive* Haltung zeichnet sich dadurch aus, dass nichts vorher Angenommenes gesucht wird oder bestätigt werden soll. Sie verzichtet auf jedwede Suggestion in der Art der Wortwahl oder Frageformulierung. Im Gegenteil, hier werden die Gesprächspartner zu Lösungsvorschlägen aufgefordert. Die non-direktive Gesprächsführung ist durch Fragen gekennzeichnet. Jede an den Gesprächspartner gerichtete Frage drückt Interesse an seiner Person aus und wirkt positiv auf dessen Selbstwertgefühl.

Zwei Fragearten

Zwei Fragearten lassen sich ganz grob unterscheiden, nämlich

1. die offene und
2. die geschlossene Frage.

Die geschlossene Frage

Alternativer Charakter

Bei der *geschlossenen* Frage lautet die Antwort ja oder nein oder hat einen sonstigen alternativen Charakter (links/rechts, oben/unten, gestern/heute). So fragen die gelben „ADAC-Engel" in der Regel als Erstes: „Sind Sie Mitglied?"

Die geschlossene Frage wird in der Regel immer durch Verben oder Hilfsverben eingeleitet („Wurden Sie darüber informiert?" oder „Hatten Sie an diesem Tag Nachtschicht?") Bei der geschlossenen Frage entscheidet der Frager über die Richtung des Gespräches, das je nach Art der Wortwahl und Fragestellung den

Charakter eines Verhörs annehmen kann. Je geschlossener eine Frage ist, umso mehr legt sie den Antwortenden fest.

Anwendungsgebiete

Die geschlossene Frage erweist sich als besonders geeignet, wenn man

- präzise Informationen einholen will,
- es mit einem sehr wortkargen Gesprächspartner zu tun hat,
- ein Problem zu lösen hat, das viel Fachkenntnis voraussetzt. (Ließe der Spezialist den Laien offene Fragen beantworten, benötigte er ein Vielfaches der Zeit für die Ursachenforschung.)

Die offene Frage

Eine *offene* Frage hat größeren Informationswert. Sie wird durch die Fragepronomen (was, wodurch, wie, womit, weshalb etc.) eingeleitet. Je offener die Frage ist, desto offener sind auch die Antwortmöglichkeiten.

Non-direktive Vorschläge

Die non-direktive Gesprächsführung bedient sich überwiegend der offenen Frage. Selbst Vorschläge können non-direktiv gemacht werden, indem man sie in eine Frage „einwebt", etwa so: „Wäre das ein Weg, um eine Wiederholung zu vermeiden? Was meinen Sie?" Die Entscheidung überlassen Sie Ihren Gesprächspartnern.

Im Verlauf des Mitarbeitergespräches benötigen Sie beide Frageformen. Je nach Sachlage und Interesse müssen Sie sowohl geschlossen als auch offen fragen.

→ Ergänzende und vertiefende Informationen zur Fragetechnik finden Sie im Kapitel B 1 im ersten Band dieser Buchreihe (Methodenkoffer Kommunikation).

Aktives Zuhören

Aufmerksamkeit geben

Wer viel spricht, erfährt wenig. Es ist daher empfehlenswert, seinem Gesprächspartner gut zuzuhören. Er wertet die Aufmerksamkeit als Ausdruck Ihres Interesses an seiner Person und an dem, was er sagt. Ein irisches Sprichwort sagt: „Wenn Gott gewollt hätte, dass du mehr redest als zuhörst, dann hättest du zwei Münder und nur ein Ohr."

Schweigen genügt nicht

Das aktive Zuhören zielt darauf ab, einen anderen – zum Beispiel Ihren Mitarbeiter – zum Sprechen zu ermuntern, vor allem in solchen Situationen, in denen dies schwer fällt. Das kann der Fall sein, wenn ein Problem eingetreten ist. Schweigendes Zuhören genügt aber nicht. Ihr Mitarbeiter braucht Zeichen dafür, dass Sie ihm tatsächlich zuhören und seine Situation verstehen.

„Quittungen" geben

Geben Sie Ihrem Gesprächspartner ein so genanntes Feedback, etwa durch Nicken oder „Kommunikationsquittungen" wie „ach so", „ich verstehe". Dazu gehört auch, mit eigenen Worten das zu wiederholen, was der andere gesagt hat, und hierdurch rückzumelden, dass man ihn verstanden hat. Wenn Sie etwas mit eigenen Worten wiederholen, zeigen Sie damit, dass Sie dem anderen zugehört haben.

Ergebnisse besserer Qualität

Das aktive Zuhören und damit verbundene Widerspiegeln dessen, was Ihr Gesprächspartner sagte, hat zur Folge, dass sich dieser für einen Moment mit dem Gedanken des Gesprächspartners auseinander setzen muss. Das führt zur dialektischen Denkweise, denn vielleicht steckt ein Fünkchen Wahrheit in dem Gedankengang des anderen. So fließen gegebenenfalls These und Antithese beider Gesprächskontrahenten in eine Synthese, also in ein Denkergebnis besserer Qualität.

Zehn Gebote für gutes Zuhören

Überprüfen Sie an den folgenden zehn Geboten für gutes Zuhören Ihre Zuhörgewohnheiten:

1. Finden Sie das Wichtige und Interessante heraus!
2. Schreiben Sie Wichtiges mit!
3. Bewerten Sie den Inhalt stärker als die Vortragsweise!
4. Versuchen Sie, die Absicht des Sprechers zu erkennen!
5. Lassen Sie den anderen ausreden!
6. Ziehen Sie keine voreiligen Schlüsse!
7. Zeigen Sie durch Kopfnicken oder Kommunikationsquittungen („Ach so", „Gut, dass Sie das sagen" etc.), dass Sie zuhören!
8. Wiederholen Sie das, was der Sprecher sagt, mit eigenen Worten („Sie meinen also …"), und geben Sie ein Feedback!
9. Erfassen Sie den roten Faden!
10. Trennen Sie Meinungen von Tatsachen!

Empathisches Klima schaffen

Zum aktiven Zuhören gehört auch der Versuch, sich an die Stelle des Gesprächspartners zu versetzen. Die Fähigkeit, den Fall mit seinen Augen zu sehen, nennt man Empathie. Gelingt es Ihnen, ein solches empathisches Gesprächsklima zu schaffen, wird das den Gesprächsverlauf und die Lösung vieler Probleme verbessern. Denken Sie daran: Für die erfolgreiche Gesprächsführung ist nicht nur der Sprecher, sondern ebenso der Zuhörer verantwortlich.

Das Selbstwertgefühl der Gesprächspartner beachten

Selbstwertgefühl nicht beschädigen

Tritt ein Konfliktfall ein, ist das Selbstwertgefühl der einzelnen Beteiligten in Gefahr. Wenn Sie in einer solchen Konfliktsituation optimal kommunizieren wollen, dann dürfen Sie das Selbstwertgefühl Ihres Gesprächspartners nicht beschädigen. Besonders Kritik- und Beurteilungsgespräche beinhalten die Bewertung eines Sachverhaltes. Schnell kommt dabei eine versteckte Kritik zum Ausdruck.

Bei Mitarbeitergesprächen fragen sich die beteiligten Gesprächspartner innerlich:

- Sieht der andere mich positiv?
  (Das erhöht das Selbstwertgefühl.)
- Sieht der andere mich negativ?
  (Das beschädigt das Selbstwertgefühl.)

Negative Beurteilung schreckt ab

Solange der Gesprächspartner das Gefühl hat, dass in der Mitteilung des Vorgesetzten keine oder aber eine positive Beurteilung steckt, kann er sich voll auf die Nachricht konzentrieren. Hört er aber eine negative Beurteilung heraus, dann konzentriert er sich mehr auf diese Beurteilung als auf die eigentliche Nachricht. Ärgert er sich gar, dann ist er unter Umständen nicht mehr in der Lage, vernünftig zu denken. Er missversteht sogar Dinge, die er unter normalen Umständen niemals missverstanden hätte. Wann immer das Selbstwertgefühl des anderen verletzt wird, leidet die sachliche Auseinandersetzung.

Ich-Botschaften senden

Keine Man-Aussagen

Das Selbstwertgefühl von Menschen wird häufig durch *Man-Aussagen* angegriffen wie zum Beispiel: „Man kann doch mit einer solchen Kleinigkeit nicht gleich zum Betriebsleiter rennen." Der Sprecher sagt damit nichts über sich selbst, aber viel über den anderen.

Über sich selbst reden

Mit einer *Ich-Botschaft* hätte es sich so angehört: „Ich meine, Sie hätten wegen dieser Sache nicht gleich zum Betriebsleiter gehen müssen." Bei der Ich-Botschaft macht der Sender eine Aussage über sich selbst – ohne den anderen herabzusetzen oder anzugreifen. Hier spricht der Sender von dem, was er persönlich meint.

Literatur

Karl Benien: *Schwierige Gespräche führen. Modelle für Beratungs-, Kritik- und Konfliktgespräche im Berufsalltag.* Reinbek: Rowohlt 2003.

Uwe Drzyzga: *Personalgespräche richtig führen. Ein Kommunikationsleitfaden.* München: 2000.

Hans-Jürgen Kratz: *30 Minuten für zielorientierte Mitarbeitergespräche.* Offenbach: Gabal 2001.

Boris von der Linde: *Gesprächstechniken für Führungskräfte. Methoden und Übungen zur erfolgreichen Gesprächsführung.* Freiburg: Haufe 2003.

Oswald Neuberger: *Das Mitarbeitergespräch. Praktische Grundlagen für erfolgreiche Führungsarbeit.* Rosenberger 2001.

Klaus Pawlowski: *Konstruktiv Gespräche führen. Fähigkeiten aktivieren, Ziele verfolgen, Lösungen finden.* Reinbek: Rowohlt 1998.

Hermann Scherer: *30 Minuten für gezielte Fragetechnik.* Offenbach: GABAL Verlag 2003.

Friedmann Schulz von Thun u.a.: *Miteinander reden. Kommunikationspsychologie für Führungskräfte.* Reinbek: Rowohlt 2000.

Walter Simon: *GABALs großer Methodenkoffer. Grundlagen der Kommunikation.* Offenbach: GABAL Verlag 2004.

Paul Watzlawick u. a.: *Menschliche Kommunikation. Formen, Störungen, Paradoxien.* Bern: Huber 2000.

3. Mitarbeiter motivieren

Mehr Leistung

Viele interessieren sich dafür, wie man auf Menschen leistungssteigernd einwirken kann. Lehrer wollen die Lernbereitschaft ihrer Schüler erhöhen, Trainer die Leistungsbereitschaft von Sportlern und Führungskräfte die Arbeitsfreude ihrer Mitarbeiter.

Das Thema Motivation erfreut sich des größten Interesses aller Führungsthemen. Man vermutet, hier die entscheidenden Stellhebel und Rezepturen für das Einwirken auf die Mitarbeiter zu finden.

Reduktion auf Reiz-Reaktions-Schema

Der Mensch wird dabei gern auf ein Reiz-Reaktions-Wesen reduziert, welches im linearen Sinne von „wenn – dann" reagiert. Mit 15 Sekunden Lob meint man, 15 Tage gesteigerter Leistungsbereitschaft zu erzielen. Wenn dieses Reiz-Reaktions-Schema aber nicht funktioniert, ist die Führungskraft mit ihrem Latein am Ende und meint, einen grundlegenden, gar genetisch bedingten Mangel an Motivation beim Mitarbeiter festgestellt zu haben. Eine Führungskraft kann jedoch nur dann motivieren, wenn sie selbst motiviert ist. *„Nur wer selbst brennt, kann andere entzünden"*, sagte schon Kirchenvater Augustinus.

Motivation ist komplex

So einfach, wie es sich viele Führungskräfte vorstellen und es von manchen Motivationsmodellen suggeriert wird, ist es nicht, Menschen zu bewegen. Motivation ist ein höchst komplexer Vorgang mit vielen Facetten, die sich bedingen, ergänzen und teilweise auch widersprechen. Darum sind zunächst einige begriffliche Unterscheidungen notwendig. Es schließt sich die Auseinandersetzung mit verschiedenen Motivarten beziehungsweise -ebenen an. Dann folgt die Präsentation jener Motivationsmodelle, die praktisch handhabbar sind und in der managementtheoretischen Diskussion eine Rolle spielen.

3.1 Begriffsklärung

Definition „Motivation"

Unter Motivation (lat. movere = bewegen) versteht man einen Zustand aktivierter beziehungsweise gesteigerter Verhaltensbereitschaft eines Menschen. Motivation ist der Motor für menschliche Aktivität, das heißt, ein Verhalten wird energetisiert und auf ein Ziel fokussiert. Auslöser des Verhaltens ist das Motiv. Bewusste oder unbewusste Motive sind also Beweggründe zum Handeln.

Motive sind Beweggründe des menschlichen Verhaltens.

Motivation ist die Bereitschaft zum Handeln oder zu einem bestimmten Verhalten.

Motivieren ist der Versuch, durch Maßnahmen ein Motiv zu aktualisieren, sodass Motivation entsteht.

Motive entstehen aus Bedürfnissen. Diese werden zu Motivatoren, die Spannungen erzeugen. Da der Mensch wieder in einen Gleichgewichtszustand gelangen will, ist er bestrebt, Spannungen abzubauen.

Voraussetzungen

Das ist die eigentliche Motivation, jedoch nur, wenn diese Voraussetzungen erfüllt sind:

- *Aktivierung:* Verhalten muss in Bewegung gesetzt werden.
- *Richtung:* Die Aktivität wird auf ein bestimmtes Ziel hin ausgerichtet.
- *Intensität:* Die Aktivität kann unterschiedlich sein und ist bei hoher Motivation stark.
- *Ausdauer:* Ist die Motivation hoch, wird Aktivität selbst bei Schwierigkeiten aufrechterhalten.

Zwei Arten von Bedürfnissen

Der nachfolgend zitierte Frederick Herzberg (1923-2000), Professor für Betriebswirtschaftslehre an der Universität von Utah, geht von einem zweidimensionalen Bedürfnissystem beziehungsweise von einer Bedürfnisdualität aus. Er unterscheidet

- *Vermeidungsbedürfnisse* (Vermeidung von Not und Hunger oder Ärger) und
- *Entfaltungsbedürfnisse* (Entfaltung der Persönlichkeit).

Daraus folgt, dass der Mensch nur dann aktiv wird, wenn es etwas zu gewinnen oder zu vermeiden gibt.

Anreize und weitere Faktoren

Bedürfnisse münden nicht zwangsläufig in Handlungen. Es bedarf des Anreizes von innen oder außen. Die Realisierungschancen, also fördernde und hemmende Zustände, persönliche Fähigkeiten und situative Realisierungsmöglichkeiten werden in der Regel mitbedacht (s. Abbildung).

Voraussetzungen von Verhalten

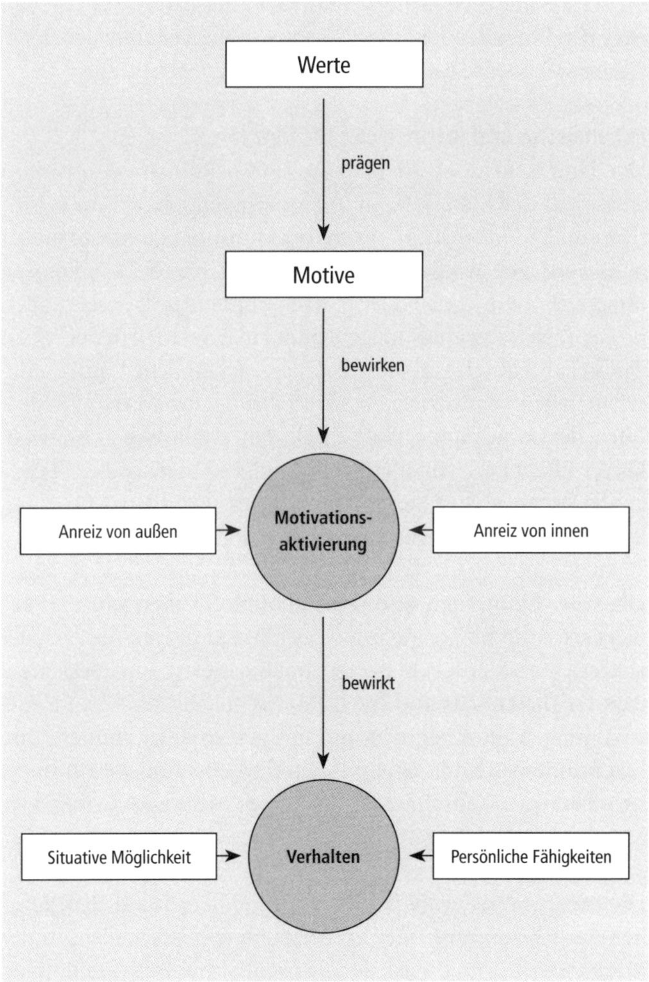

3.2 Die Klassifikation von Motiven

Triebe und Anreize

Eine exakte Zuordnung der Motive ist schwer, da nicht eindeutig feststeht, ob letztendlich Triebe oder Anreize die Handlungsauslöser sind. Denkbar ist aber auch, dass beide zusammenwirken, dass also eine psychische Disposition von außen stimuliert wird und so eine Handlung auslöst.

Primär- und Sekundärmotive

Man kann grob die *primären Motive*, zum Beispiel das physiologisch bedingte Nahrungs- und Kleidungsbedürfnis, von den eher psychologisch bedingten *Sekundärmotiven* unterscheiden, wie beispielsweise Anerkennung und Selbstentfaltung.

Extrinsische und intrinsische Motivation

Intrinsische Motivation

Der Unterscheidung in primäre und sekundäre Motivation entspricht der Einteilung in intrinsische und extrinsische Motivation. Die *intrinsische (primäre) Motivation* kommt von innen, sozusagen aus dem Menschen selbst. Hierbei kann es sich um angeborene Triebe oder einfach nur beispielsweise um den Bewegungsdrang eines Joggers handeln. Diese Form der Motivation kann durch Freiheitserlebnisse, persönliche Kompetenzerfahrungen oder soziale Positiverfahrungen gefördert werden. Auch der so genannte Flow-Effekt hat intrinsische Ursachen. Dieser Effekt bezeichnet ein vollständiges Aufgehen aus Freude an der Sache, verbunden mit einem Hochgefühl, das für einen konzentrierten Bewusstseinszustand sorgt.

Die Flow-Emotionen sind aber nicht bloß beherrscht und kanalisiert, sondern positiv und voller Spannung auf die Aufgabe ausgerichtet. Menschen, die regelmäßig kreativ sind, berichten, dass sie diesen Zustand buchstäblich suchen und große Anstrengungen unternehmen, um ihn genießen zu können. Ihre Belohnung besteht in einem inneren Hochgefühl. Es kümmert sie nicht, wie sie abschneiden. Sie fragen nicht nach Erfolg oder Misserfolg, sondern genießen die Freude am Tun.

Extrinsische Motivation

Die *extrinsische (sekundäre) Motivation* beruht auf dem Streben nach Belohnung oder Vermeidung von Nachteilen. In der Mitarbeiterführung wird sie angewendet bei Bonuszahlungen und Sondervergütungen. Ihre Funktion entspricht – bildlich gesehen – der Karotte, die der Kutscher an der Angel dem Esel vor die Nase hält, um diesen und damit das Fuhrwerk vorwärts zu bewegen.

Intrinsische Motivation ist wirksamer

Die primäre beziehungsweise intrinsische Motivation ist wirksamer als die sekundäre (extrinsische) Motivation. Kein Mensch, dem Sport als Therapie verschrieben wurde, hat es auf diesem Wege zum Olympiasieger gebracht, wohl aber jene, welchen Sport ein inneres Bedürfnis war.

Eine weitere Unterscheidung stellt das Leistungsmotiv neben das Machtmotiv.

Leistungsmotiv

Ein *Leistungsmotiv* ist das Bedürfnis, für sich einen Gütemaßstab zu definieren und danach zu trachten, diesen zu erreichen. Es wird angeregt, wenn eine Person Aussicht hat, sich selbst mit einem solchen Gütemaßstab messen zu können. Er besteht oft im Vergleich mit anderen Menschen.

Machtmotiv

Das *Machtmotiv* ist definiert als das Bedürfnis, Einfluss auf andere Menschen auszuüben. Die theoretischen Grundlagen hierzu legte der Psychologe Alfred Adler, der sich mit diesem Ansatz von Sigmund Freud abhob, der die Libido als entscheidende Triebkraft menschlichen Verhaltens erkannt haben wollte.

Klassifikationsmodell von Steven Reiss

Der in Ohio lehrende Psychologe Steven Reiss fand durch eine umfangreiche empirische Erhebung bei über 8000 Menschen aus Nordamerika und Japan heraus, dass 16 angeborene Lebensmotive das Verhalten von Menschen bestimmen. Jeder Mensch entwickelt, basierend auf diesen 16 Grundmotiven, sein individuelles Motivationsprofil, durch das er sich von anderen unterscheidet.

16 Grundmotive

Diese Grundmotive sind

1. Macht (Streben nach Erfolg, Leistung, Führung)
2. Unabhängigkeit (Streben nach Freiheit, Autarkie)
3. Neugier (Streben nach Wissen und Wahrheit)

4. Anerkennung (Streben nach sozialer Akzeptanz, Zugehörigkeit und positivem Selbstwert)
5. Ordnung (Streben nach Stabilität, guter Organisation)
6. Sparen (Streben nach dem Anhäufen materieller Güter)
7. Ehre (Streben nach Loyalität und charakterlicher Integrität)
8. Idealismus (Streben nach sozialer Gerechtigkeit und Fairness)
9. Beziehungen (Streben nach Freundschaft, Kameradschaft, Humor)
10. Familie (Streben nach eigenen Kindern, Familie)
11. Stand (Streben nach Reichtum, social standing)
12. Rache (Streben nach Konkurrenz, Kampf, Vergeltung)
13. Romantik (Streben nach erotischem Leben, Sexualität und Schönheit)
14. Ernährung (Streben nach Nahrung)
15. Körperliche Aktivität (Streben nach Fitness und Bewegung)
16. Ruhe (Streben nach Entspannung und emotionaler Sicherheit)

Diese 16 Grundmotive wiederum fassen jeweils verschiedene grundlegende Werte, Interessen und Bedürfnisse zusammen. Ohne sie wäre das menschliche Leben sinnlos und leer.

Motivprofile

Es gibt unendlich viele Motivprofile, die sich aber alle aus diesen 16 Grundmotiven ableiten lassen oder sich darin widerspiegeln. Diese Lebensmotive nennt Reiss deshalb auch „Motivdimensionen", bei denen es sich überwiegend um intrinsische – von innen kommende – Antriebskräfte handelt.

Jeder wird beeinflusst

Nach Steven Reiss wird jeder Mensch mehr oder weniger von diesen Grundmotiven beeinflusst. Aber natürlich gibt es Unterschiede in der Intensität, mit der ein jedes dieser 16 Lebensmotive auf den einzelnen Menschen einwirkt.

Das Klassifikationsmodell nach Timothy Butler und James Waldroop

In eine ähnliche Richtung wie das Reiss-Modell gehen typologische Zuordnungen von Menschen. Hier wird ein bestimmter

Grundtypus beziehungsweise eine dominante Charaktereigenschaft als verhaltensbestimmend angesehen.

Persönlichkeitstypologien

Es gibt inzwischen viele solcher Persönlichkeitstypologien, im Grunde seit der Klassik, als der griechische Arzt Galenos von Pergamon die Menschen in Melancholiker, Sanguiniker, Choleriker und Phlegmatiker einteilte. Carl Gustav Jung differenzierte in extravertierte und introvertierte Menschen. Als extravertiert bezeichnete er einen Menschen, dessen Verhalten auf die äußere, objektive Welt ausgerichtet und von ihr geleitet wird. Introvertierte Menschen sind dagegen auf ihre innere, subjektive Welt bezogen.

Mischtypen

Der amerikanische Psychologe Harold Leavitt bildete hieraus Mischtypen. Er teilte die Bevölkerung ein in:

- Visionäre (5 Prozent)
- Problemlöser (12 Prozent)
- Macher (19 Prozent)
- Moderatoren (12 Prozent)
- Sicherheitsplaner (21 Prozent)
- Analytiker (31 Prozent)

Inzwischen gibt es sehr viele solcher typologischen Modelle, von Sternzeichen bis hin zu soliden psychometrischen Verfahren der Typbestimmung.

Butler und Waldroop

Als von größerer praktischer und aktueller Relevanz hat sich das Modell von Timothy Butler und James Waldroop herauskristallisiert. Sie leiten das Karriere-Entwicklungsprogramm an der Harvard Business School.

Drei Faktoren

Gemäß Butler und Waldroop sind drei Faktoren für Arbeitszufriedenheit und Leistungsfähigkeit wichtig:

1. Fähigkeiten
2. Wertvorstellungen
3. Interessen

Aufgrund empirischer Untersuchungen sind Butler und Waldroop zu dem Ergebnis gekommen, dass berufsbezogene Interessen den stärksten Einfluss auf die Arbeitsfreude ausüben. Unter Interessen verstehen sie lange aufrecht erhaltene, emotional gesteuerte Vorlieben für bestimmte berufliche Tätigkeiten, sozusagen Passionen. Diese sagen zwar nichts darüber aus, wie *gut* jemand etwas macht, wohl aber, wie *gern* etwas gemacht wird. Interessen bilden sich bereits in der Kindheit heraus. Sie haben lebenslang Bestand, kommen aber je nach Alter und Tätigkeit auf verschiedene Weise zum Ausdruck.

Mittels ihrer Befunde auf Basis der gewonnenen Daten entwickelten sie acht Grobcluster, denen die beruflichen Tätigkeiten der Befragten zugeordnet werden konnten:

Technik

1. *Technik anwenden*
   Zu dieser Gruppe gehören Menschen, die immer wieder nach Wegen suchen, Technik gezielt einzusetzen, um Probleme besser zu lösen. Solche Mitarbeiter sind am besten in Bereichen aufgehoben, in denen technische oder organisatorische Systeme geplant oder Geschäftsprozesse neu gestaltet werden.

Zahlen

2. *Mit Zahlen umgehen*
   Dieser Mitarbeitertyp beschäftigt sich genussvoll jonglierend mit Zahlen. Diese Digitalspezies ist am besten in solchen Abteilungen aufgehoben, die sich mit Cashflow, Operations Research oder Statistiken befassen, zum Beispiel Controlling. Zahlenjongleure verrichten allerdings oft ganz andere Tätigkeiten, weil sie glauben, ansonsten ihre Karrieren zu beschneiden oder dass es für sie keine adäquaten Aufgaben gibt.

Theorien

3. *Theorien entwickeln und konzeptionell denken*
   In dieses Cluster gehören jene Menschen, die man als Theoretiker bezeichnet.

Kreativität

4. *Kreativ gestalten*
   Dieser Typ Lateraldenker liebt den Vorstoß in Neuland. Ihn stimuliert das kreative Gestalten. Unkonventionelle Lösungen stammen oft von ihm. Kreative Gestalter sind am besten in der Forschung und Entwicklung untergebracht.

Beratung

5. *Beraten und Betreuen*
   Diesen Mitarbeitertyp drängt es in die Personalentwicklung oder -betreuung. Führungskräfte mit einem solchen Profil sind gute Mentoren oder Coaches. Ergänzt wird diese Ambition durch ehrenamtliches Engagement. Das auslösende

Motiv kann unterschiedlich sein: Die einen stellt es zufrieden, gebraucht zu werden, die anderen, wenn sie Menschen zum Erfolg führen.

6. *Menschen und Beziehungen managen* **Menschen**
   In diesem Cluster finden sich potenzielle Führungskräfte, denen es gefällt, zwischenmenschliche Beziehungen zu pflegen und dabei zugleich den Blick auf Arbeitsergebnisse zu richten. Letzteres hat dabei den Vorrang.
7. *Unternehmen führen* **Unternehmen**
   Es gibt Menschen, die treibt schon von Kindesbeinen an ein vitales Interesse an Macht und Kontrolle, vom Pfadfinderchef über den Schulsprecher und Fachschaftssprecher. Solche Tatmenschen sind zufrieden, wenn sie richtungweisende Entscheidungen für eine Arbeitsgruppe oder Abteilung der Firma fällen können. Sie beanspruchen einen eigenen Tätigkeitsbereich mit viel Verantwortung. Ein solcher Mensch will weit nach oben.
8. *Durch Kommunikation und Ideen Einfluss ausüben* **Kommunikation**
   Es gibt eine besondere Sorte Menschen, deren Neigung darin besteht, andere durch Sprache und Ideen zu beeinflussen. Sie verwirklichen sich beim Schreiben oder Sprechen oder in beidem. Kommunizieren ist für sie „überlebenswichtig".

Bei diesen acht Clustern handelt es sich um Idealtypen, die sich meistens mit anderen verschmelzen. Alle Kombinationen sind hier denkbar.

Häufige Kombinationen

Die häufigsten Kombinationen im Modell von Butler und Waldroop sind:

1. Unternehmen führen, gepaart mit Menschen und Beziehungen managen
2. Menschen und Beziehungen managen, gepaart mit beraten und betreuen
3. Mit Zahlen umgehen, gepaart mit Menschen und Beziehungen managen
4. Unternehmen führen, gepaart mit Einfluss ausüben
5. Technik anwenden, gepaart mit Menschen und Beziehungen managen
6. Kreativ gestalten, gepaart mit Unternehmen führen

Job Sculpting

Für das Management ergibt sich aus diesem Modell die Notwendigkeit des *Job Sculpting.* Das ist die Kunst, für Menschen genau die Tätigkeit zu finden, die ihren innersten Interessen entspricht. Dazu gehört unter anderem auch, auf den Mitarbeiter zugeschnittene Karrierepfade zu entwickeln, um talentierte Menschen im Unternehmen zu halten.

3.3 Die theoretischen Grundmodelle

Zwei Hauptgruppen

Die Motivationstheorien lassen sich in Hauptgruppen unterteilen, von denen diese die wichtigsten sind:

- Inhaltstheorien
- Prozesstheorien

Inhaltstheorien der Motivation

Die Inhaltstheorien beschreiben die Motivation des Menschen auf der Grundlage seiner Bedürfnisse. Das heißt, sie untersuchen, was den Menschen zum Ausüben bestimmter Verhaltensweisen veranlasst. Die beiden bekanntesten Inhaltstheorien – die von Abraham Maslow und die von Frederick Herzberg – werden nachstehend beschrieben.

Maslows Bedürfnispyramide

Rangmäßige Gliederung

Der amerikanische Psychologe Abraham Maslow entwickelte 1954 eine Theorie der motivationsauslösenden Bedürfnisse, die diese rangmäßig gliedert. Erst wenn das niedrigere Bedürfnis gestillt ist, wirkt das nächsthöhere befriedigend. *„Sobald ein Bedürfnis befriedigt ist, schiebt sich ein anderes in den Vordergrund und so fort. Es ist für das menschliche Wesen während seines ganzen Lebens charakteristisch, dass es praktisch immerzu etwas begehrt.“* (Maslow 1984, S. 51)

Grundbedürfnisse

Die Basis der nach Maslow benannten Bedürfnispyramide bilden die existenziellen Grundbedürfnisse, zum Beispiel Kleiden, Essen und Trinken. Maslow: *„Die physiologischen Bedürfnisse sind die mächtigsten unter allen. Jemand, dem es an Nahrung, Sicherheit, Liebe und Wertschätzung mangelt, würde wahrscheinlich nach Nahrung mehr als nach etwas anderem hungern.“*

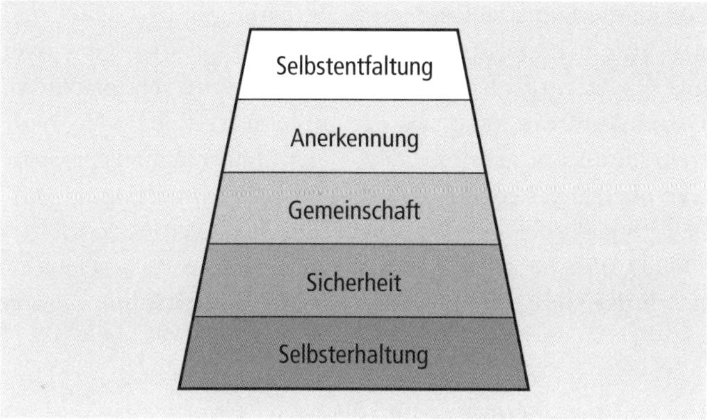

Bedürfnispyramide nach Maslow

Sicherheitsbedürfnisse

Auf der nächsten Stufe folgen die Sicherheitsbedürfnisse, zum Beispiel Sicherheit vor Schmerz, vor Angst, Willkür und Ungeordnetheit, vor sozialem Abstieg, Armut und Liebesverlust. Maslow: *„Man kann den ganzen Organismus zu Recht als einen Sicherheit suchenden Mechanismus beschreiben."*

Gemeinschaftsbedürfnisse

Zur Mitte hin folgen soziale und nach oben hin psychokulturelle Bedürfnisse. Als soziales Wesen braucht der Mensch Kontakt, Freundschaft und Liebe. Folgt man Maslow, haben die Menschen eine *„zutiefst animalische Neigung zur Herde und Meute"*. Die Gemeinschaftsbedürfnisse können im Führungsalltag als Motivator genutzt werden. Mitarbeiter haben ein Bedürfnis nach Information und Kommunikation, wünschen sich ein kooperativ eingestelltes Management und ein angenehmes Betriebsklima.

Anerkennung

Wenn das Gemeinschaftsbedürfnis befriedigt ist, stellt sich das Bedürfnis nach Anerkennung und Wertschätzung ein. Maslow: *„Alle Menschen in unserer Gesellschaft haben das Bedürfnis oder den Wunsch nach einer festen, gewöhnlich recht hohen Wertschätzung ihrer Person, nach Selbstachtung und Achtung seitens anderer."* Hier bieten sich vielfältige Anknüpfungspunkte zur Motivation, zum Beispiel Beförderung, Kompetenzerweiterung, Delegierung, Ehrentitel oder einfach nur anerkennender Zuspruch.

Selbstentfaltung

Das an der Spitze stehende Selbstentfaltungsbedürfnis setzt einen Entscheidungsspielraum voraus, der mit dem Charakter hierarchisch organisierter Arbeit nur schwer zu vereinbaren ist. Dieses Bedürfnis kann sich der am besten erfüllen, der wenig fremdbestimmt arbeitet oder in der Unternehmenshierachie weit oben angesiedelt ist. Der Begriff Selbstentfaltung, so Maslow, *„bezieht sich auf das menschliche Verlangen nach Selbsterfüllung, also auf die Tendenz, das zu aktualisieren, was man an Möglichkeiten besitzt (...) Was ein Mensch sein kann, muss er sein"*.

Kritik des Modells

Das enorme Interesse an und der große Zuspruch zu Maslows Modell drücken sich auch in der Menge kritischer Betrachtungen aus. So wird darauf aufmerksam gemacht, dass das Modell empirisch nicht zu bestätigen ist, da die Zufriedenheit eines Menschen nicht messbar, sondern nur über dessen Selbstaussage nachvollziehbar ist. Auch stellt sich die Frage, was der Begriff der Selbstverwirklichung meint, sonst bleibt er eine Leerformel, in die man alles hineinpacken kann, was einem positiv erscheint.

Ausnahmen

Man nimmt an, dass die Primärbedürfnisse bei allen Menschen wirksam sind, doch gibt es Ausnahmen: Einsiedler haben kein starkes Bedürfnis nach Gemeinschaft, Stuntmen ein geringeres nach Sicherheit. Auch Mönche, Tippelbrüder und Künstler haben andere Basisbedürfnisse. Darum sollte man die Theorie von Maslow lediglich als umfassende Struktur der menschlichen Ideale verstehen.

Zwei-Faktoren-Theorie

Herzbergs Motivationstheorie

Die Kritik an Maslow will der Amerikaner Herzberg mit seiner so genannten „Zwei-Faktoren-Theorie" ausfüllen. In einer wissenschaftlichen Studie befragte er 230 Angestellte nach schönen und unschönen Erinnerungen an Faktoren ihrer Arbeitswelt.

Als Ergebnis klassifizierte er 1959 zwei Gruppen:

1. Hygienefaktoren (Vermeidungsbedürfnisse)
2. Motivatoren (Entfaltungsbedürfnisse)

Motivatoren

Die Motivatoren, auch als Contentfaktoren bezeichnet, sind unmittelbar mit der Arbeit verknüpft. Zu den Motivatoren zählen beispielsweise Aspekte wie:

- Leistung/Selbstbestätigung
- Anerkennung
- Zuteilung einer verantwortungsvollen Aufgabe
- Verantwortung
- Beförderung
- Entfaltung

Hygienefaktoren

Die Hygienefaktoren – er spricht auch von Contextfaktoren – erfassen Erlebnisse, die mit dem Arbeitsumfeld in Zusammenhang stehen, das heißt, sie liegen außerhalb der unmittelbaren Arbeitstätigkeit.

Zu den Hygienefaktoren gehören:

- Gehalt
- Beziehung zu Vorgesetzten und Kollegen
- Führungstechnik
- Unternehmenspolitik
- Arbeitsbedingungen
- Arbeitsplatzsicherheit

Keine einachsige Wirkung

Herzberg fand heraus, dass bestimmte Faktoren nicht einachsig Motivation beziehungsweise Demotivation bewirken. Die *Hygienefaktoren* führen unter normalen Arbeitsbedingungen zu keiner Motivation der Mitarbeiter (er spricht in diesem Zusammenhang von einer „Nicht-Unzufriedenheit"). Gute Arbeitsbedingungen, Bezahlung etc. wirken nicht dauerhaft leistungssteigernd. Wird dieser Zustand jedoch negativ gestört, also beispielsweise der Lohn gesenkt, dann führt dies zu Arbeitsunzufriedenheit und möglicher Demotivation. Anders ausgedrückt: Findet der Mitarbeiter in seiner Tätigkeit keine motivierenden Faktoren, wendet er sich tätigkeitsperipheren Faktoren zu, um hier Mängel auszugleichen.

Motivierende Faktoren

Motivatoren dagegen stellen direkte Motive der Stärkung der Arbeitszufriedenheit dar. Sie sind mit der Arbeit an sich verknüpft und wirken, sofern sie angewandt werden, motivierend.

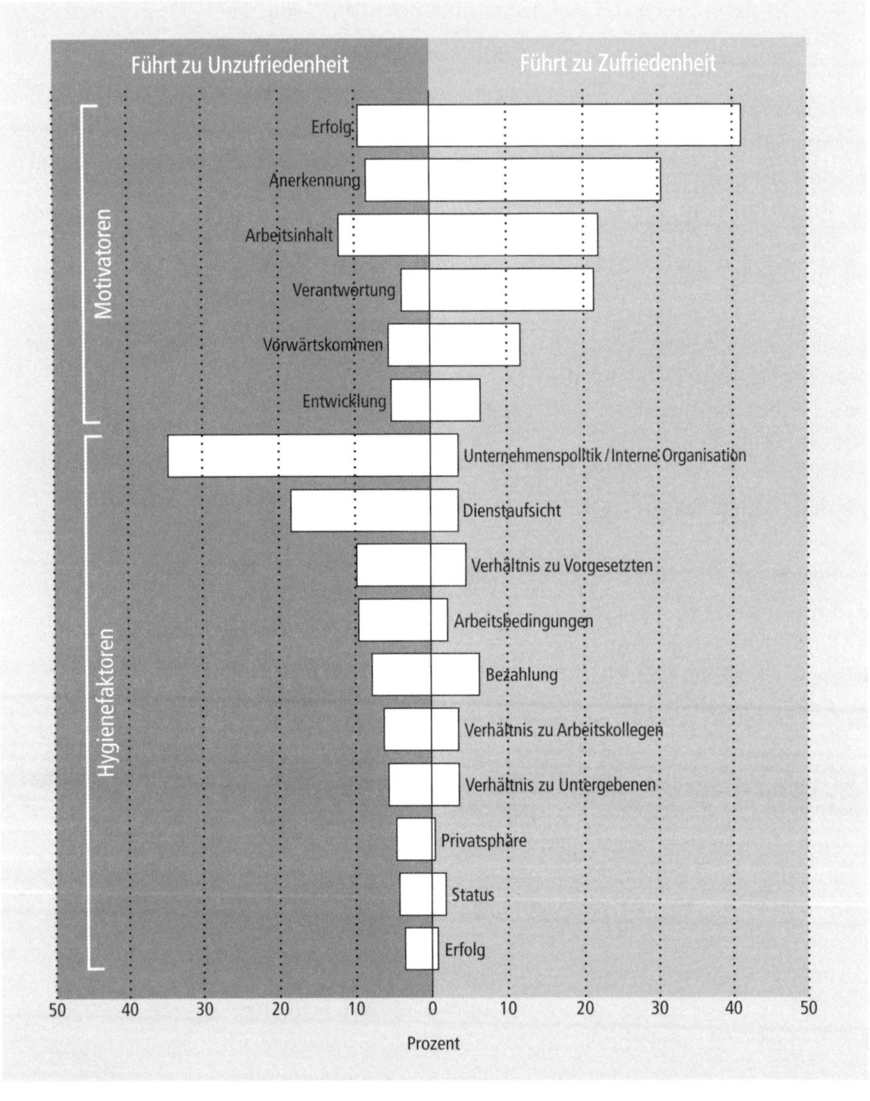

Einfluss auf die Praxis

Diese Resultate Herzbergs hatten entscheidenden Einfluss auf die betriebliche Praxis. Er wies nach, dass sich Leistungssteigerung in industriell entwickelten Gesellschaften nicht mehr mit den herkömmlichen Methoden der „Außensteuerung“, also extrinsisch über Geld oder Arbeitsbedingungen, erreichen lässt.

Vielmehr rückten nach dieser Untersuchung intrinsische (innere) Motive, also zum Beispiel die Arbeit an sich, als Motiv in den Vordergrund.

Eine doppelte Aufgabe

Für Sie als Führungskraft ergibt sich aus Herzbergs Erkenntnis eine doppelte Aufgabe:
1. Sie müssen es Ihren Mitarbeitern ermöglichen, in der Arbeit Befriedigung zu finden.
2. Sie müssen die Hygienefaktoren so gestalten, dass sie Ihren Mitarbeitern keinen Anlass zur Unzufriedenheit geben.

Prozesstheorien der Motivation

Die Prozesstheorien erklären die Motivation des Menschen aus den Motiven und Wirkungszusammenhängen heraus, die zu einem bestimmten Verhalten führen. Sie beschäftigen sich also mit der Frage, wie es zu einem bestimmten Verhalten kommt. Von den vorliegenden Theorien hat die von Viktor H. Vroom die größte praktische Relevanz.

Fähigkeit plus Motivation gleich Leistung

Schon in seiner 1960 publizierten Dissertation „Some personality determinants of the effects of participation" suchte Vroom Erklärungsmuster dafür, warum Arbeitnehmer in bestimmten Situationen eine positive (aktive) Haltung gegenüber ihrem Beruf einnehmen, in anderen Situationen dagegen eine negative (passive) bevorzugen. Diese Überlegung führte zu der inzwischen klassischen Annahme, dass Leistung letztlich nur durch Verknüpfung von Fähigkeiten und Motivation zustande kommt.

Individuen wählen die Alternative, die den größten Nutzen verspricht.

Anstrengungsbereitschaft

Auf der Grundlage empirischer Studien kam Vroom zu dem Ergebnis, dass sich die Anstrengungsbereitschaft zusammensetzt aus der Wertigkeit des Ziels und seiner Realisierbarkeit: Eine Person strebt ein Ziel (E2) an und denkt zunächst darüber nach, wie wünschenswert der angestrebte Zustand ist („Valenz"). Danach prüft diese Person, inwieweit sich das zur Verfügung stehende Mittel (hier Ergebnis erster Ebene = E1) eignet, den

Zustand E2 zu realisieren. Hierbei geht es um eine Einschätzung der Instrumentalität von E1 für E2.

Zentrale Begriffe

Valenz bezeichnet den wahrgenommenen Wert einer Handlung beziehungsweise einer Handlungsfolge, das heißt, der Mensch erwartet – nach einer Zielerreichung aufgrund seiner Handlung – einen bestimmten Befriedigungswert. Die Valenz kann sowohl angenehm als auch unangenehm sein. Dementsprechend werden Energien aufgebracht, um ein bestimmtes Ereignis zu erreichen, oder es wird versucht, ein Ereignis zu verhindern.

Erwartung: Menschen haben Erwartungen bezüglich der Wahrscheinlichkeit, dass ein bestimmtes Ereignis auf eine bestimmte Anstrengung oder Handlung folgen wird. Dabei wird die subjektive Wahrscheinlichkeit bewertet, mit der durch eine bestimmte Anstrengung ein Ziel erreicht werden kann oder eine Belohnung folgt.

Mit **Instrumentalität** ist die instrumentelle Eignung eines Ereignisses der ersten Kategorie (1. Ebene) gemeint, um damit ein Bedürfnis oder Ziel der zweiten Kategorie (2. Ebene) erreichen zu können. Hier besteht also ein Mittel-Zweck-Zusammenhang zwischen einer Handlung und den daraus resultierenden Handlungsfolgen.

Reizstärke und Wahrscheinlichkeit

Nach Vroom wählen Menschen ihre Ziele in Abhängigkeit von der davon ausgehenden Reizstärke aus. Auf der anderen Seite lassen sie aber auch die Wahrscheinlichkeit, mit der dieses Ziel erreicht werden wird, in ihre Entscheidungsüberlegungen einfließen.

Er drückt dieses mit dieser Formel aus: F = V x E
(F = Leistungs- beziehungsweise Handlungsmotivation;
V = Valenz; E = Erreichbarkeit)

Zu prüfen bleibt, ob und inwieweit durch die Person die zur Verfügung stehende Handlung (H) tatsächlich das Ergebnis E2 herbeiführen kann. Die Person bildet sich dazu ein Urteil über eine Wahrscheinlichkeit darüber, dass die Handlung H zum Ergebnis E1 führt. Dieses Urteil führt zur Anstrengungsbereitschaft.

Drei Aspekte

Wichtig ist Vrooms Grundannahme, dass es für Menschen auf drei Aspekte ankommt:
1. das Ziel
2. die Wahrscheinlichkeit, das Ziel zu erreichen
3. den Weg

Folgerungen für den Alltag

Für den Führungsalltag folgt hieraus, die Erreichbarkeit (E), die Instrumentalität (I) und die Valenz (V) zu erhöhen. Motivieren heißt demnach

- *Erreichbarkeit* erhöhen durch erreichbare Aufgaben und klar formulierte Leistungsziele; Personen durch Personalentwicklung befähigen, Resultate zu erreichen;
- *Instrumentalität* erhöhen durch Gewährung einer Gratifikation bei Erreichen des Resultats sowie strenge Kopplung von Leistung/Belohnung; klare Kommunikation dieser Kopplung;
- *Valenz* erhöhen durch exakte Erkundung individueller Präferenzen und Ausrichtung der Gratifikationen darauf.

3.4 Fazit

Ein Dilemma

Für den im Führungsalltag stehenden Praktiker hat sich nach der Lektüre der vielen Angebote zur „richtigen" Mitarbeitermotivation wenig geklärt; eher ist er verwirrt. Das liegt unter anderem am Allgemeinheits-Konkretheits-Dilemma, unter dem Theorien, und hier insbesondere auch die Motivationstheorien, leiden. Entweder sind die Aussagen sehr allgemein und wenig konkret oder aber sehr präzise und konkret, dann aber sind sie nur für wenige Fälle oder Situationen gültig.

Tragfähige Rezepte

Der Praktiker ist darum gut beraten, sich weiterhin auf die üblichen Mittel und Wege der Motivation zu verlassen, bevor er sich im theoretischen Gestrüpp verfängt und vor lauter Reflexion nicht zur Aktion kommt. Eine gute Information und Kommunikation, Lob und Anerkennung, Übertragung von Verantwortung, Vereinbarung von Zielen, Gestaltung positiver Beziehungen, Mitarbeiterförderung – das sind die Rezepte von gestern, die von heute und sicherlich auch noch die von morgen.

Veränderte Werte

Hinzu kommen diese Veränderungen in der Wertepräferenz Ihrer Mitarbeiter:

- Der Sinn der Arbeit ist nicht weniger wichtig als Status und Karriere.
- Spaß an der Arbeit wird genauso wichtig wie Einkommen.
- Beruf und Freizeit werden gleichermaßen aufgewertet.
- Mitarbeiter fordern mehr Handlungsspielraum und streben mehr Verantwortung an.

Einstellung des Motivierenden

Motivieren steht und fällt mit der Einstellung des Motivierenden. Er kann nur dann andere entzünden, wenn er selber brennt.

Literatur

Timothy Butler und James Waldroop: *Maximum Success. Changing the 12 Behaviour Patterns.* Bantam Dell 2000.

Felix von Cube: *Die Macht der Motivation: So motivieren Sie sich selbst und andere.* Frankfurt/M.: Redline 2005.

Felix von Cube u. a.: *Führen durch Fordern.* München: Piper 2005.

Georg von Felser und Peter Kaupp: *Motivationstechniken.* Berlin: Cornelsen 2002.

Heinz von Heckhausen: *Motivation und Handeln.* Berlin: Springer 2005.

Frederick Herzberg: *The Motivation to Work.* New York: John Wiley & Sons Inc. 1958.

Frederick Herzberg: *To be Efficient and to be Human.* Homewood: Dow Jones-Irwin 1977.

Frederick Herzberg: *Work and the Nature of Man.* London: Crosby Lockwood 1974.

Erich J. Lejeune: *Geheimnis Motivation. Die treibende Kraft.* Frankfurt/M.: Redline 2005.

Abraham Maslow: *Motivation und Persönlichkeit.* Reinbek: Rowohlt 1984.

Falko von Rheinberg: *Motivation.* Stuttgart: Kohlhammer 2004.

Iris Schmidt-Röger und Dörthe Grisse-Seelmeyer: *Motivation, Wahrnehmen, Kommunizieren, Überzeugen.* Bindlach: Gondrom-Verlag 2004.

Reinhard K. Sprenger: *Mythos Motivation.* Frankfurt/M.: Campus 2004.
Hans G. Thumm: *Motivation – Für sich selbst und andere.* Zürich: A & O des Wissens 2005.
Victor H. Vroom: *Manage People, Not Personnel. Motivation and Performance Appraisal.* Harvard Business School Press 1990.
Daniel Zanetti: *1001 Tipps zur Mitarbeitermotivation.* München: mvg 2002.

4. Motivation quer gedacht: Die Position von Reinhard K. Sprenger

Reinhard K. Sprenger behandelt das Thema Motivation quer denkend. Bis zu seiner Veröffentlichung wurde die Mitarbeitermotivation in der Literatur überwiegend von der theoretischen Seite her analysiert. Die Aussagen stützen sich auf verhaltens- und persönlichkeitstheoretische Modelle, die partiell immer wieder angezweifelt werden oder so kompliziert sind, dass ihr Einsatz in der Praxis ausscheidet.

Herkömmliche Konzepte funktionieren nicht

Sprenger hält diese Motivationsmodelle und -theorien für austausch- und unbrauchbar. Sie sind von Beliebigkeit und Willkür geprägt. Ein Umdenken ist seiner Meinung nach dringend erforderlich, da die bisher von Führungskräften betriebene Form der Mitarbeitermotivation heute nicht mehr funktioniert und sogar kontraproduktive Nebenwirkungen und Spätfolgen aufweist. Im Mittelpunkt steht seine Aussage: *„Alles Motivieren ist Demotivieren.“* (Sprenger 2004) Wegen der großen Wirkung seines Denkansatzes ist es angebracht, seine Position in diesem Buch zu würdigen.

4.1 Ausgangslage und Grundannahmen

Motivierung ist Manipulation

Motivation ist ein Zustand. Kennzeichnend hierfür ist die Eigensteuerung des Individuums. Motivierung hingegen ist der Prozess der Fremdsteuerung, das *„Erzeugen, Erhalten und Steigern der Verhaltensbereitschaft durch den Vorgesetzten beziehungsweise durch Anreize“*. Jede Fremdsteuerung ist eine Manipulation, wobei Sprenger dem Begriff Manipulation ausdrücklich keine moralische Wertigkeit zuordnet.

Motivationsverständnis in der Praxis

Fünf „B"

Motivieren wird, so Sprenger, durch die fünf großen „B" gekennzeichnet:

1. Belohnen
2. Belobigen
3. Bestechen
4. Bedrohen
5. Bestrafen

Vorstellung vom trägen Menschen

Dies sind die Instrumente, derer sich die Führungskräfte mit dem Ziel der Leistungssteigerung ihrer Mitarbeiter bedienen. Ausgangspunkt dieser Überlegungen ist die Vorstellung, dass Motivation latent vorhanden ist, durch Führung angefacht wird und dann wieder abfällt, weil der Mensch von Natur aus träge ist.

Motivation ist schon vorhanden

Sprenger widerspricht der Auffassung, dass Menschen träge seien. Ausgehend von seiner Definition des Begriffs Motivation, die dem Individuum Autonomie bezüglich der eigenen Motivation zuweist, geht er davon aus, dass der Mensch grundsätzlich motiviert und Leistungsbereitschaft voll vorhanden ist, die nicht erst durch Motivierung geschaffen oder gesteigert werden muss.

→ Ergänzende und vertiefende Informationen zu diesem Thema finden Sie im Kapitel A 1 (XY-Theorie) dieses Buches.

Wertewandel

Selbstentfaltung und Ganzheit

In der heutigen Gesellschaft vollzieht sich ein Wertewandel. Ein neues Selbstbewusstsein entsteht. Selbstentfaltung wird immer wichtiger. Menschen setzen sich das Ziel, ihr Leben und alle damit verbundenen Tätigkeiten sinnvoll zu gestalten. Das Streben nach einer neuen Ganzheit, einem ungeteilten Leben steht im Mittelpunkt. Sprenger: *„Das Verständnis von Arbeit als Wirtschaftsressource und als Erfüllung menschlichen Gestaltungs- und Leistungswillens kommen einander wieder näher."*

Fließende Grenzen

Die Grenze zwischen Arbeit und Freizeit ist fließend, das heißt, Arbeits- und Privatsphäre sind nicht mehr autonom. Der Mitarbeiter will sich nicht nur in der Freizeit entfalten, sondern seine Einstellung und Wertorientierung auch mit der Arbeit in

Einklang bringen und sein gesamtes Persönlichkeitspotenzial einfließen lassen. Trotz verstärkter Freizeitorientierung aufgrund des Wertewandels, findet im Beruf keine Arbeitsverweigerung statt, wie es viele Führungskräfte nach Sprengers Meinung gerne darstellen. Er meint, dass die Unternehmen sich auf die geänderten Sichtweisen der Arbeitnehmer einstellen müssen, denn die Umlenkung der menschlichen Energie in die Freizeit liegt unter anderem daran, dass die Arbeitssphäre keine Möglichkeit bietet, sich entfalten und seinen Tatendrang ausleben zu können.

→ Ergänzende und vertiefende Informationen zum Thema Wertewandel finden Sie im Kapitel A 2 dieses Buches.

Das Individuum im Rahmen der Motivierung

Mitarbeiter wird nicht als Partner gesehen

Das Hauptproblem der Motivierungsmodelle besteht darin, dass in ihnen der Mitarbeiter nicht als Individuum und gleichwertiger Partner der Führungskraft gesehen wird. Diese Modelle werden den gestiegenen Anforderungen der Mitarbeiter nicht gerecht; sie lassen das Persönlichkeitspotenzial des Einzelnen außer Acht. Jeder Mensch hat unterschiedliche Motivierungsstrukturen und reagiert unterschiedlich auf die Motivierungsversuche, sprich: auf die verschiedenen Formen der Manipulation durch die Führungskraft.

Probleme und Gefahren

Daraus resultiert folgendes Problem: Selbst wenn Sie sich als Führungskraft psychologisch richtig auf die wechselnden Motivationslagen der Mitarbeiter einstellen würden, wäre dies wenig Erfolg versprechend. Zum einen sind die *„handlungserklärenden (nach der Handlung benannten) Motive nicht notwendig auch die handlungssteuernden (vor der Handlung wirksamen) Motive"*. Also läuft der Prozess, nach dem sich Motivierungsmaßnahmen richten müssten, im Dunkeln ab. Zum anderen ist die Gefahr groß, dass Sie als Vorgesetzter die eigenen Bedürfnisse auf Ihre Mitarbeiter projizieren.

Viele Einflüsse

Außerdem setzt sich die Motivation der Mitarbeiter aus vielen Einflüssen, Umständen und Gegebenheiten zusammen, die zum größten Teil außerhalb der Arbeitssphäre liegen und somit durch Ihre Motivierungsversuche gar nicht erreicht werden.

Die tatsächliche oder behauptete Motivationslücke

Methodisiertes Misstrauen

Sprenger meint: „*Das System der Motivierung ist methodisiertes Misstrauen*", denn es basiert auf dem Verdacht, dass der Mitarbeiter keine volle Leistungsbereitschaft als Arbeitsgrundlage mitbringt. „*Der Ursprung aller Motivation ist eine behauptete oder beobachtete Lücke zwischen tatsächlicher und möglicher Arbeitsleistung*". Die Motivierungstechniken stützen sich auf diese unterstellte Motivationslücke. Die nachstehende Abbildung soll dies verdeutlichen.

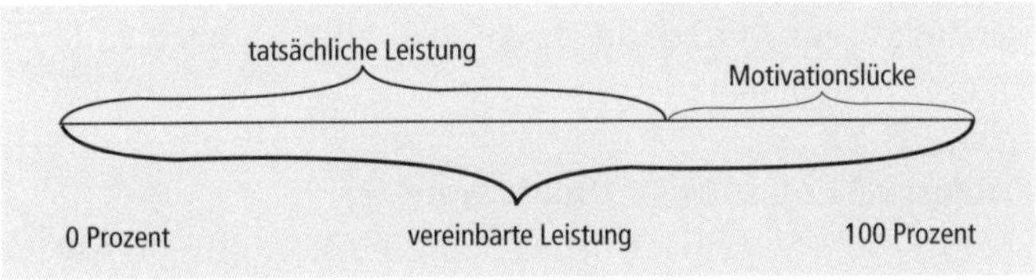

Maximale Leistung nur in Extremsituationen

Die maximale Leistungsfähigkeit des Menschen kann zu 80 Prozent durch normalen Willenseinsatz nutzbar gemacht werden. Bei diesen 80 Prozent liegt die „*individuell erfühlte Schwelle des „well-balanced" (...) Das ist auch jene Leistung, die der Einzelne freiwillig über einen längeren Zeitraum in einem Gefühl inneren Gleichgewichts zu leisten bereit ist*". Die restlichen 20 Prozent der maximalen Leistungsfähigkeit werden „autonom geschützte Reserve" genannt, da sie nur in Extremsituationen (Wut, Angst, Lebensgefahr etc.) aktiviert wird und dies vom Individuum nicht willentlich steuerbar ist.

Risiko der Überlastung

Über diesen individuellen Schwellenpunkt hinaus darf nur kurzfristig motiviert werden, sonst besteht die Gefahr des „burn out", das heißt, die Person fühlt sich ausgebrannt. Der „burn out" ist keine Folge quantitativer Arbeitsüberlastung, sondern Ergebnis der inneren Einstellung des Mitarbeiters zu seiner Arbeit. Er sieht sich gezwungen, mehr zu leisten, als er eigentlich will und kann. Dadurch entsteht ein Unzufriedenheits- und Überlastungsgefühl, das die Person auf Dauer psychisch und physisch überstrapaziert und letztendlich auch ruinieren kann.

Bei Mitarbeiterbefragungen wird immer wieder festgestellt, dass der Einzelne, auch die Führungskraft, seine eigene Arbeitsmoral als sehr hoch einstuft, während er von Mitarbeitern sagt, dass diese keine volle Leistungsbereitschaft zeigen. Für die Führungskraft ergibt sich daraus der Schluss, dass sie ihre Mitarbeiter motivieren muss, damit sie die ihnen mögliche Leistung erbringen, wohingegen sie selbst nicht motiviert werden muss und will, da sie ja ihrer Meinung nach bereits hundertprozentige Leistungsbereitschaft aufweist. Doch auch sie hat wiederum einen Vorgesetzten, der ihr eine Motivationslücke unterstellt und die Notwendigkeit zum Motivieren konstatiert. Es entsteht also die absurde Situation, dass niemand bei sich selbst die Notwendigkeit zur Motivierung sieht, dies aber bei allen anderen für erforderlich hält.

Erfolgssucher und Misserfolgsvermeider

Erfolgssucher

Sprenger geht bei seiner Untersuchung, ob die Motivationslücke behauptet oder tatsächlich vorhanden ist, von zwei Grundmodellen aus. Das erste Modell besagt, dass eine Motivationslücke nicht existiert. Der Mitarbeiter sucht in seiner Arbeit Erfolg und Befriedigung und ist voll motiviert. Dieser Typ wird von Sprenger „*Erfolgssucher*“ genannt.

Misserfolgsvermeider

Das zweite Modell bezieht sich auf den demotivierten Mitarbeiter, der, individuell abgestuft, mit dosiertem Einsatz seiner Arbeit nachgeht und nicht durch Misserfolge auffallen will. Er wird „*Misserfolgsvermeider*“ genannt.

Sprenger meint nun, dass der Erfolgssucher durch Motivierung zum Misserfolgsvermeider wird und eine Motivationslücke entsteht, die vorher nicht da war. Die Misserfolgsvermeider werden noch mehr demotiviert.

4.2 Instrumente zur (De-)Motivierung

Die wichtigsten Instrumente

In der Praxis geht man allerdings davon aus, dass der Mensch motivierbar ist, also durch Manipulation im Sinne von Motivierung die Motivationslücke geschlossen werden kann. Sprenger nimmt zu den wichtigsten Instrumentarien Stellung. Im Folgenden wird eingegangen auf den Zusammenhang zwischen

Motivation und Anerkennung, Lob, Belohnung und insbesondere Incentives, Prämien sowie Boni.

Anerkennung und Lob

Anerkennung stärkt Arbeitslust

Anerkennung motiviert und gibt Selbstvertrauen. Obwohl die Anerkennung motiviert, wird damit gegeizt. Mitarbeiter beklagen fehlende Anerkennung. Wird einem Mitarbeiter Anerkennung ausgesprochen, steigert das seine Arbeitslust. Wird dauerhaft versäumt, eine Leistung anzuerkennen, können daraus Frustration, Aggression und Apathie entstehen.

Lob kann Barrieren schaffen

Für Sprenger besteht auch die Gefahr, dass der Mitarbeiter seine Anstrengungen auf die Erwartungen des Vorgesetzten hin ausrichtet. Eine am Lob orientierte Arbeit ist aber nur kurzfristig erfolgreich. Wer von Lob abhängt, strengt sich an, um den Bewertungsmaßstäben des Chefs gerecht zu werden. Er verzichtet aber darauf, seine eigenen Ideen durchzusetzen. Sprenger resümiert, dass dies genau die Mitarbeiter sind, die das Unternehmen *nicht* braucht. Lob kann in dieser Hinsicht eine Barriere für innovative Ideen darstellen. Lob führt bei den typischen Misserfolgsvermeidern dazu, dass sie sich nur bis zur Lobbarriere anstrengen. Bei einem Mitarbeiter vom Typ Erfolgssucher wird Lob nicht als Innovationshindernis wirken, denn sein Ziel ist der Erfolg seiner Arbeit, nicht das Lob des Vorgesetzten. Lob ist für ihn dann ein neuer Impuls, der seine Antriebskräfte steigert und nicht behindert.

Lob ist meist manipulativ

In einem System von Unter- und Überordnung, so Sprenger, kann Lob kaum echt und frei sein, sondern ist in der Regel manipulativ. Es hat nichts mit ernst gemeinter Anerkennung zu tun, sondern soll den Mitarbeiter lediglich ködern. Man gibt ihm das Gefühl, gebraucht zu werden, um ihn dann mit neuen Forderungen oder Erwartungen zu konfrontieren. Solange die Regel „*Lobe nur dann, wenn das Lob prinzipiell umkehrbar ist*" – also ein Klima der Gleichordnung herrscht, in dem auch der Mitarbeiter den Vorgesetzten loben könnte – nicht besteht, ist Vorsicht geboten. Anstatt zu loben, regt Sprenger an, den Mitarbeiter zunächst einmal als Person wahrzunehmen und im nächsten Schritt der Person als solcher, also nicht nur auf die

Leistung bezogen, mit Freundlichkeit, Aufmerksamkeit und Zuwendung gegenüberzutreten. Wenn allerdings gelobt wird, muss beachtet werden, dass dies nicht automatisiert geschieht, also nicht in regelmäßigen Abständen gelobt wird. Das wirkt künstlich und hat negative Auswirkungen auf den Mitarbeiter.

Incentives

Immer ausgefallener

Die Unternehmen lassen es sich immer mehr kosten, ihre Mitarbeiter mit möglichst ausgefallenen Präsenten anzureizen. Während früher noch ein Rennrad reichte, umfasst die Palette heute Abenteuerurlaube, Baggerführerscheine und ähnlich Ausgefallenes.

Nur kurze Wirkung

Sprenger kritisiert, dass die Wirkung von Incentives nur von kurzer Dauer ist, während die Erwartungen der Mitarbeiter an Incentives immer höher werden. Wie Verhaltensbiologen herausfanden, gewöhnt sich der Mensch schnell an ein höheres Reizniveau. Das bedeutet, dass die Leistungsbereitschaft tatsächlich geringer wird, sobald der Zusatzreiz entfällt. Die Faszination von Incentives lässt immer mehr nach, und der Grenznutzen sinkt. Als Folge dieses Booms fragt sich der Mitarbeiter, was die Firma wohl an ihm verdient und wie viel Geld sie ihm vorenthält, wenn solche Unsummen für Incentives ausgegeben werden.

Bonussysteme

Geld kompensiert keine Sinndefizite

Das Thema Geld als Motivator steht für Sprenger im Mittelpunkt seiner Argumentation, sei es, wie oben beschrieben, in geldwerter Form von Incentives oder in Form von Prämien. Seiner Meinung nach kann Geld einen Mitarbeiter nur kurzfristig zu einem zusätzlichen Einsatz animieren. Geld reicht aber nicht aus, um „*Sinndefizite, mangelnden Freiraum und demotivierende Unternehmenskultur langfristig zu kompensieren*".

Die Führungskräfte versuchen trotzdem, über den Faktor Geld zu motivieren. In der Praxis greift man unter anderem aus diesem Grund gerne zu Bonussystemen. Sprenger unterscheidet zwei Formen und nennt sie „negative Verdachtsstrafe" und „positive Verdachtsstrafe".

Die negative Verdachtsstrafe

Misstrauensabschlag

Die Grundlage dieses Systems ist der Misstrauensabschlag. Der Mitarbeiter wird vom Vorgesetzten verdächtigt, nicht den vollen Einsatz zu bringen und einen Teil seiner Arbeitsleistung vorzuenthalten. Also soll er dafür auch kein volles Gehalt bekommen. Erst die Erreichung des Bonus stellt ihm das volle Sollgehalt sicher, denn nur unter Einbehalt eines Einkommensteils glaubt die Führungskraft dem Mitarbeiter die volle Leistung entlocken zu können. Sprenger spricht in diesem Fall von *„künstlicher Verknappung“*. Bringt der Mitarbeiter die volle vereinbarte Leistung, bekommt er durch Fixum und Bonus sein volles Gehalt. Erreicht er das Ziel nicht, fällt die Prämie aus. Die folgende Abbildung verdeutlicht dies:

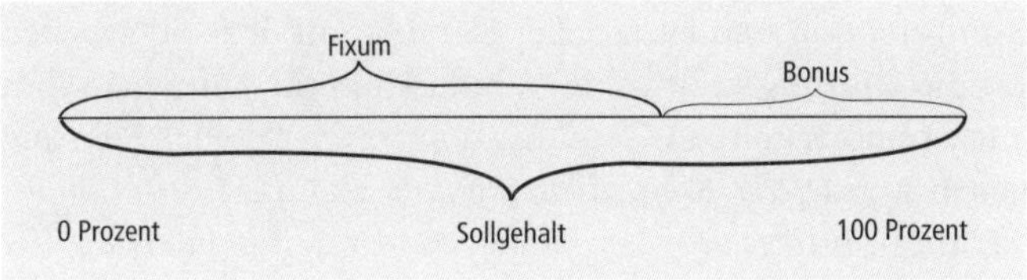

Sehr demotivierend

Der Mitarbeiter setzt sich aus eigener Sicht jedoch zu 100 Prozent ein und bringt die volle von ihm geforderte Leistung. In seinem Bewusstsein gehört der Bonusanteil zum Festgehalt. Für den Mitarbeiter ist es sehr demotivierend, hinter einem Gehaltsteil herzulaufen, der ihm zusteht.

Die positive Verdachtsstrafe

Leistung über das Soll hinaus

In diesem Fall glaubt man dem Mitarbeiter seine Leistungsbereitschaft, ermöglicht ihm aber einen zusätzlichen Verdienst, wenn er über das Sollziel hinauskommt. In diesem Fall bilden also Fixum und Bonus zusammen das Gehalt für die vereinbarte Leistung, wie in der Abbildung dargestellt ist.

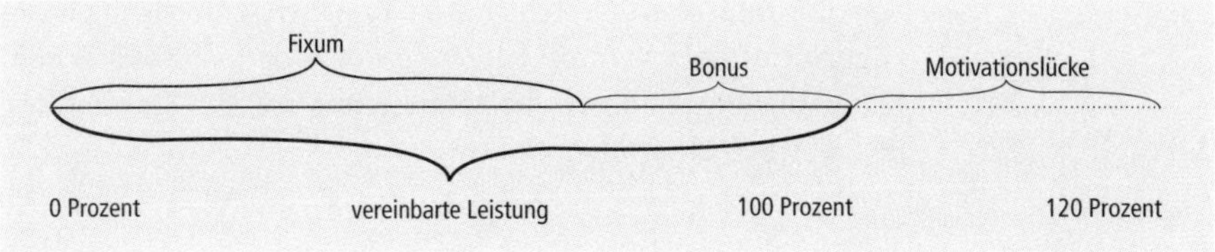

Hier wird dem Mitarbeiter unterstellt, mehr leisten zu können, als mit ihm vereinbart wurde. Für das Überwinden der Motivationslücke erwartet ihn dann eine Prämie. Dieses Prämiensystem dient hervorragend dazu, höhere Gehälter vorzutäuschen, wenn die Arbeitsmarktsituation ein gehobenes Gehaltsniveau erzwingt.

„Vorteil" von Bonussystemen

Unternehmen sehen den Vorteil von Bonussystemen darin, dass diese als selbstregelnd gelten. Bei Zielverfehlung muss sich der Vorgesetzte nicht mehr regulativ einschalten, da der Mitarbeiter sich über entsprechende Lohnabzüge selbst bestraft. Die Führungskraft muss nicht aktiv werden, denn Motivationssysteme werden eingesetzt, um dem motivierenden Führen zu entgehen. Ein selbstregelndes Anreizsystem ist ihr lieber als Konfrontation und eventueller Konflikt mit dem Mitarbeiter. Da die Führungskraft keinen Einfluss nimmt, kann man ihm auch keine Schuld an Demotivation wegen falscher Führung geben. *„In letzter Konsequenz kommt also die Institutionalisierung selbstregelnder Anreizsysteme der Selbstabwertung der Führungskraft gleich.“*

Belohnung und Leistungssteigerung

Belohnungen, ob Incentives, sonstige finanzielle oder nichtfinanzielle Anreize, sind generell nicht das beste Mittel zur Leistungssteigerung. Das zeigen Untersuchungen aus der Verhaltensforschung. So konnte man bei Kindern beobachten, dass diejenigen eine Aufgabe erfolgreicher lösten, denen man keine Belohnung versprach. Im Gegensatz dazu verloren die Kinder, welchen eine Belohnung in Aussicht gestellt wurde, schnell das Interesse, wurden unzufrieden und brachten eine geringere Leistung. Die Belohnung ersetzte für sie den Sinn der Aufgabe. Ihre intrinsische Motivation wurde durch extrinsische Motivierung zerstört.

Sowohl unter dem Gesichtspunkt Bonussysteme als auch bezüglich des Lobes wurde aufgezeigt, dass der Mitarbeiter sein Hauptaugenmerk durch die Motivierung von der Sinnfindung in der Arbeit abwendet.

4.3 Führungsaufgaben im Motivierungsprozess

Drei Dimensionen

Leistung entsteht durch Addition folgender drei Dimensionen:
1. Leistungsbereitschaft
2. Leistungsfähigkeit
3. Leistungsmöglichkeit

Dimensionen 2 und 3 werden ignoriert

Aus der Verhaltensforschung ist bekannt, dass die Leistungsbereitschaft allein in den Verantwortungsbereich des Individuums fällt. Obwohl die Führungskraft demnach keine Verantwortung für die Leistungsbereitschaft des Mitarbeiters trägt, bezieht sich jegliche Motivierung eben auf diesen Bereich und ignoriert die anderen beiden Dimensionen. Sie verschleiert die Tatsache, dass eine Führungskraft ein Recht darauf hat, Forderungen zu stellen. Es ist eine originäre Aufgabe des Vorgesetzten, die Einhaltung von Vereinbarungen und Arbeitsverträgen zu fordern, eine zielgerichtete Leistung zu verlangen und bei Nichteinhaltung beziehungsweise Nichterreichung der Ziele den Mitarbeiter offen zu kritisieren. Er kann auch durchaus Leistungen vereinbaren, so Sprenger, die der Mitarbeiter nicht freiwillig erbringen will, aber der Vorgesetzte soll ihn keinesfalls diesbezüglich blenden oder versuchen, ihn zu ködern und ihm einzutrichtern, er selbst habe es von Beginn an selbst so gewollt. Für Sprenger steht eindeutig fest: Klare Forderungsverhältnisse sind leistungsorientierter und konsequenter als Belohnungs- und Bestrafungssysteme. In diesem Zusammenhang fordert er die *„Reetablierung von Führung als Führung“*.

Leistung fordern und kontrollieren

Die aktuelle Führungspraxis, die durch verdeckte Abwertung des Mitarbeiters und viele unerkannte Nebenwirkungen kontraproduktiv ist, sollte durch klare Forderungsverhältnisse ersetzt werden. Dabei sind das Vereinbaren und Kontrollieren, nicht das bloße Vorgeben von Leistungen die richtige Vorgehensweise.

Konsens-Management

Führungskraft und Mitarbeiter müssen als gleichwertige Partner Vereinbarungen treffen; Sprenger nennt das *„Konsens-Management“*. Die Zielvereinbarungen werden im Gegenstromverfahren getroffen und sind das Ergebnis einer gemeinsam erarbeiteten Einsicht. Richtet man sich nach diesen Grundsätzen, gibt es seiner Meinung nach keine Motivierungsprobleme.

→ Ergänzende und vertiefende Informationen zum Thema Ziele vereinbaren finden Sie im Kapitel B 1 dieses Buches.

Demotivation vermeiden

Ein Mitarbeiter kann nicht motiviert werden

Die Leistungsbereitschaft eines Menschen kann man nur behindern. Sprenger sieht daher die Aufgabe der Führungskraft wie folgt: *„Führen ist vor allem das Vermeiden von Demotivation."* Wenn ein Mitarbeiter demotiviert ist, kann er nicht motiviert werden, man stürzt ihn mit Motivierungsversuchen nur noch stärker in seine Unzufriedenheit. Als Voraussetzung, um dieser Misere zu entgehen, sollte man den Demotivierten ernst nehmen und nach den Gründen seines Zustands suchen.

Die Leistungsfreude wird auf zwei Ebenen behindert. Zum einen können die Gründe *beziehungsbedingt*, zum anderen *arbeitsbedingt* sein.

Drei demotivierende Aspekte

Besonders demotivierend sind für den Mitarbeiter folgende Punkte:

1. *Pedanterie des Vorgesetzten*
   Formalitäten und strukturelle Grenzen werden vom Vorgesetzten als Grund vorgeschoben, um eine Art Schutzwall zu errichten. Der Verantwortliche kann auf diese Weise gute Ideen des Mitarbeiters ausschalten, ohne sie überhaupt geprüft zu haben.
2. *Mangelnde Glaubwürdigkeit*
   Der Mitarbeiter entlarvt die Motivierungsbestrebungen des Vorgesetzten. Er erkennt, dass er „ver-führt" werden soll. Gemeint ist ein Verführen durch Motivierung. Die aufgesetzte verbale Aufgeschlossenheit des Vorgesetzten steht im Gegensatz zur beibehaltenen Verhaltensstarre.
3. *Misstrauen in die Qualifikation*
   Der Vorgesetzte zweifelt an der fachlichen Kompetenz des Mitarbeiters. Deshalb kontrolliert er dessen Arbeit ständig und greift ein. Er nimmt ihm somit Verantwortung und Freiheit. Wenn man Mitarbeiter für unselbstständig hält, werden

sie es sein. Hat man nur niedrige Leistungserwartungen, werden die Leistungen niedrig sein, zumindest in der Wahrnehmung des Beobachters. Man nennt dies „self-fulfilling prophecy", die Vorhersage, die ihre eigene Erfüllung verursacht.

Auf Leistungsfähigkeit konzentrieren

„*Das Problem ist nicht die unzureichende Motivation der Mitarbeiter, sondern das demotivierende Verhalten vieler Führungskräfte.*" Als Führungskraft sollten Sie darum dem Mitarbeiter ermöglichen, seine Talente einzubringen und sich weiterzuentwickeln. Sie müssen sich auf die Leistungsfähigkeit des Einzelnen konzentrieren und nicht an seiner Leistungsbereitschaft manipulieren.

Arbeit mit Sinn

Unterforderung

„*Unterforderung – es wird nur ein Bruchteil des Kennens und Könnens abverlangt, Fähig- und Fertigkeiten bleiben ungenutzt – hat viel mit der Strukturierung von Arbeit, insbesondere mit der Zerteilung von Arbeit zu tun.*" Untersuchungen haben gezeigt, dass eine weitgehende Arbeitszerteilung beim Individuum außer Unterforderung weitere Nebenfolgen hat.

Verlust von Ganzheitlichkeit und Sinn

Zu nennen sind zum Beispiel fehlende Ganzheitlichkeit und ein beschädigtes Selbstwertgefühl. Durch die Zerstückelung wurde der Arbeit der Sinn genommen und dem Mitarbeiter die Motivation. Hier leitet sich die Aufgabe des Führenden ab, das Umfeld der Arbeit so zu schaffen, dass der Mitarbeiter einen Sinn darin finden und ausleben kann. „*Die Führungskraft kann lediglich die Bedingungen der Möglichkeit individueller Sinnfindung (und damit optimaler Leistungsentfaltung) schaffen.*" Die Arbeit des Einzelnen soll so gestaltet werden, dass die Tätigkeit im Zusammenhang mit der betrieblichen Gesamtleistung gesehen werden kann. Die besten Leistungen bringen diejenigen, die „*nicht in erster Linie wegen des Geldes arbeiten, sondern ihre Arbeit als sinn- und wirkungsvoll erleben wollen(...) Aktives Engagement, Kreativität und Initiative kann man nicht kaufen.*"

Der Sinn in einer Arbeit muss allerdings individuell gefunden werden und kann nicht als Köder vom Chef ausgelegt werden. Eine Mehrheit der Mitarbeiter sieht die Möglichkeit zur Selbstentfaltung im Arbeitsleben in Abhängigkeit vom Ausmaß des Handlungs- und Entscheidungsfreiraums, der ihnen gewährt wird. Führen bedeutet demnach, Entfaltungsmöglichkeiten für den Mitarbeiter zu schaffen.

Anforderungen an zukunftsorientierte Führung

Freiräume schaffen

Wenn Unternehmen Mitarbeiter motivieren wollen, müssen Freiräume für sie geschaffen werden. Die Grenzen in Organisationen sind flexibel, durchlässig und veränderbar zu gestalten, um den Energiefluss zu fördern. So kann man auch den in den Privatbereich hineinreichenden Problemen entgegentreten, zum Beispiel nicht genug Zeit für die Familie und daher ständig ein schlechtes Gewissen zu haben. Die Familie hat einen hohen Stellenwert, deshalb sollten Unternehmen nicht an unflexiblen Arbeitsstrukturen und monotonen Karrieremodellen festhalten, die nicht mit den Lebensrhythmen der Familien harmonieren.

Blockaden abbauen

Weitere Problempunkte sind beispielsweise Kleiderordnung, Spesen- und Reisekostenüberwachung sowie Arbeitszeitregelungen. Sprenger fordert den Abbau von regulativen Blockaden. Er betont, dass natürlich nicht generell alle Richtlinien abgeschafft werden müssen, aber ständig überprüft werden sollte, ob sie noch sinnvoll sind.

„Jobs für Menschen" bieten

Die Unternehmen müssen sich umstellen, denn es gilt, in Zukunft nicht mehr „Menschen für Jobs“ zu finden, sondern „Jobs für Menschen“ anzubieten. Nur so können sich Talente ausleben und entfalten. Nur so können Mitarbeiter innovative Ideen einbringen, die für das Unternehmen wichtig sind.

Den Freiraum schützen

Die eigentliche Führungsaufgabe in Bezug auf das Motivieren ist nicht Verantwortung für die Motivation, sondern für den Schutz des Freiraums. Nur so ist es dem Mitarbeiter möglich, Spaß an der Arbeit zu haben und *„die Sache zu seiner Sache zu machen“*. Sprenger misst diesem Aspekt so große Bedeutung bei, weil er meint, man könne sich nur für „seine“ Sache wirklich begeistern. Sein Appell geht dahin, dass jeder, auch die Führungskraft, selbst dafür verantwortlich ist, eine Sache zu ihrer eigenen zu machen.

Selbstachtung als Quelle der Motivation

Die Selbstachtung ist nach Standpunkt Sprengers die wahre Quelle aller Motivation und die Voraussetzung dafür, dass man etwas zu seiner Sache macht. Das Ignorieren der Selbstachtung setzt er gleich mit Abwertung und sieht hierin die Quelle aller Demotivation. Wird die Selbstachtung eines Menschen zerstört, durch Abwertung, Misstrauen, nicht Ernstnehmen usw., kommt dies der „Selbstaufgabe" gleich.

Wahlfreiheit erkennen

Der Mensch ist eigenverantwortlich für seine Demotivierbarkeit. Wer sich motivieren lässt, ist auch demotivierbar, legt seine Lebensqualität in die Hände anderer und lässt zu, dass sie darüber verfügen, so Sprenger. Sich selbst zu motivieren, heißt nicht, sich etwas schönzureden, sondern vielmehr zu erkennen, dass jeder Mensch Wahlfreiheit hat. Dies ist die Quelle der Selbstachtung.

4.4 Fazit

Neue Ansatzpunkte

Sprengers Veröffentlichung erlangte große Aufmerksamkeit, weil er sich von den anerkannten Lehrsätzen distanzierte. Er zog etablierte Erkenntnisse in Zweifel und brachte selbst völlig neue Ansatzpunkte und interessante Änderungsvorschläge.

Auch wenn seine zentrale Aussage: „Alles Motivieren ist Demotivieren", nicht bei jeder Führungskraft Zustimmung findet, sollte man sie zumindest als Denkanstoß nutzen.

Literatur

Heribert Schmitz: *Raus aus der Demotivationsfalle.* Wiesbaden: Gabler 2005.

Reinhard K. Sprenger: *Mythos Motivation. Wege aus einer Sackgasse.* Frankfurt/M.: Campus 2004.

5. Aufgaben, Kompetenzen und Verantwortung delegieren

Wer nicht delegiert, führt nicht

Vielleicht haben auch Sie schon manchmal den Verzweiflungsschrei „Ich kann doch nicht alles selber machen!" ausgestoßen. Spätestens hier hätten Sie über Sinn und Unsinn der Delegierung von Arbeit und Verantwortung nachdenken sollen. Bedenken Sie: Führen bedeutet, auf Menschen einzuwirken, um ein gewünschtes Verhalten zu bewirken. Daraus könnte man ableiten, wer nicht delegiert, der führt auch nicht.

An dieser Stelle ist eines vorweg klarzustellen: Delegieren heißt nicht, Arbeiten auf andere abzuwälzen, die man selbst nicht tun möchte. Eine Aufgabe wird langfristig und ganzheitlich delegiert. Nur so kann eine persönliche Beziehung zum Aufgabenbereich entwickelt werden. Ebenso wie Ihre eigene sollte auch die Arbeitskraft der Ihnen unterstellten Mitarbeiter planvoll und organisiert eingesetzt werden.

Delegieren heißt nicht, Aufträge zu erteilen

Delegierung bedeutet, dass Ihre Mitarbeiter nicht mehr durch einzelne Aufträge geführt werden, sondern einen fest umrissenen Aufgabenbereich oder eine spezielle Aufgabe übernehmen. Damit hebt sie sich vom *Auftrag* ab, der kurzfristig erteilt wird. Sachaufgaben sollten auf der Ebene erledigt werden, auf der die speziellen Informationen und Sachkenntnisse vorhanden sind.

Auftrag	Aufgabe
– Wird kurzfristig übertragen	– Wird langfristig übertragen
– Großer Kontrollanteil	– Geringer Kontrollanteil
– Wird in der Regel als überschaubare Einheit übertragen	– Wird in der Regel ganzheitlich übertragen

Das Delegierungsprinzip geht von zwei Aufgabengruppen aus:
1. Führungsaufgaben
2. Sachaufgaben

Führungsaufgaben

Zu Ihren *Führungsaufgaben* gehören solche Dinge wie Personalauswahl, Mitarbeitereinsatz, Zielsetzung, Grundsatzplanung, Mitarbeitermotivation, Aufgabendelegierung, Gehaltsfragen, Ergebnis- und Verhaltenskontrollen, Fürsorge- und Vorbildspflicht.

Ihre Führungsaufgaben sind nicht delegierbar, es sei denn, dass die Ihnen direkt unterstellten Mitarbeiter ebenfalls Personalverantwortung haben. Deren Führungsaufgabe bezieht sich dann aber auf den unmittelbar unterstellten Personenkreis.

Anteil von Führungs- und Sachaufgaben nach Ebenen

Sachaufgaben

Zu den *Sachaufgaben* gehören insbesondere die so genannten Routinearbeiten, die Ihre Mitarbeiter mit weniger Zeit- und Kostenaufwand durchführen als Sie. Das gilt insbesondere dann, wenn es sich um Spezialisten handelt.

Fragen Sie sich:
1. Was können andere *billiger* erledigen als ich?
2. Was können andere *schneller* erledigen als ich?
3. Was können andere *besser* erledigen als ich?

Sie selbst gewinnen mehr Zeit und Energie für Ihre Führungsaufgaben und wären ohnehin überfordert, wenn sie alles alleine machen würden. Darum empfiehlt es sich zu delegieren.

Sachverantwortung übertragen

Das Schaffen delegierter Arbeitsbereiche bedingt zugleich, dass Sie Ihren Mitarbeitern neben den Pflichten entsprechende Rechte einräumen. Mit der Aufgabe sind die entsprechenden Kompetenzen zu übertragen. Damit geht auch die *Sachverantwortung* für diesen Aufgabenbereich an den betreffenden Mitarbeiter über, während die *Führungsverantwortung* bei Ihnen bleibt. Sie als Vorgesetzter können nur dann für Fehlleistungen Ihrer Mitarbeiter verantwortlich gemacht werden, wenn Sie Ihren Führungspflichten nicht oder nur mangelhaft nachgekommen sind.

Formen der Verantwortung

Außenverhältnis (Verantwortung gegenüber Kunden)	**Innenverhältnis** (Verantwortung innerhalb des Unternehmens)	
Unteilbare Verantwortung	Führungsverantwortung	Handlungsverantwortung
Jeder Linienvorgesetzte, Projektleiter oder beauftragte Mitarbeiter ist für die im Namen der Unternehmung ausgeführten Handlungen, angeordneten Maßnahmen und eingegangenen Verpflichtungen voll verantwortlich.	Verantwortung für die Führung der Mitarbeiter, das heißt insbesondere: – präzise Ziele vereinbaren – Aufgaben planen und koordinieren – Mitarbeiter zweckmäßig auswählen und einsetzen – klare Aufträge erteilen – Mitarbeiter zielgerichtet fördern – motivieren – genügend informieren – sinnvoll beaufsichtigen	Verantwortung des Mitarbeiters für das selbstständige Handeln und Entscheiden im eigenen Delegationsbereich, das heißt insbesondere für: – sachliche Richtigkeit – Wirtschaftlichkeit – Termine – zweckmäßige Informationen – Meldung außergewöhnlicher Vorkommnisse
Kann nicht delegiert werden.		Soll delegiert werden.

Kompetenzen einräumen

Da in der heutigen Wirtschaftswelt Mitarbeiter in der Regel einen klar definierten Aufgabenbereich haben, hat sich das Gewicht der Delegierung von der Aufgabe weg auf die Aspekte Kompetenz und Verantwortung verlagert. So bleibt zum Beispiel der Begriff Delegation in neueren Führungsgrundsätzen unerwähnt. Stattdessen heißt es sinngemäß: *„Der Vorgesetzte stellt sicher, dass dem Mitarbeiter die notwendigen Befugnisse eingeräumt sind, um Ziele zu erreichen. Bei übergreifenden Themen können Aufgaben und Kompetenzen für begrenzte Zeit auf Projektteams übertragen werden."*

Delegierung fördert die Leistung

Mit der Delegierung befriedigen Sie das Bedürfnis Ihrer Mitarbeiter nach einem eigenen Wirkungskreis, größerer Selbstständigkeit und mehr Entscheidungsfreiheit. Das sind leistungsfördernde Motivationsfaktoren. Nutzen Sie diese!

Viele Vorgesetzte scheuen sich

Obwohl der Erfolg im Berufsleben im starken Maße von der langfristigen und ganzheitlichen Aufgabenübertragung abhängt, scheuen sich viele Führungskräfte, Delegierung von Kompetenzen und Verantwortung als Führungsinstrument einzusetzen. Diese halten sich für allwissend und unentbehrlich und meinen, alles selbst entscheiden zu müssen. Manche fürchten, die Kontrolle über ihre Mitarbeiter zu verlieren oder ängstigen sich gar vor dem Heranwachsen eines qualifizierten Konkurrenten. Diesen Vorgesetzten sei gesagt: Die Qualität einer Führungskraft wird unter anderem an der „Gebärfreudigkeit" von Führungsnachwuchs aus der eigenen Mannschaft gemessen.

Literatur

Dirk Battenfeld: *Delegation oder Zentralisation von Entscheidungskompetenzen.* Lohmar: Eul-Verlag 2005.

Jürgen W. Goldfuß: *Erfolg durch professionelles Delegieren.* Frankfurt/M.: Campus 2003.

Hans-Jürgen Kratz: *Delegieren, aber wie?* Offenbach: Gabal 1999.

Fred Maro: *Delegieren oder durchdrehen?* Regensburg: Walhalla 2003.

6. Mitarbeiter kontrollieren

Kontrolle heißt „steuern"

Unter Kontrolle versteht man die Überprüfung von Leistungen unter dem Blickwinkel ihrer gewünschten oder unerwünschten Auswirkungen auf das Ziel. Das englische Wort „control" ist dem Gedanken des Steuerns und der Überwachung gleichzusetzen. Im Gegensatz zum deutschen ist im englischen Begriff der Gedanke der Überprüfung nicht enthalten. Dieser Bedeutungsunterschied macht auch auf die Tendenz der Kontrolle bei Delegierung aufmerksam: Sie soll mehr eine Steuerung als eine Überprüfung sein. Darum ist sie auch kein Selbstzweck, sondern soll Ihnen und Ihrem Mitarbeiter helfen, den Erfolg der Arbeit zu bestimmen.

Ziel: Fehler vermeiden

Kontrolle ist eine Führungsaufgabe, die auf die Vermeidung von Fehlern zielt. Wenn Sie sich um dieses Ziel bemühen, dann liegen Kontrolle und Kritik nicht mehr auf derselben Ebene. Die Verhinderung von Fehlern verpflichtet Sie aber dann auch, Ihre Verbesserungsmaßnahmen gut zu begründen.

Sie als Vorgesetzter müssen selbst über ein einwandfreies Führungsverhalten verfügen. Führungsschwächen sind sofort Anlass für Ihren Mitarbeiter, entstandene Fehler auf Sie zurückzuführen.

Das veraltete Schema

Die Kontrolle ist Ihre eigentliche Führungsaufgabe als Manager. Ihre Kontrollpflicht bezieht sich auf die sachliche Leistung und das Verhalten Ihres Mitarbeiters. Kontrolle muss also sein, aber die Form darf nicht im alten Schema stecken bleiben. In einem kleinen Handwerksbetrieb ist es noch möglich, dass der Meister alle Tätigkeiten übersehen kann und im Notfall dort eingreift, wo sie nicht richtig ausgeführt werden. Er ist der beste Handwerker seines Betriebes. Viele Führungskräfte versuchen, diesen Stil mit in das moderne Management hineinzuziehen, zum Beispiel dadurch, dass „alles über ihren Schreibtisch geht".

Diese Form der „Augenkontrolle" ist mit der Delegierung und moderner Mitarbeiterführung nicht vereinbar.

Keine totale Kontrolle

Eine totale Kontrolle ist nicht möglich. Sie müssen sich darauf verlassen können, dass Ihre Methode auch wirksam ist. Deshalb sollten Sie Kontrollen planen, was aber nur dann gut ist, wenn sich im Anschluss ein nachweisbarer Erfolg bestimmen lässt.

→ Ergänzende und vertiefende Informationen zum Thema Kontrolle finden Sie im Kapitel E 1 im dritten Band dieser Buchreihe (Methodenkoffer Managementtechniken).

6.1 Ablauf der Kontrolle

Kontrolle planen

Um zu planen, sollten Sie eine sachliche oder eine zeitliche Reihenfolge Ihrer Kontrollen festlegen. Netzpläne können Ihnen die Arbeit erleichtern. Suchen Sie im Arbeitsablauf so genannte strategische Kontrollpunkte. Solche befinden sich am Ende und am Anfang eines Arbeitsprozesses, aber auch dort, wo nachfolgende Arbeiten wiederholt werden müssten, wenn bis dahin das Ergebnis schon unbefriedigend oder falsch ist. Auch sollte es möglich sein, an strategischen Kontrollpunkten neue Ziele einzubringen. Die Planung der Kontrolle ist darauf zu richten, Fehlerursachen zu ermitteln, nicht jedoch, einen Schuldigen zu suchen. Daher empfiehlt es sich, Art, Umfang und Zeitpunkt von Kontrollen mit Ihrem Mitarbeiter zu vereinbaren. Er hat dann Gelegenheit, sich auf die Kontrolle vorzubereiten und kann Sie über den Ist-Zustand durch Unterlagen informieren.

Vier Phasen

Der Kontrollprozess verläuft in diesen vier Phasen:

1. Feststellen der Ergebnisse
2. Vergleich der Ergebnisse mit dem vereinbarten Ziel
3. Analyse der Abweichungen vom Ziel
4. Besprechung und Einleitung von Korrekturmaßnahmen

Phase 1: Feststellen der Ergebnisse

Das Feststellen der Ergebnisse (Ist-Zustand) muss genau und einwandfrei möglich sein. Fragen Sie Ihren Mitarbeiter, wie weit er mit seiner Arbeit gekommen ist, und zwar zeitlich, qualitativ und quantitativ. Sehen Sie gemeinsam die dazu notwendigen Unterlagen durch. Lassen Sie sich berichten, an welchen Punkten die Arbeit schneller vorwärts ging als geplant.

Phase 2: Vergleich der Ergebnisse mit dem vereinbarten Ziel

Bei Zufriedenheit Anerkennung aussprechen

Der nun folgende Schritt ist der Vergleich der Ergebnisse mit dem vereinbarten Ziel. Hier stellen Sie fest – und zwar in derselben Reihenfolge (zeitlich, qualitativ, quantitativ) – ob das Ziel in der vereinbarten Zeit erreicht wurde oder noch erreicht werden kann. Dieser Soll-Ist-Vergleich stellt die eigentliche Kontrolle dar. Hier setzt auch die Motivation Ihres Mitarbeiters ein. Sprechen Sie ihm Anerkennung für die geleistete Arbeit aus, wenn Sie mit dem Ergebnis zufrieden sind. Setzen Sie aber nicht sofort mit Kritik ein, wenn Sie mit dem Ergebnis unzufrieden sind. Gehen Sie in diesem Falle erst zur Analyse über.

Phase 3: Analyse der Abweichungen vom Ziel

Ursachen suchen

Die Analyse der Abweichungen sollte sich auf die Suche nach den Ursachen konzentrieren, nicht nur auf den Verursacher, denn es gilt, das Problem zu lösen. Es gibt mehrere Möglichkeiten für ein Abweichen: falsch gesetzte Ziele, fehlerhafte Ermittlung der Ergebnisse oder auch unrichtige Schlussfolgerungen. Bei der Analyse der Abweichungen zeigt es sich, ob Sie die Qualifikation haben, komplexe Tatbestände zu durchschauen und die richtigen Schlüsse zu ziehen. Das wird bei komplizierten Arbeitsprozessen so schwierig sein, dass Sie die Hilfe des Mitarbeiters unbedingt brauchen. Auch hier zeigt sich, dass Kontrolle nicht Besserwisserei bedeutet.

Phase 4: Besprechung und Einleitung von Korrekturmaßnahmen

Korrekturen vereinbaren

Der vierte Schritt gilt dem Einleiten von Korrekturmaßnahmen. Legen Sie gemeinsam mit dem Mitarbeiter fest, welche Maßnahmen zu treffen sind, um das vereinbarte Ziel zu erreichen. Lassen Sie sich nicht nur auf eine zeitliche Verschiebung ein. Die Analyse der Abweichungen muss Ihnen jetzt sagen können, welche Maßnahmen einzuleiten sind. Können durch Korrekturmaßnahmen die Schwierigkeiten nicht beseitigt werden, müssen Ziele und Pläne neu formuliert werden. Die Konsequenzen müssen jedoch in jedem Falle einzusehen sein und Erfolg versprechen. Mit diesem vierten Schritt ist der Kontrollprozess abgeschlossen.

6.2 Kontrollformen

Fünf Kontrollformen

Mit der Wahl der Kontrollformen bestimmen Sie auch den Führungsstil in Ihrer Abteilung. Man kann fünf Kontrollformen unterscheiden:

1. Ablaufkontrolle
2. Aufgabenkontrolle
3. Verhaltenskontrolle
4. Ergebniskontrolle
5. Selbstkontrolle

Was diese fünf Formen auszeichnet, wird im Folgenden skizziert.

1. Ablaufkontrolle

Arbeitsweise ständig überprüfen

Die Ablaufkontrolle ist das strengste Kontrollverfahren; es bezieht sich auf den Prozess der Aufgabenerfüllung. Mit der Ablaufkontrolle überprüfen Sie permanent, wie der Mitarbeiter seine Aufgabe erledigt. Sie bezieht sich also speziell auf die Methode, mit der er arbeitet. Für Sie als Vorgesetzten ist diese Kontrollform sehr zeitaufwendig; trotzdem wird die Ablaufkontrolle vielfach als einzige Form ausgeübt. Der Mitarbeiter empfindet sie in der Regel als unangenehm. Wenn Sie diese Methode anwenden, sollte sie nicht als Gängelung, sondern (im Idealfall) als Hilfestellung empfunden werden.

2. Aufgabenkontrolle

Verständnis fördern

Bei der Aufgabenkontrolle überprüfen Sie, ob der Mitarbeiter seine Aufgaben voll erkannt hat und zielgerichtet daran arbeitet. Sie kann vor allem zu Beginn der Delegierung angewendet werden, um das Einpendeln der Entscheidungsspielräume zu gewährleisten. Diese Kontrollart ist eine echte Hilfestellung, da Delegierung nicht nur als Aufgabenübertragung verstanden werden sollte, um deren Erledigung oder Verständnis man sich nicht weiter zu kümmern braucht.

3. Verhaltenskontrolle

Einstellungen in den Blick nehmen

Die Verhaltenskontrolle achtet auf die Einstellung des Mitarbeiters gegenüber seinen Aufgaben und den übrigen Angehörigen der Abteilung. Nicht bei allen Aufgaben kann die Zielvereinbarung so getroffen werden, dass sie das Verhalten des Mitarbeiters mit erfasst. Sie sollten Ihre Führungsaufgabe aber auch so verstehen, dass Sie das Verhalten des Mitarbeiters etwa beim Außendienst oder bei Repräsentationspflichten, seine Bereitwilligkeit zur Zusammenarbeit, sein persönliches Verhältnis zu Vorgesetzten und zu untergeordneten Mitarbeitern usw., in Ihre Kontrolle einbeziehen.

4. Ergebniskontrolle

Leistungsstand und Erfolge beurteilen

Die Ergebniskontrolle konzentriert sich auf den Erfolg der geleisteten Arbeit. Sie ist eine Bilanz der Tätigkeiten Ihres Mitarbeiters. Bei eingespielter Delegierung ist sie eine brauchbare Form der Kontrolle. Natürlich ist Ergebniskontrolle nicht so aufzufassen, dass Sie als Vorgesetzter am Ende eines Arbeitsprozesses nur noch entscheiden können, ob das Ziel erreicht worden ist oder nicht. Dann käme jede Kontrolle zu spät. Die Ergebniskontrolle verbindet Sie eng mit den an Ihren Mitarbeiter delegierten Bereichen. Hier erhalten Sie Informationen über den Leistungsstand Ihrer Abteilung. Das bedeutet auch, dass die einzelnen Arbeitsvorgänge in Teilergebnisse aufgeteilt werden müssen – denken Sie an die strategischen Kontrollpunkte, sodass in Kontrollen entschieden werden kann, ob in den einzelnen Phasen „nachgeregelt“ werden muss. Diese Form der Kontrolle hat zur Ausprägung eines eigenen Managementsystems geführt (Management by results). Sie ist aber hier nicht als Modell zu verstehen, sondern lediglich als eine Prüfmöglichkeit. Die Ergebniskontrolle hat den Vorteil, sich auf wichtige Abschnitte konzentrieren zu können, und gibt Handlungsfreiheit.

5. Selbstkontrolle

Mehr Handlungsspielraum

Umfasst die Zielvereinbarung das Einvernehmen über den Grad der Abweichungen, den Ihr Mitarbeiter aus eigener Kompetenz abfängt und korrigiert, so ist der erste Schritt zur Selbstkontrolle getan. Voraussetzung ist eine ausführliche und präzise Zielvereinbarung, durch die der Mitarbeiter in die Lage versetzt wird, Soll-Ist-Abweichungen selbst zu erkennen. Selbstkontrolle erweitert seinen Handlungsspielraum. Erst wenn größere Abweichungen auftreten, sind Sie verpflichtet, zu informieren. Selbstkontrolle stärkt das Verantwortungsbewusstsein und das Mitdenken Ihres Mitarbeiters, wird seinem Bedürfnis nach Selbstachtung gerecht und erlaubt ihm, aus der Korrektur der eigenen Fehler Erfahrungen zu sammeln. Nötig sind dazu allerdings auch objektive Prüf- und Messverfahren. Diese Form der Kontrolle kann nicht jedem Mitarbeiter zugestanden werden. Sie ist das Optimum des gesamten Kontrollsystems.

Kontrolle individuell abstimmen

Eine gute und förderliche Kontrolle kann nicht schematisch durchgeführt werden. Sie muss auf die Aufgabe und den Mitarbeiter individuell abgestimmt sein. Jeder Mitarbeiter ist anders geartet, und seinen Eigenarten sollten Sie Rechnung tragen. Mitarbeiter können heute anders als morgen reagieren; das Gewohnheitsmäßige wird oft vom Aktuellen überdeckt. Sie sollten diesen Aspekt berücksichtigen und sich bei der Wahl Ihrer Kontrollform immer wieder neu auf Ihre Mitarbeiter einstellen. Das erfordert Menschenkenntnis, Reaktionssicherheit und Beweglichkeit.

6.3 Kontrollmethoden

Neben den Kontrollformen stehen die Kontrollmethoden. Man kann direkte und indirekte Kontrollen unterscheiden:

Direkte Kontrolle

- Die *direkte* Kontrolle besteht im Zusehen, Zuhören, in Fragen, die an den Mitarbeiter gestellt werden, im Lesen von Messwerten, statistischen Ergebnissen, in der Kontrolle des ausgewerteten Basismaterials etc.

Indirekte Kontrolle

- Die *indirekte* Kontrolle kann sich mit Kundenurteilen, mit Reklamationen, Beschwerden anderer Abteilungen, mit der Korrespondenz und natürlich auch mit Danksagungen befassen. Sie zieht aus diesen Unterlagen Schlüsse auf die Arbeit des Mitarbeiters.

Sonderfall der Stichprobe

Ist bereits darauf hingewiesen worden, dass die Ergebniskontrolle die der Delegierung angemessene Form darstellt, so wird eine weitere Kontrollmethode – nämlich die Stichprobe – vor allem bei Mitarbeitern angewendet, die überwiegend Routineaufgaben zu erledigen haben. Doch sollten Sie den unangenehmen Überraschungseffekt vermeiden. Die Stichprobe sollte ein Sonderfall der Kontrolle sein, etwa vergleichbar dem Einzelauftrag bei der Delegierung. Vor jeder Stichprobe sollten Sie bedenken, ob Sie mit ihr zu Ergebnissen kommen, die für die gesamte Leistung und Einstellung des Mitarbeiters repräsentativ sind.

Ergebnisse erzielen

Ob Sie nun eine persönliche (direkte) oder unpersönliche (indirekte) Kontrollmethode wählen, ob Sie Stichproben machen oder ob Sie eine regelmäßige und/oder vereinbarte Kontrolle durchführen – immer sollten Sie sich von dem Gedanken leiten lassen, dass Sie durch die Kontrolle ein Ergebnis erwarten. Die Kontrolle ist wohl die heikelste Führungsaufgabe des Managers, weil hier am meisten falsch gemacht werden kann. Aber Sie haben sich diesem Problem zu stellen und eine innere Einstellung zu dieser Aufgabe zu finden.

Selbstverständlich sollte sein, dass:
- kontrolliert wird, was delegiert wurde
- man nicht unbedingt einen Fehler finden muss
- bestätigt und korrigiert werden sollte
- die Relation zwischen Aufwand und Ertrag stimmt
- der Mitarbeiter allein – auch von Ihnen allein – kontrolliert wird, wenn er seine Aufgabe individuell löst
- Schreibtisch und Telefongespräche Ihres Mitarbeiters für Sie grundsätzlich tabu sind
- Sie Ihre Mitarbeiter nicht unangemeldet überfallen sollten, um sie zu ertappen
- Kontrolle und Vertrauen keine Gegensätze sein müssen

Mitarbeiter nicht schikanieren

Die Kontrolle soll unaufdringlich und für den Kontrollierten keine Schikane sein sowie von ihm stets als Hilfe und Beratung aufgefasst werden können. Kontrollen dürfen nicht demotivieren, sie bestehen aus Anerkennung und Kritik und berücksichtigen individuelle Faktoren. Legen Sie Kontrollmaßnahmen gemeinsam mit Ihrem Mitarbeiter vorher fest. Weisen Sie ihn auf Möglichkeiten hin, seine Arbeit selbst zu kontrollieren. Gehen Sie von der Ablaufkontrolle ab und wenden sich der Ergebniskontrolle zu. Sie wird dann zum Soll-Ist-Vergleich und als Verfahren transparent, was Ihre Mitarbeiter auch akzeptieren.

Kontrollen sind umso wirksamer, je schneller Abweichungen festgestellt, die Gründe analysiert und notwendige Maßnahmen eingeleitet werden können.

6.4 Kontrollspanne

Sinnvolle Kontrollspanne

Da grundsätzlich nur der unmittelbare Vorgesetzte Aufgaben delegieren kann, fällt auch nur ihm die Kontrollaufgabe (und die Kontrollpflicht) zu. Ein Vorgesetzter kann viele Mitarbeiter nur durch eine vernünftige Organisation seines Gesamtbereiches kontrollieren, das heißt, durch Aufteilung in mehrere Ebenen. Der entscheidende Begriff lautet hier Kontrollspanne. Man versteht darunter die Zahl der Mitarbeiter, die von einem Vorgesetzten ausreichend kontrollierbar sind.

Nicht mehr als zwölf Mitarbeiter

Sie können nicht mehr als zwölf Mitarbeiter mit voller Aufmerksamkeit sinnvoll konrollieren; die optimale Zahl liegt sogar bei fünf oder sechs. Gerade hier zeigt sich aber auch die enge Wechselwirkung zwischen Delegierung und Kontrolle: Beide setzen überschaubare Verhältnisse in Ihrer Abteilung voraus und werden durch Willkürmaßnahmen und emotionales „Durchregieren" entscheidend gestört, wenn nicht gar verhindert.

Kritik oder Korrektur?

Ehrlich und kooperativ

Das Ergebnis der Kontrolle ist vielfach die Korrektur. Besteht die Notwendigkeit der Korrektur, sollte diese in offener, ehrlicher Aussprache geklärt werden. Kooperatives Verhalten heißt hier: Beide Parteien hören die bisherigen Erfahrungen an und entscheiden gemeinsam über die nötige Korrektur.

Immer, wenn Kontrolle und Kritik gleichgesetzt werden, wirkt die Kontrolle demotivierend. Jede Kontrolle sollte daher Züge einer glaubwürdigen Hilfestellung tragen, die das Selbstbewusstsein und die Selbstachtung des Mitarbeiters nicht antastet. Deshalb bedarf die Korrektur einer ausführlichen Begründung. Auch sollten Sie sich versichern, dass der Mitarbeiter die Korrekturmaßnahmen akzeptiert.

Hilfsbereitschaft zeigen

Die Einstellung des Vorgesetzten soll stets Hilfsbereitschaft erkennen lassen. Fehlt sie, mutiert die Kontrolle aus der Sicht der Mitarbeiter zur Überwachung und Bespitzelung. Kontrolle darf nicht zu übertriebener Genauigkeit (Pedanterie) und Nörgelei werden. Sie sollte sich auf die Sache beziehen und nicht in persönliche Vorwürfe ausarten.

Literatur

Dieter Brandes: *Alles unter Kontrolle? Die Wiederentdeckung einer Führungsmethode.* Frankfurt/M.: Campus 2004.

Berta C. Schreckeneder: *Projektcontrolling. Projekte überwachen, bewerten, präsentieren (m. CD-ROM).* Freiburg: Haufe 2005.

7. Mitarbeiter entwickeln

Die Zeiten, in denen die Personalwirtschaft als lästige und kostenintensive betriebliche Funktion angesehen wurde, sind vorbei. Es geht nicht länger nur um die möglichst effiziente Abwicklung von Verwaltungsaufgaben, sondern um ein Personalmanagement, welches angesichts zunehmender Anforderungen laufend bessere und individuell angepasste Problemlösungen liefern muss.

Begriff Personalentwicklung

Entstehende Engpässe in der Qualifikation müssen geschlossen oder besser noch vermieden werden. Für diesen Vorgang hat sich im Laufe der Jahre der Begriff Personalentwicklung herauskristallisiert. Damit sind alle Maßnahmen gemeint, die der individuellen beruflichen Entwicklung der Mitarbeiter dienen und ihnen unter Beachtung ihrer persönlichen Interessen die zur optimalen Wahrnehmung ihrer jetzigen und künftigen Aufgaben erforderlichen Qualifikationen vermitteln.

7.1 Aufgaben der Personalentwicklung

Drei Zielrichtungen

Die Personalentwicklung hat mit unterschiedlicher Gewichtung drei Zielrichtungen:

1. den Ausbau unternehmensspezifischer Kenntnisse und Fähigkeiten
2. die Erfüllung von individuellen Zielen des Personals zur Weiterbildung und zum Erfahrungserwerb
3. das Etablieren des Lernens als eine Art Institution, denn nur Personal, das stetig lernt, ist auch entwicklungsfähig.

In diesem Zusammenhang kann man die Personalentwicklung periodenbezogen in berufsvorbereitende, berufsbegleitende und berufsverändernde Personalentwicklung einteilen.

Berufsvorbereitend Die *berufsvorbereitende* Personalentwicklung beschäftigt sich mit Ausbildung, Praktika und Volontariaten sowie der Einführung von Hochschulabsolventen in das Unternehmen.

Berufsbegleitend Die *berufsbegleitende* Personalentwicklung dagegen fördert Anpassungs-, Aufstiegs- und Ergänzungsqualifikationen der Mitarbeiter. Anpassungsentwicklung liegt dann vor, wenn sich Stellenaufgaben und Anforderungen ändern. Von Aufstiegsentwicklung dagegen spricht man, wenn Führungskräfte oder Führungsnachwuchskräfte unternehmensintern bestimmte Karrierestufen durchwandern. Die Ergänzungsentwicklung kümmert sich um Zusatzqualifikationen wie PC-Kurse oder Rhetorikseminare, die nicht unbedingt primär an die Anforderungen der Stelle geknüpft sind.

Berufsverändernd Die *berufsverändernde* Personalentwicklung befasst sich mit Umschulung und Rehabilitation von Mitarbeitern.

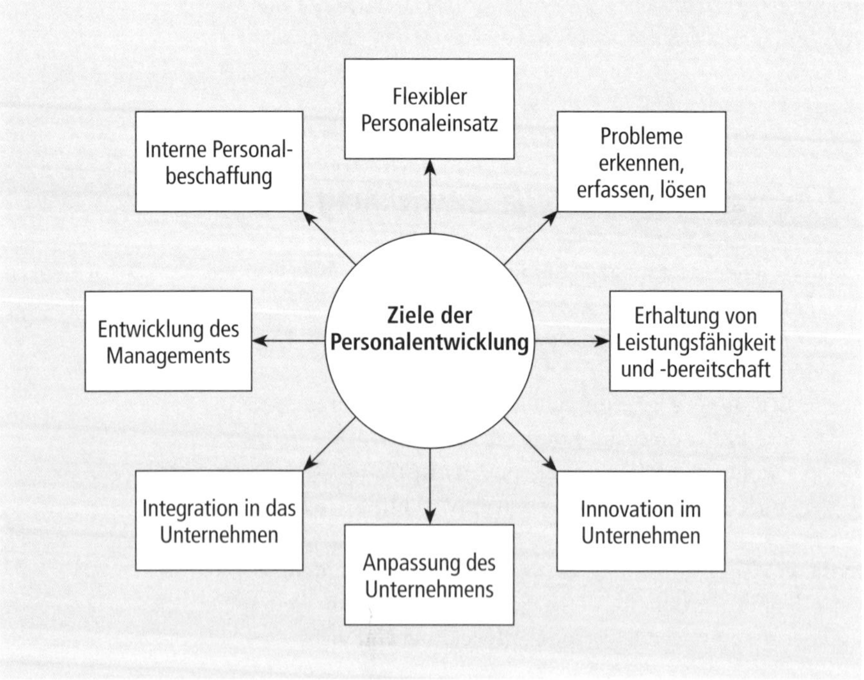

7.2 Systematik der Personalentwicklung

Bedeutung der Qualifikation

Damit das Unternehmen seine Wettbewerbs- und Leistungsfähigkeit erhalten kann, müssen Qualifikationen der Mitarbeiter gesichert und gesteigert werden. Auslöser für die berufliche Weiterbildung sind der Strukturwandel, erhöhte Anforderungen am Arbeitsplatz sowie neue Produkte und Technologien.

Schritte des Managementzyklus

Hieraus ergeben sich für das Unternehmen strategische Konsequenzen, die in die Personalentwicklung einfließen müssen. Diese strategiebegleitende Personalentwicklung besteht aus den folgenden Schritten des klassischen Managementzyklus:

1. Bedarfsanalyse
2. Bestimmung von Entwicklungszielen
3. Planung
4. Durchführung
5. Transfer
6. Kontrolle

→ Ergänzende Informationen zum Thema Managementzyklus finden Sie im Kapitel „Was ist Management?“ des dritten Bandes dieser Buchreihe (Methodenkoffer Managementtechniken).

Bedarfsanalyse

Bedarf an Weiterbildung prüfen

Systematische Weiterbildung beginnt mit der Bedarfsanalyse. Vor einer Investition in Personalentwicklungsmaßnahmen ist zu prüfen, ob tatsächlich ein Bedarf besteht und wie er beschaffen ist. Der Personalbedarf des Unternehmens sollte sowohl in quantitativer, zeitlicher und qualitativer Hinsicht ermittelt werden.

Der qualitative Personalbedarf leitet sich aus den Arbeitsplatzerfordernissen (zumeist Stellenbeschreibung) oder aus dem Anforderungsprofil des Idealmitarbeiters ab. Parallel dazu werden die tatsächlichen Eignungspotenziale und die Entwicklungsbedürfnisse der Mitarbeiter ermittelt und anschließend dem Anforderungsprofil gegenübergestellt. Das Ergebnis des Vergleichs ergibt den endgültigen Entwicklungsbedarf.

Die Mitarbeiterbeurteilung ist ein wichtiges Instrument zur Gewinnung notwendiger Informationen über Eignung und Bedürfnisse des Personals. Sie kann sowohl vergangenheitsbezogen im Zuge einer Leistungsbeurteilung als auch zukunftsbezogen im Rahmen einer Potenzialbeurteilung stattfinden.

Bestimmung von Entwicklungszielen

Qualifikationsziele vereinbaren

In der Potenzialbeurteilung werden die von den Mitarbeitern und Führungskräften künftig benötigten Qualifikationen festgelegt. Neben der Mitarbeiterbeurteilung können jedoch auch Mitarbeitergespräche, Assessment-Center und Bewerbungen auf interne Stellenausschreibungen wertvolle Hinweise auf die beruflichen Interessen der Mitarbeiter geben. Der Soll-Ist-Vergleich mündet schließlich in eine Zielplanung, wobei zwischen dem Vorgesetzten und seinen Mitarbeitern Qualifikationsziele vereinbart werden.

Planung

Vorbereitende Arbeiten

Der Begriff Personalentwicklungs-Planung bezeichnet alle vorbereitenden Arbeiten zur Realisierung von Personalentwicklung, die anschließend intern oder extern durchgeführt werden. Ort, Zeit, Inhalte, Methoden, Trainer und Kosten müssen in dieser Phase zusammengestellt und analysiert werden.

An Fördermaßnahmen steht eine breite Palette zur Verfügung. Je nach Situation sind beispielsweise Laufbahn- und Nachfolgeplanung, Seminare, Coaching oder Praktika für die zu fördernden Mitarbeiter auszuwählen. Solche Bildungsmaßnahmen können entweder on-the-job, near-the-job oder off-the-job stattfinden.

Durchführung

On-the-job

Bei arbeitsplatzgebundenen Bildungsmethoden (training-on-the-job) werden neue Fertigkeiten und Kenntnisse im direkten Zusammenspiel zwischen Mitarbeiter und Vorgesetztem vermittelt. Die Maßnahmen sind vielfältig, reichen sie doch von der planmäßigen Unterweisung über Jobrotation bis hin zur Übertragung von Sonderaufgaben mit begrenzter Verantwortung (Nachfolger, Assistent). Der ausschlaggebende Vorteil der arbeitsplatzgebundenen Maßnahmen liegt in deren hohem Realitätsbezug. Erlerntes ist sofort anwendbar.

Off-the-job

Bildungsmethoden außerhalb des Arbeitsplatzes sind jedoch ebenso notwendig – vor allem dann, wenn der Mitarbeiter vom laufenden Betriebsgeschehen weitgehend unbehelligt bleiben soll. Dies ist unumgänglich, wenn es sich um eine didaktisch und methodisch fundierte Qualifikationsvermittlung (Lehrgespräch und -vortrag) handelt.

Transfer

Umsetzung am Arbeitsplatz

Das Ziel der Personalentwicklung ist erst dann erreicht, wenn das Erlernte in einen dauerhaften Lerntransfer am Arbeitsplatz mündet. Die Praxis zeigt jedoch immer wieder, dass ein zufrieden stellender Lernerfolg nicht zwangsläufig die Gewähr für einen hohen Anwendungserfolg bietet. Diskrepanzen entstehen

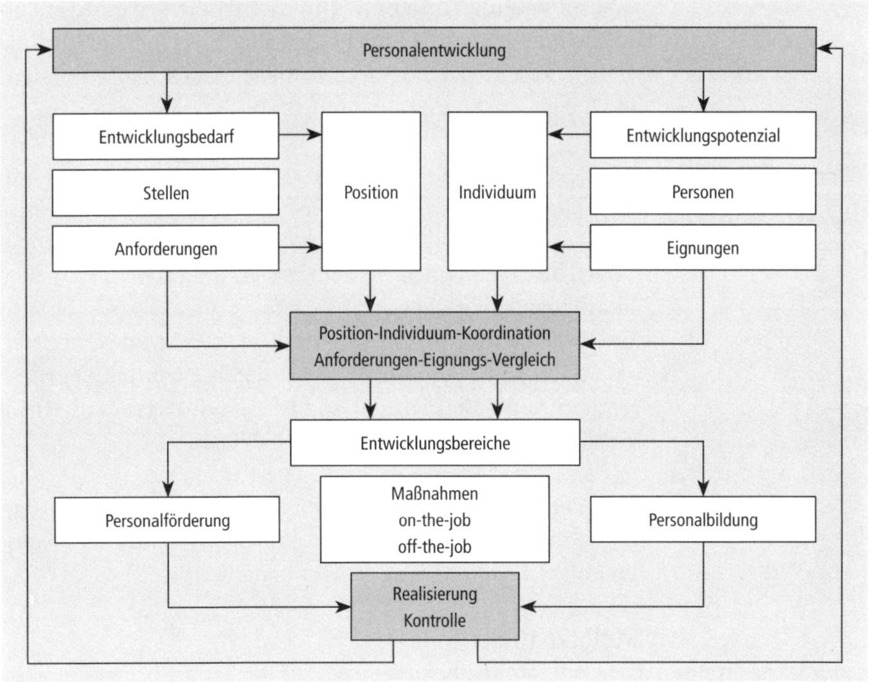

Rahmen der Personalentwicklung. Quelle: Wolfgang Mag 1998, S. 161

durch Anwendungshemmnisse, so zum Beispiel ein fehlendes Verständnis des Vorgesetzten für die Fortbildungsmaßnahme.

Kontrolle

Wurden die Ziele erreicht?

Die Erfolgskontrolle zeigt, ob die gesetzten Ziele erreicht wurden. Diese Aufgabe wird bei der Personalentwicklung dadurch erschwert, dass Erfolg nicht durch einen einzigen, alle Wirkungen umfassenden Indikator ausgedrückt werden kann.

7.3 Möglichkeiten des Personalentwicklungs-Controllings

Akzeptanz und Transparenz schaffen

Das Erreichen der Unternehmensziele ist auch vom Erfolg der Personalentwicklung abhängig. Hieraus leitet sich die Forderung nach einer regelmäßigen Bewertung der Personalentwicklung ab. Die Unternehmen sind darum gut beraten, wenn sie ihre Personalentwicklungskosten als Investition betrachten und dementsprechend rechnerische Nachweise über Effizienz und Qualität der Personalentwicklungsarbeit erstellen. Das schafft Akzeptanz und bringt Transparenz in das betriebliche Bildungswesen.

Bildungscontrolling aufbauen

Die Erfolgskontrolle von Weiterbildungsarbeit ist aber mit Schwierigkeiten verbunden, denn die Methoden des Rechnungswesens sind nur begrenzt zur Messung von Verhaltensänderungen beim Menschen einsetzbar. Der Aufbau eines speziellen Bildungscontrollings ist daher ratsam. Personalcontrolling stellt eine Übertragung des Controlling-Konzeptes für das Personalwesen dar. Es basiert auf der Idee, durch einen permanenten Vergleich von Soll (Planziel) und Ist (Gegenwartssituation) ein wirksames Steuerungssystem zu installieren.

Die Literatur unterteilt die Kontrolle in die Erfolgs-, Kosten- und Rentabilitätskontrolle, wobei von den verschiedenen Autoren unterschiedliche Begriffe verwendet werden.

Erfolgskontrolle

Tatsächliche Erfolge

Die Erfolgskontrolle richtet sich auf den tatsächlichen Entwicklungs- und Lernerfolg. Sie stellt fest, ob es gelungen ist, den Mitarbeitern die angestrebte Qualifikationsänderung zu vermitteln und fragt, wie sich diese Änderung am Arbeitsplatz auswirkt.

Zwei Arten der Erfolgskontrolle

Der Autor Michael Fiedler unterscheidet *„zwischen einer pädagogischen und einer ökonomischen Erfolgskontrolle. Die pädagogische Kontrolle dient der Überprüfung der Erreichung des Sachzieles und ist damit eine Überprüfung der Effektivität der Personalentwicklung. Die ökonomische Erfolgskontrolle dient der Überprüfung des ökonomischen Formalziels und ist eine Überprüfung der Effizienz der Personalentwicklung“.* (Fiedler 1994, S. 56)

Pädagogische Erfolgskontrolle

Die pädagogische Erfolgskontrolle im Lernfeld knüpft zum einen an den Erfolg der Bildungsmaßnahmen, zum anderen an die Bildungsinhalte an. Doch die Prüfkriterien im Bereich Bildungsmaßnahmenerfolg sind nur sehr vage, basieren sie doch vor allem auf Empfindungen, Einstellungen und Urteilen der Teilnehmer, sodass eine Überprüfung des Maßnahmeerfolgs höchstens als Ergänzung der übrigen Kontrollen sinnvoll erscheint. Bei der Evaluation von Bildungsinhalten lässt sich der Erfolg hingegen an objektiveren Faktoren wie den erworbenen Kenntnissen und Fähigkeiten der Teilnehmenr messen.

Erfolg des Tranfers zum Arbeitsplatz

Im Rahmen der pädagogischen Erfolgskontrolle im Anwendungsfeld ist eine genaue Erfolgsermittlung nur schwer zu realisieren, denn, ob der Transfer zum Arbeitsplatz gelungen ist, kann von allen Beteiligten unterschiedlich beurteilt werden. *„In der Wirtschaftspraxis weist die pädagogische Erfolgskontrolle erhebliche Schwächen auf, denn in der Regel wird nur eine Kontrolle des Maßnahmenerfolgs durchgeführt. Eine systematische Kontrolle, ob ein Lerntransfer stattgefunden hat und ein Anwendungserfolg zu verzeichnen ist, unterbleibt meistens aber.“ (Fiedler 1994, S. 58)*

Kostenkontrolle

Aufwendungen ermitteln

Ausgangspunkt der ökonomischen Erfolgskontrolle ist die Ermittlung der tatsächlich angefallenen Aufwendungen (Kostenkontrolle), auf der sich aufbauend eine Kosten-Nutzen-Kalkulation im Sinne einer Rentabilitätskontrolle erstellen lässt.

Rentabilitätskontrolle

Erhebliche Probleme

Auch die Durchführung der Rentabilitätskontrolle stößt auf erhebliche Probleme, die zum einen auf die Mängel in der Wirtschaftlichkeits- und der pädagogischen Erfolgskontrolle, zum anderen auf Schwierigkeiten bezüglich der Ermittlung des durch Personalentwicklung geschaffenen Nutzens zurückzuführen sind.

7.4 Fazit

Auf das Unternehmen abstimmen

Die Möglichkeiten, Personalentwicklung zu gestalten, sind vielfältig. Es gibt jedoch keine Patentrezepte. Vielmehr müssen Maßnahmen ergriffen werden, die auf jedes Unternehmen und dessen spezifischen, internen und externen Einflüsse abgestimmt sind. Mitarbeiter und Führungskräfte müssen in diesen Findungsprozess mit einbezogen werden. Umstrukturierungen sollten nicht als Bedrohung des vertrauten Zustandes angesehen, sondern als Chance zur Neugestaltung und Verbesserung der Ausgangsbasis begriffen werden.

Der Arbeitsmarkt wird zukünftig vermehrt Mitarbeiter nachfragen, die unternehmerische Qualitäten besitzen. Autonomie und Kommunikationsfähigkeit sind dabei wichtige Eigenschaften. Fraglich ist, ob dieser Mitarbeitertypus allein durch Personalentwicklung in den Unternehmen geschaffen wird. Bedarf es nicht auch der Einbindung der Schulen, die schon von früh an Teamarbeit fördern und richtige Kommunikation lehren?

Ganzheitliches Zusammenwirken

Aufsehen erregende Durchbrüche werden voraussichtlich nur noch von den Unternehmen erreicht werden, die erkannt haben, dass dem ganzheitlichen Zusammenwirken von Personal, Technik und Organisation eine bedeutende Rolle für den Unternehmenserfolg zukommt. Nur jene Unternehmen werden in der Lage sein, Bedingungen zu schaffen, unter denen Menschen optimal zusammenarbeiten können. Eine integrative, disziplinenübergreifende Unternehmensarchitektur ist dazu erforderlich, deren Flexibilität durch die Personalentwicklung erst ermöglicht wird.

Literatur

Rolf Arnold: *Personalentwicklung im lernenden Unternehmen.* Baltmannsweiler: 2001.

Michael D. Fiedler: *Dezentrale Organisation und marktorientierte Steuerung der Personalentwicklung: Betriebliche Personalentwicklung nach der Profit-Center-Konzeption.* Bergisch Gladbach, Köln: Eul-Verlag 1994 (Reihe Personal-Management, Band 3).

Wolfgang Mag: *Einführung in die betriebliche Personalplanung.* München: Vahlen 1998.

Rolf Meier: *Praxis Weiterbildung.* Mit CD-ROM. Offenbach: GABAL Verlag 2005.

Wolfgang Mentzel: *Personalentwicklung. Erfolgreich motivieren, fördern und weiterbilden.* München: 2001.

Personalwirtschaft 8/98: *Benchmarking in der Personalentwicklung.*

Ralph Teuchert: *Personalentwicklung und Beratung.* Stuttgart: 1995.

8. Mitarbeiter gerecht beurteilen

Nur wenige Unternehmen praktizieren das Beurteilungsgespräch in einer befriedigenden Art und Weise. Häufig wird es von Vorgesetzten als notwendiges Übel gesehen, was unter anderem daraus resultiert, dass das zu Beurteilende nicht genau beschrieben wird und keine Anleitung vorhanden ist.

Anforderungen und Sinn des Beurteilungsgesprächs

Ein Mitarbeiterbeurteilungsverfahren muss logisch aufgebaut und leicht anwendbar sein. Es sollte jährlich zum gleichen Zeitpunkt nach einem einheitlichen Verfahren auf der Grundlage der Stellenbeschreibung und der bestehenden Zielvereinbarung durchgeführt werden. Dabei geht es unter anderem darum, Fördermaßnahmen für den Mitarbeiter zu ermitteln, damit er die künftigen Anforderungen besser erfüllen kann.

Eine Beurteilung ohne ein Beurteilungsgespräch verfehlt ihren Zweck, denn das Gespräch ist der wichtigste Teil des Beurteilungsverfahrens.

8.1 Zweck und Ziel der Mitarbeiterbeurteilung

Passung überprüfen

Die Beurteilung dient verschiedenen Zwecken, je nachdem, welchen Schwerpunkt ein Unternehmen setzt. Generell soll mit diesem Instrument aber überprüft werden, ob der „richtige Mitarbeiter am richtigen Platz" sitzt.

Leistungsbezogene Entgeltfindung

Es gibt Unternehmen, die die Mitarbeiterbeurteilung zum Zwecke der leistungsbezogenen Entgeltfindung einsetzen. In diesem Zusammenhang dient die Beurteilung einem ergänzenden Feedback, denn die gehaltsrelevante Einstufung ist gegenüber dem Mitarbeiter zu begründen. Ein gutes Feedback fördert normalerweise die Zusammenarbeit und Arbeitszufriedenheit.

Die Beurteilung dient auch als Entscheidungshilfe für Fortbildungsmaßnahmen, Beförderungen und Versetzungen. Die meisten Beurteilungsformulare in großen Unternehmen beinhalten diesbezügliche Fragen. Damit einhergehend wird natürlich auch über Entwicklungsmöglichkeiten und -wünsche des Mitarbeiters nachgedacht.

Standort bestimmen

Ein Beurteilungsgespräch kann ganz allgemein dem Zweck der Standortbestimmung dienen, ausgehend von Fragen wie: „Wo stehen wir?", „Was sind unsere Erfolge und Probleme?" oder „Was müssen wir tun?" Es ist aber auch ein Mittel, um den Mitarbeiter darüber zu informieren, wie seine Arbeitsergebnisse und sein Leistungsverhalten von Ihnen gesehen und bewertet werden. Deshalb wird ein Beurteilungsgespräch oft nach Ablauf der Probezeit geführt. In Verbindung damit ergeben sich Fragen zur Qualifizierung und Förderung Ihres Mitarbeiters. Eine Mitarbeiterbeurteilung liefert somit aktuelle Informationen für eine gezielte und begründete Personalentwicklung.

Zielvereinbarungsgespräch

Von besonderer Bedeutung ist die Zielvereinbarung. Im Beurteilungsgespräch werden qualitative und quantitative Messgrößen für zukünftige Leistungen vereinbart. Sie sind in dem nun folgenden Beurteilungsgespräch der Maßstab, an dem Sie die Leistung Ihres Mitarbeiters beurteilen.

Arbeitsleistung und Qualifikation

Die Beurteilung der Mitarbeiter und das Beurteilungsgespräch haben eine wesentliche Bedeutung für die Mitarbeitermotivation und das Betriebsklima. Deswegen sollten sie von Ihnen als Beurteiler mit großer Verantwortung durchgeführt werden und sich nur auf Arbeitsleistung und Qualifikation beziehen. Versuchen Sie nicht, ein psychologisches Gutachten des Mitarbeiters zu erstellen.

8.2 Das Beurteilungsverfahren

Standardisierte Verfahren

Die meisten Unternehmen haben standardisierte Verfahren entwickelt, durch die ihre Belegschaften zu beurteilen sind. Im Beurteilungsbogen werden mehrstellige Beurteilungsskalen verwendet, die beispielsweise von „sehr gut“ bis „mangelhaft“ reichen. Diese Ausprägungsgrade, zumeist fünf, geben dem Beurteiler die Möglichkeit, das Ergebnis seiner Beurteilung differenziert zu kennzeichnen, ohne dass er selbst formulieren muss.

Gleiche Maßstäbe

Solche Merkmalsdefinitionen und Skalenbeschreibungen ermöglichen eine einheitliche Sprachregelung, deren konsequente Anwendung gewährleistet, dass alle Mitarbeiter nach gleichen Maßstäben beurteilt werden.

Eigenschaftsbeschreibungen

Es gibt Einstufungsverfahren mit Eigenschaftsbeschreibungen oder mit Verhaltensbeschreibungen. Bei *Eigenschaftsbeschreibungen* werden kurze Begriffe verwendet, zum Beispiel „gepflegt, ansprechend, schlicht, ungepflegt, verwahrlost“.

Verhaltensbeschreibungen

Bei *Verhaltensbeschreibungen* wird den zu beurteilenden Merkmalen eine Anzahl von beobachtbaren Verhaltensweisen zugeordnet. Der Beurteiler befindet sich hier in der Rolle eines Berichterstatters, der beobachtetes Arbeitsverhalten ankreuzt.

Das Merkmal „Arbeitsqualität“ könnte dann so oder ähnlich abgefragt werden:

- Macht praktisch keine Fehler
- Macht selten Fehler
- Macht manchmal Fehler
- Macht häufig Fehler

Mehrere Vorteile

Dieses Verfahren bietet Ihnen als Beurteiler eine Reihe von Vorteilen gegenüber der Eigenschaftsbeschreibung. Es wird das tatsächlich beobachtete Verhalten erfragt, ist einfach in der Anwendung und die Vergleichbarkeit verschiedener Beurteilungen ist größer.

Auf den folgenden Seiten finden Sie ein Muster, das Ihnen Inhalt und Aufbau eines Beurteilungsbogens veranschaulicht. Hier wurden die zu bewertenden Verhaltensweisen durch ergänzende Verhaltensbeschreibungen operationalisiert.

Beurteilungsbogen

Stellennummer	Personalnummer

Name und Vorname des Mitarbeiters		Geburtsdatum
Eintritt in das Unternehmen	Bereich / Abteilung / Sachgebiet	Bezeichnung der Stelle

Grund der Beurteilung:

Regelmäßige zweijährige Beurteilung	Ablauf der Probezeit	Anforderung	Versetzung	Zeugniserstellung
☐	☐	☐	☐	☐

Datum der Beurteilung:

Die Stellenbeschreibung hat der Beurteilung zugrundegelegen ☐ ja ☐ nein

Zusätzliche Sonderaufgaben waren:

____

____

____

____

____

I. Beurteilungsmerkmale

A. Leistung und Ergebnis

(Qualität der geleisteten Arbeit hinsichtlich der Menge innerhalb einer bestimmten Zeiteinheit)

1. Qualität der Arbeit (zeigt sich an dem Grad der Verwendbarkeit des Arbeitsergebnisses)

■ erledigt seine Aufgaben gleich bleibend, sorgfältig und genau ■ ist gewissenhaft in der Vorgehensweise ■ ist zuverlässig ■ übersieht auch Kleinigkeiten nicht	☐	☐	☐	☐	☐	■ auch unter Aufsicht können Fehler kaum auf ein vertretbares Maß reduziert werden ■ ist nicht immer zuverlässig ■ hat keinen Sinn für Details und Kleinarbeit

2. Leistungsumfang (zeigt sich an der in einer bestimmten Zeit geleisteten Arbeit)

■ wird auch größeren Arbeitsmengen und extremen Zeitanforderungen gerecht ■ erledigt zusätzliche Aufgaben	☐	☐	☐	☐	☐	■ überschreitet häufig Termine, die Menge der geleisteten Arbeit liegt unter dem Durchschnitt

3. Wurde das im Vorjahr vereinbarte Leistungs- bzw. Ergebnisziel erreicht?

☐	☐	☐	☐	☐
100%	75%	50%	25%	0%

Falls es nicht zufrieden stellend erreicht wurde: Was waren die Gründe?

4. Vereinbarung konkreter Leistungs- und Ergebnisziele

was: ______________________________

mit wem: ______________________________

wie viel: ______________________________

bis wann: ______________________________

B. Verhalten (die bei der Arbeit gezeigte Eigenaktivität bei Anwendung des Könnens, berufliches Engagement)

5. Initiative (zeigt sich beim Finden und Lösen eigener Aufgaben, Setzen eigener Ziele, im Einbringen von Anregungen und Vorschlägen)

■ anfallende Arbeiten werden selbstständig ohne zusätzliche Hilfe und Anleitung erledigt ■ setzt in der Regel selber Ziele und trifft erforderliche Maßnahmen von sich aus	☐☐☐☐☐	■ arbeitet nur nach genauen Anweisungen und wirkt auch dann noch unsicher und unentschlossen ■ fragt häufig nach, hat keine eigenen Ideen

6. Belastbarkeit (zeigt sich in der Erreichung eines bestimmten Arbeitszieles, auch unter erschwerten Bedingungen und bei eventuellen Rückschlägen)

■ erträgt länger dauernde Belastungen ohne Zeichen von Überforderung oder Konzentrationsmängeln ■ ist bereit, auch zusätzliche Aufgaben zu übernehmen	☐☐☐☐☐	■ ist bei Belastung gereizt und unsicher, längere Belastung führt zu schwankender Arbeitsqualität

7. Arbeitseinteilung (zeigt sich im zweckdienlichen Lösen gestellter Aufgaben, Zeitplanung, Vermeiden von Leerlauf und Doppelarbeit)

■ teilt seine Arbeit umsichtig ein ■ organisiert seine Arbeitsabläufe zweckmäßig und setzt sinnvolle Prioritäten	☐☐☐☐☐	■ ist kaum in der Lage, seine Arbeit systematisch und sinnvoll zu planen

8. Kommunikations- / Kooperationsfähigkeit (zeigt sich in der Bereitschaft zur Zusammenarbeit und zur ständigen Information)

■ informiert Kollegen von sich aus, ist immer hilfsbereit und kann seine eigenen Interessen zurückstellen	☐☐☐☐☐	■ informiert kaum oder nicht umfassend genug, bietet selbst keine Mithilfe an und sieht häufig Fehler bei anderen

9. Flexibilität (zeigt sich in der Art, sich auf veränderte Situationen einzustellen, z. B. Änderung des Arbeitsverfahrens, Gesetzesänderungen)

■ ist neugierig auf Veränderungen, ist interessiert und passt sich schnell an veränderte Situationen an	☐☐☐☐☐	■ reagiert unwillig auf Veränderungen, bevorzugt Routinesituationen

10. Verantwortungsbereitschaft (zeigt sich in der Art, wie schnell Entscheidungen im Rahmen der Zuständigkeit getroffen werden)

- ist entscheidungsfreudig im Rahmen seiner Tätigkeit
- ist bereit, die Konsequenzen seiner Entscheidungen selbst zu tragen

- zögert bei Entscheidungen, die er treffen soll
- fragt lieber den Vorgesetzten noch einmal, um ganz sicherzugehen

11. Kundenorientiertes Verhalten (zeigt sich im persönlichen Umgang und bei Telefonaten)

- verhält sich stets hilfsbereit, freundlich und entgegenkommend dem Kunden gegenüber, auch in Stresssituationen vergisst er nicht, dass „der Kunde König ist"

- kann eigene Emotionen wie z. B. Antipathie, Aggression dem Kunden gegenüber nicht ausklammern
- unter Stress werden die Kunden schnell von ihm abgefertigt, ohne auf ihre eigentlichen Belange einzugehen

12. Wurde das im Vorjahr vereinbarte Verhaltensziel erreicht?

100%	75%	50%	25%	0%

Falls es nicht zufrieden stellend erreicht wurde: Was waren die Gründe?

13. Vereinbarung über ein konkretes Verhaltensziel:

was: ____________________

mit wem: ____________________

wie viel: ____________________

bis wann: ____________________

C. Fachliche Voraussetzung (Anwendung des notwendigen Wissens bei der Erledigung der Aufgaben dieser Stelle)

14. Fachwissen (zeigt sich im Umfang des notwendigen Wissens und in der Aneignung neuen Wissens, um selbstständig arbeiten zu können)

- besitzt umfassendes und fundiertes Fachwissen und umfangreiche Erfahrungen
- ist über Neuerungen informiert

- besitzt wenig den Anforderungen entsprechendes Fachwissen
- muss sein Wissen häufig durch Rückfragen vervollständigen
- ist teilweise entwicklungsbedürftig

15. Anwendung des Fachwissens (zeigt sich in der Art der Anwendung fachlichen Wissens sowie in der Bewältigung übertragener Aufgaben)

- löst die ihm gestellten Aufgaben selbstständig, sicher und termingerecht
- ist wechselnden Aufgabenstellungen gewachsen

- muss bei der Lösung der Aufgaben unterstützt werden
- wendet berufsbezogene Kenntnisse nicht sinnvoll an
- hat nicht die Fähigkeit, Aufgaben in ihrer Bedeutung und ihren Konsequenzen zu übersehen

16. Wurde das im Vorjahr vereinbarte Fachziel erreicht?

100%	75%	50%	25%	0%

Falls es nicht zufrieden stellend erreicht wurde: Was waren die Gründe?

17. Vereinbarung konkreter Fachziele:

was: ______________________________

mit wem: ______________________________

wie viel: ______________________________

bis wann: ______________________________

C. Führung und Leitung (Art und Weise, wie Anweisungen erteilt werden; Kontrolle der Arbeitsergebnisse; kostenbewusstes Denken; Motivieren, Beurteilung und Förderung der Mitarbeiter)

18. Planung/Organisation/Kontrolle (zeigt sich in der Erarbeitung von Plänen, um festgelegte Ziele mit den zur Verfügung stehenden Mitarbeitern und Sachmitteln wirtschaftlich und termingerecht zu verwirklichen, baut Stellvertreter auf)

- die Aufgabenübertragung wird durch qualifizierte Anregungen und Anleitungen ergänzt
- überwacht, kontrolliert regelmäßig den Arbeitsfortschritt, das Zusammenwirken der Mitarbeiter, den Einsatz von Arbeitsmitteln und die Entwicklung der Kosten

- hat wenig Übersicht über die anfallende Arbeitsmenge, die Aufgabenübertragung geschieht nicht im erforderlichen Maße und weist Mängel auf
- verzichtet häufig auf Kontrolle und Überprüfung der Arbeitsenwicklung oder überprüft jede Kleinigkeit und hemmt damit den Arbeitsfortschritt

19. Mitarbeiterführung (zeigt sich in der Fähigkeit, Interesse für die gestellten Aufgaben zu wecken)

- versteht es sehr gut, Aufgaben zu erläutern und für die Lösung zu motivieren
- weiß Arbeitsabläufe transparent zu machen und stellt sein Fachwissen seinen Mitarbeitern zur Verfügung

- kann die Notwendigkeit von Aufgaben nicht überzeugend darstellen
- sorgt kaum dafür, dass Sinn und Zweck der Arbeit verstanden werden
- informiert die Mitarbeiter unzureichend

20. Wurde das im Vorjahr vereinbarte Führungsziel erreicht?

100%	75%	50%	25%	0%

Falls es nicht zufrieden stellend erreicht wurde: Was waren die Gründe?

21. Vereinbarung konkreter Führungsziele:

was: ____________________

mit wem: ____________________

wie viel: ____________________

bis wann: ____________________

Dieser Beurteilungsbogen lehnt sich an eine Vorlage aus den 1980er-Jahren an und wurde vom Autor den aktuellen Erfordernissen angepasst. Die Quelle war nicht mehr zu identifizieren. Sollte sich die Herkunft aufklären, wird sie in späteren Auflagen genannt.

II. Auswertung des Beurteilungsbogens

Herr/Frau ______________________

☐ entspricht den Anforderungen der Stelle nicht genügend

☐ kann sich aber verbessern

☐ kann sich verbessern durch Fortbildung

Vorschlag:

____

☐ kann sich nicht verbessern, könnte aber eingesetzt werden als:

____

☐ entspricht den Anforderungen der Stelle

☐ besetzt diese Stelle weiterhin.

Es wird folgende Fortbildung vorgeschlagen:

☐ könnte / möchte auf einem anderen Arbeitsgebiet tätig werden

Vorschlag: (Gebiet, Einarbeitung, geschätzte Dauer)

____

Besondere Vermerke und Empfehlungen des Beurteilers/der Beurteilerin

____

____

Hat das Beurteilungsgespräch stattgefunden? ja ☐ nein ☐

Stellungnahme und Ergänzungen des/der Beurteilten

____

____

Datum und Unterschrift des Mitarbeiters/der Mitarbeiterin	Datum und Unterschrift des Beurteilers/der Beurteilerin	Kenntnisnahme durch den nächsthöheren Vorgesetzten
______________	______________	______________

Selbsteinschätzung des Mitarbeiters

Damit sich der Mitarbeiter auf das Gespräch vorbereiten kann, sollten Sie ihm einige Tage vorab einen Blanko-Beurteilungsbogen aushändigen, mit dessen Hilfe er sich vorab selbst einstuft. Das spätere Beurteilungsgespräch dient dann dem Vergleich der Einschätzung des Vorgesetzten mit der des Mitarbeiters. Dabei ist oft zu beobachten, dass sich Mitarbeiter selbst viel schlechter einschätzen, als die Vorgesetzten es tun.

8.3 Das Beurteilungsgespräch

Die Grundlagen für das Beurteilungsgespräch ergeben sich aus verschiedenen Quellen. Die wohl wichtigsten sind der Grad der Aufgabenerfüllung und/oder der Zielerreichung.

Notizen machen

Da es schwer ist, sich noch nach einem Jahr an alle Tatbestände zu erinnern, die positiv oder negativ in die Beurteilung eingehen – zum Beispiel häufige Verspätungen oder Sondereinsätze –, ist es zweckmäßig, dass Sie sich das Jahr über Notizen machen. Ansonsten kommen Sie, insbesondere bei negativen Sachverhalten, in Begründungsnot. Solche Notizen sind arbeitsrechtlich unbedenklich, solange sie nicht den Charakter einer Akte annehmen.

Ständig Rückmeldungen geben

Überhaupt sollten Sie als Vorgesetzter das ganze Jahr über dem Mitarbeiter ständig Rückmeldung über sein Leistungsverhalten geben, sodass das Beurteilungsgespräch den Charakter einer Zusammenfassung hat. Die Plus- und Minuszeichen aus zwölf Monaten addieren und rechnen Sie gegeneinander auf, um daraus dann eine Art „Durchschnittsnote" zu bilden.

Auch die Stellenbeschreibung oder das Anforderungsprofil für eine konkrete Stelle sind als Beurteilungsgrundlage wichtig.

Beurteilungskriterien

Das Beurteilungssystem eines Unternehmens enthält in der Regel Beurteilungskriterien. Auch sie bilden eine wichtige Grundlage für das Beurteilungsgespräch.

Systematik der Beurteilungssysteme

Viele Beurteilungssysteme basieren auf der folgenden oder einer ähnlichen Systematik, von der ausgehend der Soll-Ist-Vergleich erfolgt:

- *Fähigkeitsorientierte Dimensionen*
  - Fachwissen und -können
  - Problemlösen und Kreativität
- *Leistungsorientierte Dimensionen*
  - Arbeitsmenge
  - Arbeitsergebnisse
  - Arbeitsgüte
- *Verhaltensorientierte Dimensionen*
  - Arbeitseinsatz
  - Arbeitsorganisation
  - Kommunikation und Kooperation
- *Führungsorientierte Dimensionen*
  - Planung und Organisation
  - Zielvereinbarung und -setzung
  - Delegierung
  - Mitarbeiterführung

Soll-Ist-Vergleich durch den Vorgesetzten

Ausgehend von den hier genannten Grundlagen erfolgt ein Soll-Ist-Vergleich. Beurteiler ist der jeweilige Disziplinarvorgesetzte: Der Vorstand beurteilt den Bereichsleiter, der Bereichsleiter den Abteilungsleiter, der Abteilungsleiter seine Gruppenleiter und Mitarbeiter. Der Abteilungsleiter muss bei der Beurteilung seiner Mitarbeiter vom Gruppenleiter unterstützt werden.

Mitarbeiter darf Stellung nehmen

Sind Sie nach gründlicher Diskussion mit Ihrem Mitarbeiter unterschiedlicher Auffassung hinsichtlich dessen Leistungsstands, so hat der Mitarbeiter das Recht, seine Stellungnahme auf dem Beurteilungsbogen schriftlich festzuhalten.

Vertrauensverhältnis wahren

Der nächsthöhere Vorgesetzte wird mit beiden Beteiligten Gespräche führen. Zielsetzung ist, den Sachverhalt zu klären und sicherzustellen, dass das Vertrauensverhältnis zwischen Vorgesetztem und Mitarbeiter, welches für die Erfüllung der gemeinsamen Aufgabe notwendig ist, erhalten bleibt.

Mögliche Fragen im Beurteilungsgespräch

Wichtige Fragen

Im Laufe des Mitarbeitergesprächs sind Fragen zu stellen wie beispielsweise die folgenden:

- Waren und sind dem Mitarbeiter seine Aufgaben, Befugnisse und Arbeitsziele genau bekannt?
- Was ist im vergangenen Jahr besonders gut oder schlecht gelaufen?
- Was waren die Ursachen von Erfolgen oder Problemen?
- Was hat den Arbeitserfolg behindert oder gefördert?
- Fühlt sich der Mitarbeiter in seiner Arbeit unter- oder überfordert?
- Welche persönlichen Stärken und Schwächen zeigen sich in den jetzigen Aufgaben?

Was die kommunikative Seite des Beurteilungsgespräches angeht – also den Stil und Charakter –, so gilt hier das, was an anderer Stelle in diesem Buch und im ersten Band dieser Buchreihe, dem *Kommunikationskoffer*, über das Mitarbeitergespräch im Allgemeinen gesagt wurde.

→ Ergänzende und vertiefende Informationen zum Thema Gesprächsführung finden Sie im Kapitel B 5 im ersten Band dieser Buchreihe (Methodenkoffer Kommunikation).

8.4 Mögliche und typische Beurteilungsfehler

Unbewusste Fehlurteile

Es genügt nicht, auf der einen Seite einheitliche und relativ objektive Beurteilungsverfahren zu schaffen, während auf der anderen Seite das System durch eine zu subjektive Handhabung in Frage gestellt wird. Ungewollte beziehungsweise unbewusste Fehlurteile über andere Personen sind eine fast normale Erscheinung und können jedem unterlaufen.

Typische Fehler erkennen

Es ist deshalb sehr wichtig, dass Sie als Beurteiler typische Beurteilungsfehler kennen und Ihre eigenen Urteile daraufhin selbstkritisch überprüfen. Das Bewusstmachen von Beurteilungsfehlern ist eine der Voraussetzungen, um sie zu beseitigen.

Probleme menschlicher Wahrnehmung

Aufgaben der Führungskraft

Die Führungskraft hat im Rahmen der Mitarbeiterbeurteilung während des Beurteilungszeitraumes folgende Aufgaben:

- vor dem Hintergrund der gesetzten Aufgabenstellung und Zielsetzung den Mitarbeiter beobachten
- die Verhaltensweisen des Mitarbeiters beschreiben
- am Ende des Beurteilungszeitraumes die gesammelten Beschreibungen interpretieren und in ein Gesamturteil pro Beurteilungsmerkmal integrieren

Beobachtungen sind subjektiv

Schon bei der Beobachtung können Ihnen Fehler unterlaufen. Dies hängt mit den Besonderheiten der menschlichen Wahrnehmung zusammen. So ist die Beurteilung durch Einflüsse bestimmt, die nicht allein aus dem tatsächlichen Verhalten des zu Beurteilenden resultieren, sondern vorrangig durch die persönlichen und sozialen Erfahrungen (Einstellungen, Interessen, Bedürfnisse usw.) des Beurteilenden bedingt sind.

Zwei Faktoren der Wahrnehmung

Die Wahrnehmung besteht also aus zwei Faktoren, nämlich einerseits aus dem tatsächlichen Verhalten des Beurteilten und andererseits aus den persönlichkeitsspezifischen Erfahrungskomponenten des Beurteilenden. Beide Faktoren beeinflussen sich gegenseitig sehr stark. Das Ergebnis dieser wechselseitigen Beeinflussung stellt schließlich die konkret erlebte menschliche Wahrnehmung dar.

Beurteilungsfehler

Jedes Beurteilungsergebnis wird von subjektiven Faktoren beeinflusst. Hieraus resultieren Beurteilungsfehler, die sich auf die Qualität des Beurteilungsergebnisses auswirken.

Folgende Fehler treten besonders häufig auf:

- *Tendenz zur Mitte*

  Mittlere Werte

  Die „Durchschnittsbeurteilung“ zeigt sich darin, dass bei der Verteilung der Beurteilungsstufen die mittleren Urteilswerte bevorzugt werden; die beiden extremen Pole werden fast gar nicht vergeben. Mit der „Goldenen Mitte“ meint man richtig zu liegen. Wer so vorgeht, muss eine schlechte Benotung nicht rechtfertigen.

- *Konstanzfehler*
Regelmäßige Abweichungen
Neben der „Tendenz zur Mitte" als Konstanzfehler beurteilen einige Vorgesetzte ihre Mitarbeiter konstant streng und andere ihre Mitarbeiter konstant nachsichtig. Statistische Auswertungen zeigen typische Bewertungsabweichungen dieser Vorgesetzten von der Gaußschen Normalverteilung. Für den strengen Vorgesetzten ist eine gute Leistung selbstverständlich; das Niveau der Beurteilungen ist daher sehr niedrig. Der nachsichtige Vorgesetzte dagegen möchte ein gutes Verhältnis zu seinen Mitarbeitern schaffen. Er will nichts Ungünstiges über seine Mitarbeiter aussagen und bewertet sie daher zu positiv. Besonders ältere Vorgesetzte neigen dazu, ihre Mitarbeiter bei der Bewertung zu milde zu behandeln.
- *Vorurteile*
Vorurteile
Jeder Beurteiler sollte sich von Vorurteilen gegenüber seinen Mitarbeitern soweit wie möglich freimachen, bevor er eine Beurteilung vornimmt. Man unterscheidet zwei Gruppen von Vorurteilen:
  1. Vorurteile aufgrund von schon vorliegenden, häufig schriftlichen Einzelbeurteilungen und mündlichen Aussagen Dritter.
  2. Vorurteile gegenüber bestimmten Berufsgruppen, Nationalitäten oder Rassen.
- *Verallgemeinerungen*
Verallgemeinerungen
Ähnlich den Vorurteilen sind Verallgemeinerungen vorgefasste Meinungen, die eine Beurteilung beeinflussen können, zum Beispiel gegenüber Ausländern.
- *Aussagen dritter Personen*
Man sollte sich nur auf die eigenen Beobachtungen und Feststellungen verlassen und Meinungen oder Hinweise Dritter nicht ohne Überprüfung berücksichtigen.
- *Gruppen- und Ressortegoismus*
Die Gruppe im Mittelpunkt
In jedem Unternehmen gibt es Gruppen oder Abteilungen, die meinen, ihre Gruppe oder Abteilung in den Mittelpunkt rücken zu müssen. Beurteilende, die zur Bildung entsprechender Stereotypen neigen, entwickeln positive Vorstellungen mit Blick auf ihre Gruppe oder Abteilung sowie negativ gestimmte Vorurteile hinsichtlich fremder Gruppen beziehungsweise Abteilungen.

- *Image der Tätigkeit*
  Offensichtlich steigt – unabhängig von der Person – das Beurteilungsniveau mit dem steigenden Image der Tätigkeit. Wer sich vom Ansehen der Aufgabe beeinflussen lässt, beweist, dass es ihm an Sachlichkeit und Toleranz gegenüber anderen Beschäftigungsfeldern, Gruppen, Personen oder Abteilungen mangelt.

Ruf der Tätigkeit

- *Falsche Schlüsse*
  Durch Rückschlüsse von einer Eigenschaft auf eine andere wird das Beurteilungsbild des Mitarbeiters erheblich beeinflusst und verfälscht (z. B. Blondinenwitze).
- *Überstrahlungseffekt*
  Bestimmte positive/negative Leistungen oder Eigenschaften überdecken andere Leistungen oder Eigenschaften.
- *Überformungseffekt*
  Befindet sich eine Person in einer Beurteilungssituation, so strengt sie sich besonders an, um einen möglichst guten Eindruck beim Beurteilenden zu hinterlassen.
- *Fehler des Maßstabes*
  Menschen sind immer der Gefahr ausgesetzt, ihre eigene Persönlichkeit oder die Maßstäbe ihrer sozialen Schicht oder Bildung als das allein vernünftige und brauchbare Bezugssystem für die Beurteilung anzusehen.

Eigene Maßstäbe

- *Erster Eindruck*
  Eine Reihe von Menschen ist der Meinung, dass sie eine Person bereits nach einem kurzen Eindruck aufgrund einiger dominanter Persönlichkeitseigenschaften richtig einschätzen kann. Diese Auffassung ist jedoch falsch. Die Beurteilung wird immer auf einem gefühlsmäßig geprägten Gesamteindruck beruhen. Ins Detail gehende Begründungen für bestimmte Beurteilungen können daher fast nie gegeben werden. Ein kritischer Umgang mit ersten Eindrücken ist sehr wichtig, denn es hat sich gezeigt, dass die ersten Beobachtungen einen größeren Einfluss auf den Gesamteindruck haben als spätere Informationen, auch wenn diese Informationen den ersten Beobachtungen widersprechen. Dabei ist zu beachten, dass der Mensch sehr viel weniger geneigt ist, von einer anfänglich schlechten Beurteilung auf eine gute Einstufung zu gehen als umgekehrt von einer guten auf eine schlechte.

Zu schnelles Urteil

- *Zeitliche Verallgemeinerung*
  Ein momentaner Eindruck – zum Beispiel ein Lächeln – wird als ständiges Merkmal (gut gelaunt, heiterer Charakter) aufgefasst.
- *Ähnlichkeit*
  Eigenschaften wegen Ähnlichkeit
  Man schreibt jemandem aufgrund seiner Ähnlichkeit mit einer dem Beurteilenden bekannten Person unbewusst deren Eigenschaften zu.
- *Eigener Maßstab*
  Manche Beurteilende machen sich selbst zum Maßstab der Beurteilung. Sie schätzen Mitarbeiter, die ihnen ähneln, besser ein als solche, die ihnen weniger ähnlich sind. Dabei spielt nicht nur das Äußere eine Rolle, auch Verhaltensweisen, Charaktereigenschaften, Interessen, Meinungen oder gemeinsame Erfahrungen beeinflussen die Beurteilung.
- *Egoismus/Neid*
  Selbstüberschätzung
  Abiturienten oder Akademiker können von Beurteilenden ohne einen derartigen Bildungsgang bewusst schlechter eingestuft werden, um die eigene Größe zu dokumentieren (Gefahr der Selbstüberschätzung).
- *Analogieschluss*
  Die Brille ihres Trägers lässt nicht ohne Weiteres auf dessen hohen Intelligenzquotienten schließen, eine aufrechte Haltung nicht auf innere Aufrichtigkeit.
- *Halo-Effekt*
  Zu großer Einfluss eines Merkmals
  Man lässt sich häufig von einem einzigen Merkmal entweder positiv oder negativ so stark beeinflussen, dass sich dieser Eindruck auf die Gesamtbeurteilung niederschlägt.
- *Recency-Effekt*
  Verhaltensbeobachtungen, welche kurz vor der Gesamtbeurteilung gemacht wurden und daher noch gut im Gedächtnis sind, gehen häufig mit zu großem Gewicht in die Beurteilung ein.
- *Kleber-Effekt*
  Verweildauer in einer Position
  Als „Kleber“ bezeichnet der Mönchengladbacher Professor Gerhard Comelli solche Mitarbeiter, die eine lange Zeit in derselben Position tätig sind. Untersuchungen haben gezeigt, dass die vergebenen Beurteilungsstufen im Wert ständig sinken, je länger die Mitarbeiter in derselben Position verbleiben.

- *Kontakt-Effekt*
  Die Beurteilung fällt oftmals besser aus, je häufiger der Beurteilte mit dem Beurteiler Kontakt hat.

8.5 Schritte zur objektiven Beurteilung

Sich der Gefahren bewusst sein

Ihr Mitarbeiter will gerecht beurteilt werden. Das erreichen Sie am ehesten, wenn Ihnen als Beurteiler die Gefahr von Beurteilungsfehlern selbstkritisch bewusst bleibt. Die folgende Checkliste hilft Ihnen, sich die möglichen Fehler bewusst zu machen.

Wichtige Fragen

Fragen Sie sich:

1. Was für ein Beurteilertyp bin ich?
   - Strenger Beurteilender
   - Nachsichtiger Beurteilender
   - Mitteltendenz-Beurteilender
2. Ist meine Beurteilung aufgrund regelmäßiger Beobachtungen zustande gekommen?
3. Habe ich mein Urteil immer auf die jeweilige Situation, in der ich es gewonnen habe, bezogen?
4. Habe ich die Beurteilung vorurteilsfrei getroffen?
5. Habe ich gruppenegoistische Schönfärberei betrieben?
6. Habe ich mich durch herausragende Einzelleistungen beeinflussen lassen?
7. Habe ich persönliche oder private Interessen in die Beurteilung einfließen lassen?
8. Ist mir der Beurteilte sympathisch oder unsympathisch?
9. Ist meine eigene Erwartung gegenüber dem Beurteilten zu hoch oder zu niedrig?

Objektivität ist nicht erreichbar

All diese Fragen sollten Sie sich als Beurteilender beantworten, bevor Sie Arbeitsergebnisse und Leistungsverhalten Ihrer Mitarbeiter beurteilen und bewerten. Eine völlig objektive Beurteilung lässt sich trotz Kenntnis der Fehlerquellen und Beachtung der oben genannten Hinweise nicht erreichen. Die Ursachen hierfür liegen sowohl im Beurteilenden, im Beurteilungsinstrument als auch im Beurteilten. Das Ziel kann also nur eine relative Objektivität und Gerechtigkeit sein, eine Beurteilung, die frei von augenblicklichen Stimmungen, Zufällen und Sympathien oder Antipathien ist.

Eigene Urteilsfähigkeit hinterfragen

Obwohl niemals ein absolut objektives Urteil über einen anderen Menschen erstellt werden kann, sollte jeder bereit sein, der Objektivität möglichst nahe zu kommen. Der erste Schritt dazu ist eine gesunde Portion Unsicherheit gegenüber Ihrer eigenen Urteilsfähigkeit. Es gilt: Lieber begründet subjektiv als scheinbar objektiv.

Literatur

Gerhard Adrian u. a.: *Die Mitarbeiterbeurteilung.* Boorberg:2002.

Alexander Griessl u. a.: *Grundlagen der Mitarbeiterbeurteilung.* Kohlhammer: 2000.

Roy Lecky-Thompson: *Professionelle Mitarbeiterbeurteilung.* Moderne Verlagsgesellschaft 2001.

Marcode Micheli: *Leitfaden für erfolgreiche Mitarbeitergespräche und Mitarbeiterbeurteilung (m. CD-ROM).* Praxium: Januar 2004.

Christian Stöwe und Anja Weidemann: *Mitarbeiterbeurteilung und Zielvereinbarung (m. CD-ROM).* Freiburg: Haufe 2005.

9. Konflikte erkennen und lösen

In die Konfliktfalle tappen

In einer Extremsituation reagieren Tiere mit Flucht oder Angriff. Dieses Verhalten zeigt sich auch beim Menschen, wenn er in eine Gefahren- beziehungsweise Paniksituation gerät. Der damit verbundene Adrenalinschub blockiert die normale Arbeitsweise des Gehirns. So kommt es dazu, dass der Mensch in seiner ersten Reaktion auf einen drohenden Konflikt unüberlegt handelt und in die Konfliktfalle tappt.

Konflikte sind in jeder Art von Lebenssituation beobachtbar, treten also im Gesamtbereich menschlicher Tätigkeit auf. Sie sind etwas Alltägliches und Normales und entstehen immer dann, wenn sich mindestens zwei verschiedene Ansichten oder Interessen unvereinbar gegenüberstehen.

Konfliktträger

Interessen- und Konfliktträger sind beispielsweise:

- Personen
- Gruppen
- Unternehmen
- Organisationen
- Staaten
- Religionen
- Kulturen

Erst langsam kommt man aber zu der Überzeugung, dass im Konflikt auch Vorteile liegen, die es zu nutzen gilt.

Konfliktprozesse kennen

Ein Konflikt ist zunächst grundsätzlich nicht einfach da. Wenn es zu einem Spannungsausbruch kommt, ist dieser meist das Ergebnis und die vorläufige Endstufe eines Prozesses, der weit zurückreichen kann. Wenn Sie als Vorgesetzter in einem Konflikt aktiv werden wollen, sollten Sie den Ablauf von Konfliktprozessen genau kennen. Diese Prozesse durchlaufen mehrere unterscheidbare Stadien.

Stadien eines Konfliktes

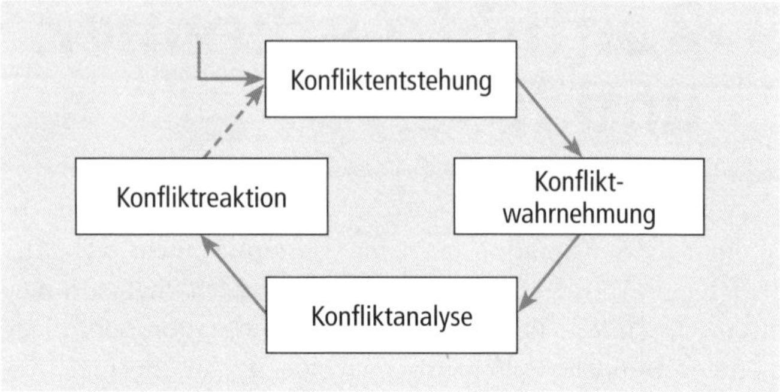

Als Vorgesetzter sollte Ihr Augenmerk darauf liegen, Konflikte steuern zu können, das heißt, sie von Weitem kommen zu sehen, einschätzen zu lernen und angemessen zu reagieren.

9.1 Was ist ein Konflikt?

Zum Begriff Mit dem Begriff Konflikt ist der Zusammenstoß widerstreitender Kräfte oder Tendenzen gemeint beziehungsweise eine daraus resultierende Spannung, die nach einer Lösung drängt. Je nach Schauplatz spricht man von äußeren oder inneren Konflikten.

Negative Konnotation Es gibt viele Konfliktdefinitionen. Ihnen ist die negative Konnotation des Begriffs gemeinsam. Es geht zumeist um die Konfliktsituation selbst und nicht um die Möglichkeit ihrer Lösung.

Hier zwei Beispiele:

Definition 1

1. „Der Konflikt ist gekennzeichnet durch ein mehr oder weniger komplexes Bedingungsgefüge, in dem die betroffenen Personen zunächst nicht in der Lage sind, ein Problem so strukturiert anzugehen, dass unter Berücksichtigung der Interessen aller Beteiligten zielorientiertes Handeln möglich ist." (Bühl 1976, S. 11)

Definition 2

2. „Ein Konflikt (lat.: confligere = aneinander geraten, kämpfen; PPP: conflictum) ist die Folge von wahrgenommenen Differenzen, die gegenseitig im Widerspruch stehen und eine Lösung erfordern." (Wikipedia)

9.2 Die Grundursachen für Konflikte im Arbeitsalltag

Viele mögliche Ursachen

Es gibt viele Ursachen für unterschiedliche Konfliktarten im Arbeitsalltag, ebenso im außerbetrieblichen Zusammenleben der Menschen. Die folgende Aufzählung beschränkt sich auf die wichtigsten und erhebt keinen Anspruch auf Vollständigkeit.

1. *Konflikte als Folge permanenter Neuerungs- beziehungsweise Entwicklungsprozesse*

   Neu gegen alt

   Eine Seite will das Neue, während die andere Seite am Alten festhalten möchte. Dies führt unweigerlich zu Konflikten. Ähnliche Konflikte treten beispielsweise auch unter Innovatoren auf, wenn keine Einigkeit bezüglich der weiteren Entwicklung (was, wie und wohin) besteht.
2. *Konflikte als Folge gegensätzlicher Charaktere*

   Die „Chemie" stimmt nicht

   Die „Chemie" stimmt einfach nicht, der eine sieht die Dinge eher ganzheitlich, der andere will alles bis ins Detail ergründen. Pannen, Angst, Streit, Missverständnisse, unterschiedliche Vorstellungen treten immer da auf, wo Menschen miteinander zu tun haben. Es gibt in jedem Unternehmen eine gewisse Anzahl von Personen mit Charaktermängeln, Verhaltensstörungen und solchen, die ganz bewusst „zündeln" und somit schon den Nährboden für Konflikte legen.
3. *Konflikte als Folge von beruflichem Erfolg und Misserfolg*

   Gegeneinander statt Miteinander

   Neidaktionen, Machtspielchen, Karrierekämpfe, Intrigen, Tratsch, Boykott und Abschottung sind die Folgen.
4. *Konflikte als Folge von Macht*

   Machtkämpfe

   Aus den unterschiedlichen Machtverhältnissen heraus entstehen immer wieder Konflikte. Die Unterlegenen sind unzufrieden mit dem, was der Mächtigere beschließt. Sie versuchen, sich „hochzukämpfen" oder kämpfen aus Frustration gegeneinander.
5. *Konflikte als Folge von Bedürfniskollisionen*

   Innere Konflikte

   Innere Konflikte beruhen auf einem Zusammentreffen zweier oder mehrerer divergierender Bedürfnisse oder Bestrebungen, zum Beispiel Pflicht und Neigung. Ziele, die das Individuum positiv bewertet, werden mit Hinwendung, Ziele mit negativem Charakter mit Ablehnung beantwortet.

Innerer Widerstreit

Der häufigste Konflikt ist ein Widerstreit, den man wissenschaftlich Appetenz-Aversions-Konflikt nennt. Es geht dabei um gegensätzliche Bewertungen einer Situation. So reizen bei einer Beförderung die größeren Aufgaben und die Einkommensverbesserung, aber die damit verbundene Arbeitsbeanspruchung und die erweiterte Verantwortung sind eine ungewollte Belastung.

Horizontale und vertikale Konflikte

Daraus ergeben sich auch Konflikte zwischen Personen, zum Beispiel in einer Arbeitsgruppe. Hier können auch horizontale oder vertikale Konflikte entstehen, denn äußere Konflikte beruhen auf zwischenmenschlichen Spannungen oder darüber hinaus auf Spannungen der Einzelpersönlichkeit mit Mächten wie Staat, Moral und Gesetzgebung oder mit Vater und Lehrer.

Unvereinbare Gegensätze

Konflikte können aber auch entstehen durch das Erleben von unvereinbaren Gegensätzen zwischen:

- den persönlichen Berufsvorstellungen und der Berufswelt
- dem allgemeinen Erfolgsbild der Gesellschaft und den realen beruflichen Chancen
- dem eigenen Qualitätsmaßstab und der schlechten Arbeitsweise am Arbeitsplatz
- den eigenen idealistischen Wertvorstellungen und den Vorstellungen, die am Arbeitsplatz herrschen

Viele Konflikte entstehen aus falscher Einschätzung des Gegenübers, also am Ende aus Mangel an Information. Ein daraus resultierender Dauerkonflikt, der nicht beendet, ausgetragen oder verdrängt wird, kann schwer wiegende psychische Schädigungen hinterlassen.

Auf Konfliktsignale achten

Um die Konfliktlücke klein zu halten, muss man auf Konfliktsignale achten, denn im frühen Stadium von Konfliktprozessen treten meist schon indirekte Zeichen von Spannungen auf: Häufige Krankenfehlzeiten, hohe Abwesenheits- und Fluktuationsraten und sogar die Zahl der Betriebsunfälle können Konfliktsignale sein. Als Vorgesetzter sollten Sie sich darin üben, Konflikte im Frühstadium zu erkennen. Andernfalls wären Sie der Einzige, der „von nichts gewusst" hat.

9.3 Konfliktarten

Gegenseitige Abhängigkeiten

Es gibt viele Konfliktarten, die sich oft gegenseitig bedingen. Sie stehen in einem Interdependenzverhältnis. So können Beurteilungskonflikte zu Durchsetzungskonflikten führen, Verteilungskonflikte können Zielkonflikte hervorrufen und verstärken. Das gilt entsprechend auch umgekehrt.

Intensität

Wichtig im Vergleich ist auch die Intensität des Konfliktes und die unterschiedliche Dimensionierung. Darunter sind Hintergrundvariablen zu verstehen, die das Auftreten und die Intensität sowie die Form der Austragung eines Konflikts mitbestimmen.

Dimensionen

Unterschieden werden die:
- sachlich-intellektuelle Dimension
- sozio-emotionale Dimension
- wertmäßig-kulturelle Dimension

Auch hier ist von Wechselbeziehungen auszugehen, zumal Konflikte meist Elemente aller drei Dimensionen mit unterschiedlicher Gewichtung beinhalten.

Die Einteilung der Konfliktarten ist aufgrund ihrer Vielfalt nach vielen Prinzipien möglich, sodass eine Klassifikation schon fast der Willkür unterworfen ist.

Konfliktarten

Unterscheiden kann man:
- *Sachkonflikte*
  Die Parteien verfolgen zwar ein gemeinsames Ziel, aber sie sind sich über den Weg, den Ressourceneinsatz und die Wahl der Methode uneinig.
- *Beziehungskonflikte*
  Die eine Partei verletzt, demütigt oder missachtet die andere Partei, die sich gekränkt fühlt und nun gegebenenfalls auf Rache sinnt.
- *Wertkonflikte*
  Sie treten auf, wenn unvereinbare Ziele, Prinzipien oder Grundsätze gelten.

- *Verteilungskonflikte*
  Sie entstehen dort, wo Ressourcen knapp und begehrt sind.
- *Entscheidungskonflikte*
  Sie sind daran erkennbar, dass von einer Person eine wichtige und weit reichende Entscheidung getroffen werden muss, sie die Alternativen aber als unbefriedigend empfindet.

Drei Konfliktursachen

Es gibt weitere Unterscheidungsmöglichkeiten, nach denen sich diese drei generellen Konfliktursachen abgrenzen lassen:

1. *Das Spannungsverhältnis von Zielen und Mitteln*
   Den unendlichen Bedürfnissen steht die Knappheit der Mittel entgegen. Dadurch entstehen intra- und interpersonelle Konflikte.
2. *Die Komplexität des Systems Unternehmen*
   Konflikte entstehen im Zusammenhang mit dem Organisationsaufbau und -ablauf, mit der Kompetenzabgrenzung und Machtverteilung, dem Gegensatz zwischen formaler und informeller Organisation.
3. *Die Unvollkommenheit der Information*
   Information ist grundsätzlich mit Mängeln behaftet, die vor allem aus der Unsicherheit über die Zukunft resultieren. Diese Unsicherheit führt zu intrapersonellen Konflikten. Wenn mehrere Personen über das gleiche Sachproblem einen unterschiedlichen Informationsstand haben, entstehen interpersonelle Konflikte.

Weitere Konfliktarten

In der Literatur finden sich Hunderte von Konfliktarten beziehungsweise -feldern, durch die sich die oben aufgeführten Hauptkonflikte weiter differenzieren lassen. Beispiele sind:

- *Distanzkonflikt*
  Diese Konfliktart spiegelt das Verhältnis zwischen Vorgesetzten und Mitarbeitern wider, welches aus dem unterschiedlichen Bedürfnis nach Nähe und Distanz resultiert.
- *Kommunikationskonflikt*
  Das Gesagte wird vom Empfänger falsch beziehungsweise anders als gemeint verstanden.
- *Rollenkonflikt*
  Treten in einer Paarbeziehung Rollenerwartungen auf, die nicht übereinstimmen, spricht man von einem Rollenkonflikt.

- *Rangkonflikte*
  Die Festlegung von Rangpositionen – ableitbar aus dem Tierreich – bringt Ordnung in ein Sozialgefüge. Kommt ein Neuer in eine Gruppe, zieht erst wieder Ruhe ein, wenn er gegen den Nächsthöheren verloren und gegen den Nächstniedrigeren gewonnen hat, sodass sein Rang festgelegt ist. In Organisationen zeigt sich der Rang durch Kompetenzen, Titel, Geld und Territorium.

Rang im Sozialgefüge

- *Führungskonflikt*
  Diese Konfliktart tritt auf, wenn Entscheidungen von Führungskräften in Frage gestellt werden oder die Parteien im Widerspruch zueinander stehen. Er ist charakterisiert durch Fehlentscheidungen, die durch das Suchen nach Loyalität oder die Betonung der Führung bestimmt sind.
- *Substitutionskonflikt*
  Hier handelt es sich um einen Konflikt, der auf einen leichter diskutierbaren Gegenstand verschoben wird, anstatt innerhalb der Problematik ausgetragen zu werden, innerhalb derer er entstanden ist.

Ausweichen auf anderes Thema

- *Herrschaftskonflikt*
  Dieses Spannungsverhältnis spiegelt den klassischen Konflikt zwischen zwei unabhängigen Teilen des Unternehmens wider. Jede Seite beschwert sich aus unterschiedlichen Gründen über die andere und stellt deren Ausführungen und Anweisungen in Frage.
- *Doppelmitgliedschaftskonflikt*
  Begründet wird diese Konfliktart durch die Zugehörigkeit des Vorgesetzten zu zwei Gruppen. Einerseits muss er die Interessen seiner Mitarbeiter gegenüber dem Unternehmen und andererseits die des Unternehmens gegenüber seinen Mitarbeitern vertreten.

Zugehörigkeit zu zwei Gruppen

- *Normenkonflikt*
  Dazu kann es kommen, wenn es keine, zu viele oder sich widersprechende Richtlinien gibt.

Unterschiedliche „Reizschwellen"

Es wird nicht immer möglich sein, alle Ursachen, die zum Konflikt geführt haben, bis ins Detail aufzudecken. Vielfach hängen sie mit der Persönlichkeit der Mitarbeiter zusammen, deren „Reizschwellen" unterschiedlich hoch sind. Sie können mit den

Arbeitsbedingungen zu tun haben, mit den Bedürfnissen und deren Realisierung. Auch die Reife der Beteiligten spielt eine Rolle sowie das Führungsverhalten des Vorgesetzten selbst.

Nicht alle Konflikte lassen sich lösen

Diese Tatbestände sind nicht aufhebbar. Es ist daher ein Irrtum, dass sich alle Konflikte – etwa durch endgültige Ausräumung ihrer Ursachen – lösen ließen.

9.4 Konfliktverlauf

Stufen der Eskalation

Der Konflikt droht zu eskalieren, wenn über die Ursachen des Konfliktes nicht gesprochen wird. Man kann mehrere Stufen der Eskalation unterscheiden:

1. *Stufe: Verstimmungen*
   Die Konfliktparteien zeigen sich verstimmt über einen mehr oder weniger schweren Anlass.
2. *Stufe: Debatten*
   Die Konfliktparteien treten entweder in einen offenen Streit, in dem jede Partei auf ihrem Standpunkt beharrt und die Argumente der anderen nicht gelten lässt. Diese Art der Debatte findet keine Lösung oder der Konflikt wird unter den Teppich gekehrt.
3. *Stufe: Kontaktabbruch*
   Die Spannungen zwischen den Konfliktparteien nehmen zu, es fällt schwer, das eigentliche Problem anzusprechen. Die Gegenpartei wird mit anderen Augen wahrgenommen. Zuvor Verbindendes wird verdrängt und Trennendes in den Vordergrund gerückt. Man geht der Konfliktpartei aus dem Weg, soweit es möglich ist.
4. *Stufe: Soziale Ausweitung*
   Die Spannungen nehmen zu. Die Konfliktparteien versuchen, Verbündete für ihre Sichtweise zu finden, um sich psychisch zu entlasten. Drittpersonen werden somit in den Konflikt involviert.
5. *Stufe: Strategie*
   Die Konfliktparteien fühlen sich durch die Rückendeckung der Drittpersonen bestätigt. Es wird damit begonnen, Strategien auszuarbeiten, wie man sich gegen eventuelle Angriffe

des Konfliktgegners schützen und wie man diesen selbst unter Druck setzen kann.

6. *Stufe: Drohung, begrenzte Gewaltanwendung*
   Der Konflikt ist das beherrschende Thema, er bestimmt die Gefühle, Gedanken und Wahrnehmungen der Beteiligten. Die Konfliktparteien erweisen sich nicht mehr als kooperationsbereit, es wird vielmehr versucht, die Ziele der anderen Partei zu durchkreuzen.
7. *Stufe: Regelbruch*
   Die Konfliktparteien neigen zu paranoiden Wahrnehmungsmustern, dem Gegner werden die schlimmsten Absichten unterstellt. Eine ungeschickte Äußerung kann das Fass zum Überlaufen bringen. Der Konflikt erreicht dann eine neue Dimension.
8. *Stufe: Angriffe auf das Hinterland*
   Es kommt zur offenen Behinderung der gegnerischen Ziele, die die Zerstörung der gegnerischen Machtbasis beabsichtigt. Zudem wird die Person selbst massiv angegriffen.
9. *Stufe: „Totaler Krieg"*
   In dieser Phase sind die Konfliktparteien bestrebt, den Gegner zu zerstören – wenn auch nicht physisch, dann wenigstens psychisch, gesellschaftlich oder beruflich, unter Einräumung massiver eigener persönlicher Nachteile.

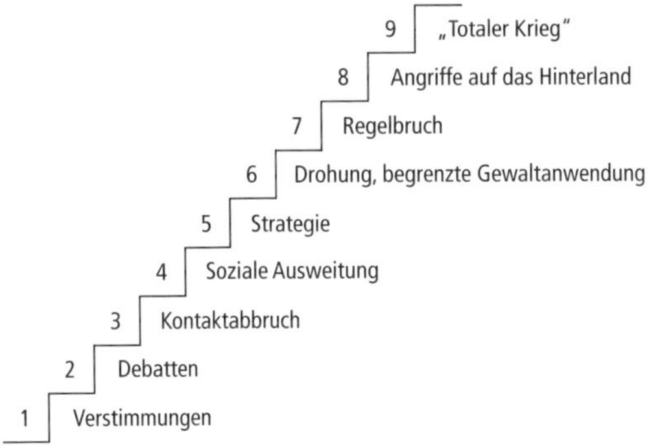

Neun Konfliktstufen
Quelle: Gamber 1995, S. 26

In der Regel befinden sich die Konfliktparteien nicht auf der gleichen Stufe. Deshalb nehmen sie den Konflikt ganz unterschiedlich wahr.

9.5 Konfliktlösung

Mittel der Konfliktaustragung

Gruppen tragen ihre Konflikte untereinander mit recht unterschiedlichen Mitteln aus: Man kämpft und tötet, sperrt ein, exkommuniziert, verbrennt, verbannt. Befindet sich eine kleine Gruppe im Kampf um die Macht, dann muss sie sich auf eine andere Art Kampf einlassen: Buschkrieg, Guerilla-Taktiken, Erpressung. Und natürlich wird man Verbündete suchen, um seine Macht zu vergrößern.

Gemäßigtere Techniken

Diese Taktiken existieren unter uns seit der Zeit der Höhlenmenschen. Wir haben nach und nach gemäßigtere, zivilisiertere Techniken eingeführt und Regierungen und Rechtssysteme aufgebaut, um die Lösung von Konflikten von der rohen Gewaltanwendung abzugrenzen. Vom Fraktionszwang der Parlamentarier über Preisabsprachen von Konkurrenten bis zu Tarifauseinandersetzungen verlässt sich die Gesellschaft auf Kompromisse, um Konflikte beizulegen. Meistens löst man sie überhaupt nicht, sondern hält sie nur in Grenzen.

Konflikte sind jedoch nicht nur negativ zu sehen. Das Austragen kann reinigende Wirkung haben, das Unterdrücken von Konflikten hingegen zu latenten Belastungen führen.

Konflikte analysieren

Hauptursache dafür, dass es oft so schwer ist, Konfliktprozesse zu steuern, ist das zu späte Erkennen von verborgenen Konflikten. Zwischen dem Entstehen und der Wahrnehmung klafft die „Konfliktlücke". Aber auch die richtige Wahrnehmung von Konflikten kann ein Problem werden. Es kommt vor, dass man Scheinkonflikten aufsitzt oder echte Zerwürfnisse falsch einschätzt. Darum sollte vorab eine Konfliktanalyse betrieben werden.

Ursachen aufdecken

Bei der Konfliktanalyse geht es darum, alle Ursachen aufzudecken, denn sonst werden nur die Symptome kuriert, die Ursachen bleiben jedoch bestehen. Erst im zweiten Schritt geht es um die Reaktion. Sie müssen sich entscheiden, ob Sie den Konflikt unterdrücken, umgehen oder austragen wollen. Dazu muss man die möglichen Reaktionen der Betroffenen und Steuernden kennen. Die Konflikterwiderung sollte niemals spontan erfolgen. Wichtige Voraussetzung für das richtige Verhalten im Konflikt ist die genaue Kenntnis der Mitarbeiter und nicht zuletzt die Selbsterkenntnis des Vorgesetzten.

Wichtige Fragen

Bevor Sie reagieren, sollten Sie sich fragen:
- Ist der Konflikt den Beteiligten bereits bewusst oder ist er erst latent vorhanden?
- Lässt sich der Konflikt umgehen?
- Ist ein Ausgleich zwischen den Beteiligten möglich?

Aufgaben je nach Stadium des Konflikts

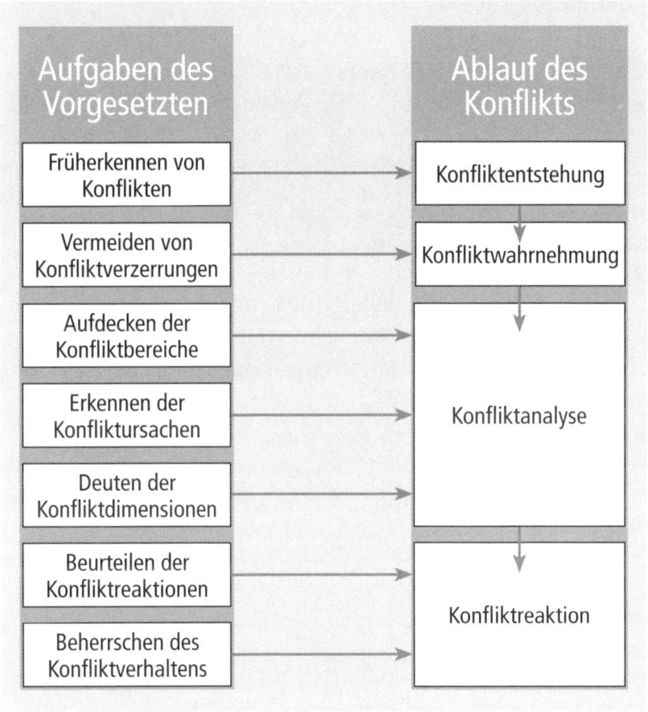

Konflikte kehren wieder

Auf Dauer werden sich Konflikte nicht lösen lassen. Man muss wohl eher von einer zyklischen Wiederkehr auf anderer Ebene und unter anderen Umständen ausgehen.

Für welche Strategie sich die Parteien entscheiden, ist abhängig von ihrer eigenen Einschätzung, ihrer Position, ihrem Ziel, dem zu erwartenden Aufwand, den Kosten der Strategie, ihrer Einstellung gegenüber der zukünftigen Effektivität und ihrem individuellen Konfliktverhalten.

Es gibt viele Formen der Konfliktlösung und noch mehr Namensschöpfungen hierfür. Auch bei den folgenden Begriffen handelt es sich um eine Auswahl von vielen möglichen begrifflichen Optionen.

Selbststeuernde Konfliktlösung im persönlichen Konfliktgespräch

Das persönliche Konfliktgespräch verläuft in sechs Phasen:

Wahrnehmung
- Phase 1: Der Konflikt in der Person beginnt mit der Wahrnehmung, dass sie eine andere Person in irgendeiner Art und Weise behindert hat. Die normale Folge ist die eigene Erregung, die unter Kontrolle zu bringen ist.

Beziehung
- Phase 2: Zur anderen Konfliktpartei muss jetzt eine Beziehung hergestellt werden, um die Grundlage für eine gemeinsame Problemlösung zu schaffen. Die Bereitschaft, sich darauf einzulassen, setzt aber Vertrauen voraus.

Vertrauen
- Phase 3: Vertrauen im Konfliktbewältigungsprozess bedarf der ständigen Vergewisserung. Dies kann nur durch offene Kommunikation geschehen, das heißt, die Absichten, Beweggründe und Empfindungen in Bezug auf den Konflikt müssen der anderen Konfliktpartei transparent gemacht werden.

Lösung
- Phase 4: Erst jetzt ist es sinnvoll, den Inhalt beziehungsweise das Thema des Konfliktes aufzugreifen. Dies geschieht durch die gemeinsame Problemlösung.

Vereinbarung
- Phase 5: Die Vereinbarung, auf die sich die beiden Parteien geeinigt haben, sollte schriftlich fixiert werden, um eventuelle Unklarheiten zu entdecken und der Vereinbarung mehr Gewicht zu verleihen.

Gutes Gefühl
- Phase 6: Die Konfliktbewältigung ist erst abgeschlossen, wenn beide Seiten mit der Vereinbarung gut leben können und ein dementsprechendes Gefühl haben.

Prozessbegleitung

Dritte Partei hilft

Hier arbeitet eine dritte Partei aktiv an der Konfliktbeendigung mit, denn gefestigte Rollen müssen aufgelockert werden. Neben der Konfliktbeendigung ist es Ziel, dass die Parteien künftige Konflikte selbst lösen können.

Die sozio-therapeutische Prozessbegleitung durch einen Konfliktmanager verläuft wie die eben skizzierte Prozessbegleitung, nur hier wird versucht, mithilfe einer psychologisch ausgebildeten Person neurotische Rollenbilder zu durchbrechen. Der Konfliktmanager soll als Motivator die beiden Parteien aufbauen, um die Basis für eine gemeinsame Lösung zu schaffen. Die sozio-therapeutische Prozessbegleitung wird angewandt, wenn die Identität einer Partei in Mitleidenschaft gezogen wird.

Fremdsteuerung

Auch die Fremdsteuerung ist ein Weg, mit Konflikten umzugehen. Hier können folgende drei Möglichkeiten unterschieden werden:

1. *Mediation (Vermittlung)*

   Neutraler Dritter

   Hier wird unter Einschaltung eines neutralen Dritten zwischen den Parteien verhandelt, mit dem Ziel, eine gemeinsame Lösung zu finden. Die Mediation wird angewandt, wenn eine direkte Verhandlung zwischen den beiden Parteien nicht mehr möglich ist.
2. *Arbitration (Schiedsverfahren)*

   Schiedsrichter

   Der Schiedsrichter entscheidet aufgrund seiner eigenen Beurteilung, nachdem die jeweilige Konfliktpartei ihren Standpunkt dargelegt hat. Er ist neutral und muss von beiden Parteien anerkannt werden. Der Schiedsspruch ist für beide Parteien verbindlich und durch Sanktionen durchsetzbar. Der Konflikt endet mit dem Schiedsspruch. Die Arbitration beschränkt sich auf eine Konfliktreduktion. Der Konflikt ist nicht gelöst, eventuelle Folgekonflikte sind möglich.
3. *Machteingriff*

   Überlegener Dritter

   Der Machteingriff ist die letzte Lösung bei Versagen aller anderen Strategien. Die Lösung wird aufgrund von Machtüberlegenheit durch einen Dritten (Vorgesetzten) aufgezwungen.

Der Machteingriff ist sofort wirksam. Die Machtinstanz muss in der Lage sein, die Situation langfristig unter Kontrolle zu haben. Der Machteingriff beschränkt sich auf eine Reduktion. Der Konflikt ist nicht gelöst, eventuelle Folgekonflikte sind nicht auszuschließen.

Umschwung innerhalb von Gruppen

Genauso wie ein Konflikt die Chance bietet, bisherige Gewohnheiten abzulegen, einmal Bilanz zu ziehen und sich neu zu entscheiden, genauso kann er auch für das Verhältnis innerhalb der Gruppe einen Umschwung bedeuten. Die Konvention verlangt zum Beispiel, dass man sich in Konferenzen höflich benimmt und dass unterschwellige Differenzen nicht öffentlich ausgetragen werden. Manchmal aber sollten Konflikte auch direkt behandelt werden: Man bringt zum Ausdruck, dass man anders denkt und vertritt seinen Standpunkt energisch. Auf diese Weise werden Debatten und Argumente zum Katalysator für die eigene Veränderung. Natürlich besteht eine Gefahr in der Verhärtung der Fronten oder in der Neurotisierung Einzelner.

Nachstehend finden Sie einige Grundzüge der Konfliktsteuerung als Kurzübersicht zusammengestellt.

Von der Wahrnehmung zur Reaktion

Wahrnehmen	Analysieren	Reagieren
Konflikt ist latent vorhanden	Bewusstmachung notwendig	Bewusstmachung
Konflikt ist umgehbar	Ausgleich ist unmöglich	Rückzug
Konflikt ist nicht zu umgehen	Ausgleich ist möglich	Problem lösen
Konflikt ist nicht zu umgehen	Ausgleich ist möglich	Kompromiss
Konflikt ist nicht zu umgehen	Ausgleich ist unmöglich	Interessenkampf

Konfliktmanagament

Natürlich ist der Versuch der Konfliktlösung, gar eines systematischen Konfliktmanagements, vernünftig. Aber nicht immer wird es möglich sein, Konflikte zu reduzieren, zu lösen, zu integrieren oder zu managen.

Man sollte dem Versuch einer dogmatischen Konfliktvermeidung kritisch gegenübertreten. Derartiges Verhalten schränkt sehr wahrscheinlich die Effektivität von Organisationen ein, obwohl sie den Einzelnen vor dem Konfliktstress bewahrt.

Keine Dogmatik

Literatur

Karl Berkel: *Konflikttraining: Konflikte verstehen, analysieren, bewältigen. Arbeitshefte Führungspsychologie.* Heidelberg: Sauer 2005.

Walter L. Bühl: *Theorien sozialer Konflikte.* Darmstadt: Wissenschaftliche Buchgesellschaft 1976.

Ekkehard Crisand: *Methodik der Konfliktlösung. Eine Handlungsanleitung mit Fallbeispielen. Arbeitshefte Führungspsychologie.* Heidelberg: Sauer 2004.

Paul Gamber: *Konflikte und Aggressionen im Betrieb. Problemlösungen mit Übungen, Tests und Experimenten.* München: mvg 1995.

Anita von Hertel: *Professionelle Konfliktlösung. Führen mit Mediationskompetenz.* Frankfurt/M.: Campus 2003.

Wolfgang Rosenkranz: *Konfliktmanagement und Mediation.* Stuttgart: Media Kontor 2005.

Gerhard Schwarz: *Konfliktmanagement. Konflikte erkennen, analysieren, lösen.* Wiesbaden: Gabler 2005.

10. Neue Mitarbeiter einführen

Schnell einarbeiten, dauerhaft binden

Mit der Unterzeichnung des Arbeitsvertrages ist der Vorgang der Personalsuche und -beschaffung noch nicht abgeschlossen, und zwar deshalb nicht, da nun der neue Mitarbeiter schnellstmöglich eingearbeitet und dauerhaft an das Unternehmen gebunden werden muss. Erst wenn dies gelungen ist, kann die Personalbeschaffung als Erfolg verbucht werden.

Die ersten Eindrücke

Die Einführungsphase ist eine kritische Zeit. Ihr neuer Mitarbeiter sammelt die ersten Eindrücke über seinen zukünftigen Wirkungsbereich und entscheidet, ob er auf Dauer im Unternehmen bleiben wird. Das Sprichwort „Der erste Eindruck entscheidet“ bestätigt sich jetzt.

Fachliche und soziale Komponente

Die Einführung betrifft nicht nur die fachliche, sondern auch die soziale Komponente. Eine sorgfältig geplante Einführung sichert, dass Ihr neuer Mitarbeiter so schnell wie möglich sein Aufgabengebiet selbstständig wahrnehmen und als vollwertiges Mitglied in das Unternehmen beziehungsweise die Abteilung eingegliedert werden kann, um so das Gefühl zu erhalten, mit dem Abschluss des Arbeitsvertrages die richtige Wahl getroffen zu haben.

Zum Problem wird der Prozess der Personalbeschaffung, wenn der Mitarbeiter mit einer großen Erwartungshaltung – gepaart mit viel Motivation – in das Unternehmen eintritt und diese Haltung aufgrund einer fehlerhaften Einführung zunichte gemacht wird. Das ist oft auch der Grund, warum neu eingestellte Arbeitnehmer innerhalb eines Jahres das Unternehmen wieder verlassen.

Kein Patentrezept

Da es die verschiedensten Arbeitsplätze gibt, existiert auch kein Patentrezept für eine Einführung. Jedoch sind bestimmte Punkte bei der Vorbereitung sowie der Einführung zu berücksichtigen. Nachfolgend werden diese Punkte benannt.

10.1 Die Vorbereitung

Zu einer erfolgreichen Einführung gehören verschiedene Maßnahmen, die vor dem Eintreffen des neuen Mitarbeiters zu erledigen sind, damit er sich nicht unwichtig fühlt. Folgende Punkte sind zu beachten:

- Abstellen eines Mitarbeiters (Betriebspaten) zur Begrüßung und Einweisung/Orientierung des Neuen in der Abteilung beziehungsweise dem Unternehmen und zur Bekanntmachung bei den Kollegen. Dieser Pate sollte den neuen Mitarbeiter in der Anfangsphase begleiten und ihm bei Fragen und Problemen zur Seite stehen.

Betriebspate

- Bereitstellen eines Mitarbeiters, der für die Einarbeitung des neuen Mitarbeiters zuständig ist, wobei es idealerweise jemand sein sollte, mit dem der Neue in einem Raum sitzt.
- Information an alle betroffenen Kollegen, dass demnächst ein neuer Mitarbeiter kommt, was er machen wird und gegebenenfalls welche Kompetenzen er besitzt, damit sich alle darauf einstellen können.

Kollegen informieren

- Einrichtung des Arbeitsplatzes mit allen relevanten Arbeitsmitteln, um beim Eintritt sogleich mit der Einarbeitung beginnen zu können.
- Vor dem Eintrittsdatum kann Informationsmaterial an den neuen Mitarbeiter geschickt werden, anhand dessen er sich vorab über seinen zukünftigen Wirkungskreis informieren kann. Dadurch kann ihm schon vor Aufnahme seiner Tätigkeit ein Zugehörigkeitsgefühl zum Unternehmen vermittelt werden.

Vorab Infomaterial zusenden

10.2 Die Einführung

Einarbeitung nicht schon am ersten Tag

Der erste Tag dient Ihrem neuen Mitarbeiter vor allem zur Abwicklung der Formalitäten, der Einführung ins Unternehmen, der Bekanntmachung der zukünftigen Kollegen sowie der Einweisung in den Arbeitsplatz und dessen Aufgabengebiet. Erst in den darauf folgenden Tagen beginnt die Einarbeitung. Hierzu sollte eine Checkliste angefertigt werden, die alle wesentlichen Punkte einer zielorientierten Einführung enthält.

Eine Checkliste könnte die folgenden neun Punkte enthalten:

1. *Empfang und Begrüßung durch die Personalabteilung*

Formalitäten

Gestartet wird in der Personalabteilung, um die Formalitäten abzuwickeln, das heißt, Abgabe der Lohnsteuerkarte, Ausfüllen beziehungsweise Ergänzen des Personalfragebogens, Erläutern der Arbeitszeit- und Urlaubsregelung sowie der Sicherheitsvorschriften, Aushändigung eines Betriebsausweises. Hier werden auch erste Fragen beantwortet.

2. *Begrüßung durch den Betriebspaten*

Rundgang

Die Begrüßung könnte mit einem Rundgang durch das Unternehmen verbunden werden, um dessen Räumlichkeiten, nebst Kantine oder Materialausgabe, kennen zu lernen und auf Besonderheiten hinzuweisen.

3. *Einführung in die Abteilung*

Begrüßung und Vorstellung beim Vorgesetzten und den neuen Kollegen. Diese sollten auf den Neuen schon vorbereitet sein. Dann Zuweisung des Mitarbeiters, der für die Einarbeitung zuständig ist.

4. *Einführung in weiter gehende Abteilungen*

Hierbei sollte der neue Mitarbeiter zusätzlich in den Abteilungen vorgestellt werden, mit denen er möglicherweise zusammenarbeiten wird.

5. *Einführung in den Arbeitsplatz*

Arbeitsplatz

Zeigen, wo sein zukünftiger Arbeitsplatz in der Abteilung sein wird und mit wem er künftig das Arbeitszimmer teilt.

6. *Einführung in die Räumlichkeiten der Abteilung*

Zeigen, wo beispielsweise die Toiletten, die Garderobe, die Sanitätseinrichtungen etc. zu finden sind.

7. *Einarbeitung*

Nach der Einführung und Vorstellung bei den Mitarbeitern erfolgt nun die Einarbeitung in den Aufgabenbereich anhand der Stellenbeschreibung und Erläuterung von Vertretungsregelungen, Arbeitsunterlagen und den Arbeitsabläufen innerhalb der Abteilung beziehungsweise des Unternehmens.

8. *Feedbacks austauschen*

Fortschritte verfolgen

Dieser Punkt ist besonders wichtig und sollte zwischen Mitarbeiter und Vorgesetzten in festgesetzten Zeitabständen erfolgen, um so den Fortschritt bei der fachlichen als auch sozialen Eingliederung zu verfolgen und um etwa vorhandene Reibungspunkte abzubauen. Denkbar ist auch, dass der Vorgesetzte ein Feedback vom Betriebspaten erhält, um so eine unabhängige Meinung über den Fortschritt des neuen Mitarbeiters zu hören.

9. *Beurteilung*
   Diese sollte nach einer gewissen Zeit (etwa vier bis fünf Wochen) erfolgen, damit beide Seite wissen, wie gut sich der Mitarbeiter fachlich und sozial eingegliedert hat.

Eingliederung beurteilen

Einführungsveranstaltung

Eine Teilnahme an einer Einführungsveranstaltung muss nicht unbedingt erfolgen, kann aber im Rahmen der Einführung geschehen und sollte nur durchgeführt werden, wenn mehrere neue Mitarbeiter zum selben Termin eintreten. Hierbei wird nochmals über das Unternehmen, dessen organisatorischen Aufbau, den Schwerpunkt der Unternehmensziele, die Unternehmensaktivitäten und Produkte informiert.

Als Vorgesetzter zu beachten

Nicht nur mangelnde Einführungsvorbereitungen können zu Motivationsverlusten führen, sondern auch Ihr Verhalten gegenüber dem neuen Mitarbeiter. Als Vorgesetzter müssen Sie folgende Punkte beachten:

- Keine zu niedrigen Leistungsansprüche stellen, um den Neuen nicht zu unterfordern. Sonst würde gegebenenfalls der Leistungswille abgebaut.
- Aber auch keine zu hohen Leistungsansprüche stellen, die er allein noch nicht bewältigen kann und deshalb um Hilfe beim Vorgesetzten bitten muss. Das unterstreicht die Machtposition des Vorgesetzten gleich zu Beginn.
- Keine zu knappen Anweisungen geben, darauf hoffend, dass sich der Neue in sein Aufgabengebiet hineinarbeitet und bei Fragen auf Sie zukommt.

Aufgabenverteilung überdenken

Damit der neue Mitarbeiter schnellstmöglich zum Nutzen des Unternehmens wirksam wird, ist es ratsam, die oben genannten Punkte bei der Einführung zu beachten. Damit der Neue von Anfang an Freude an seinem neuen Aufgabengebiet hat, sollte sich der Vorgesetzte immer wieder neu Gedanken über eine wirksame Aufgabenverteilung machen. So bleibt die Leistungs- und Motivationsbereitschaft erhalten.

Literatur

Doris Brenner: *Neue Mitarbeiter suchen, auswählen, einstellen.* Neuwied: Luchterhand 2003.

Peter Fischer: *Neu auf dem Chefsessel. Erfolgreich durch die ersten 100 Tage.* Frankfurt/M.: mvg 2005.

Barbara Geffroy: *Auf der Suche nach dem richtigen Mitarbeiter. Clienting Inside – der neue Erfolgsfaktor Mensch.* Offenbach: Gabal 2004.

Klaus Rischar: *Neue Mitarbeiter richtig einführen.* Renningen: expert 2004.

11. Mitarbeiter gekonnt kritisieren

Das wichtigste Führungsmittel

Von allen Führungsmitteln, die Ihnen als Vorgesetztem zur Verfügung stehen, ist das Mitarbeitergespräch das wichtigste. Erst dadurch werden Führungsaufgaben wie Planen, Delegieren, Motivieren und Kontrollieren mit Leben erfüllt. Dabei nimmt das Kritikgespräch einen besonderen Platz ein, denn hier werden die meisten Fehler begangen. So dienen sie oft als Tribunal, vor dem der Vorgesetzte dem „angeklagten" Mitarbeiter dessen Schuld nachweist. Viele Kritikgespräche werden erst gar nicht geführt, weil der Vorgesetzte Angst vor seinem Mitarbeiter und der Auseinandersetzung mit ihm hat.

Ängste und Fehler sind vermeidbar

Derartige Ängste und Fehler sind vermeidbar, wenn Sie die Grundmechanismen zwischenmenschlicher Kommunikation kennen und die wichtigsten Werkzeuge zur Gesprächsführung anwenden.

→ Ergänzende und vertiefende Informationen zum Mitarbeitergespräch finden Sie im Kapitel C 14 im ersten Band dieser Buchreihe (Methodenkoffer Kommunikation).

11.1 Sinn und Zweck von Kritik

Kritik soll helfen

Kritik dient dazu, dem Kritisierten zu helfen. Sie ist also nicht das Gegenteil von Anerkennung, sondern ergänzt sie. Wie Anerkennung, so setzt auch echte Kritik Überlegung voraus.

Zeitnah kritisieren

Jede Kritik sollte unmittelbar auf Fehlleistungen erfolgen und nicht Wochen oder gar Monate später – möglicherweise erst bei der nächsten offiziellen Mitarbeiterbeurteilung. Der zeitliche Bezug zwischen Fehlleistung und Kritik geht sonst verloren. Mit Recht könnte der Mitarbeiter bei einer schlechten Beurteilung fragen: „Warum haben Sie mir das nicht schon früher gesagt?"

Auch kann eine zu spät angesetzte Kritik – zum Beispiel: „Das ist mir schon vor sechs Monaten aufgefallen" – als Bumerang zurückkommen. Wer so in der Vergangenheit herumwühlt, gesteht im Grunde seine eigene Unfähigkeit ein, Mitarbeiter gezielt anzuleiten.

Nur unter vier Augen

Kritik darf nur unter vier Augen erfolgen; vor Kollegen greift sie das Selbstwertgefühl des Kritisierten an. Druck erzeugt Gegendruck.

Sachlich bleiben

Jede überzeugende Kritik setzt Sachlichkeit voraus. Das heißt, dass bei gleichen Fehlern auch alle gleich behandelt werden. Emotionale Voreingenommenheit wie Mitleid oder Verachtung unsympathischen Mitarbeitern gegenüber schränkt die eigene Objektivität ein. Sie erschwert es, Probleme rational in den Griff zu bekommen. Ein kühler Kopf bewahrt eine neutrale Haltung. Kritik ist leistungs- und verhaltensbezogen, nicht personenbezogen.

Drei Gesprächsstile

Der Psychologe Oswald Neuberger unterscheidet zwischen drei Gesprächsstilen:

1. *Stressgespräch*
   Versteckte oder offene Kritik, Drohung, Ablehnung, Widerspruch, Zurückweisung, Vorwurf, aggressive Entgegnung, Bewertung
2. *Direktives Gespräch*
   Ermutigung, Erklärung, Ansporn, Lösungsvorschlag, Rechtfertigung, Deutung, Unterstützung, neue Information, Nachforschung
3. *Mitarbeiterzentriertes Gespräch*
   Bestätigung, Akzeptanz, nicht direkte Wiedergabe von Gefühlen oder Inhalten

11.2 Verhaltensweisen zur Gesprächsförderung

Die vier Seiten einer Nachricht

In einem Gespräch geschieht mehr als der bloße Austausch von Sachinformationen. Das hat der Kommunikationspsychologe Friedemann Schulz von Thun in seinem „Vier-Seiten-Modell der Nachricht“ anschaulich dargelegt. Danach geht mit jeder *Sachinformation* ein Teil *Selbstoffenbarung* des Sprechers einher. Auch die momentane *Beziehung* zum Gesprächspartner wird unausgesprochen ausgedrückt. Schließlich enthält die Information auch einen *Appell*, der darauf abzielt, etwas zu tun oder zu unterlassen.

Beispiel

Beispiel: Die vier Seiten einer Nachricht
Sagt ein Chef beispielsweise zu seinem Mitarbeiter: „Der Vertrieb ist schwach", dann teilt er damit auch sein Gefühl der Unzufriedenheit (Selbstoffenbarung) und seine Meinung über den Leistungsstand der Vertriebsmannschaft (Beziehungsinformation) mit. „Der Vertrieb ist schwach", zielt letztlich darauf, dass dieser aktiver verkauft (Appell).

Jeder hat vier „Ohren"

Analog dazu verfügt der Zuhörer über vier „Ohren“, nämlich über ein *Sach-*, ein *Beziehungs-*, ein *Selbstoffenbarungs-* und ein *Appellohr.* Er hat die Wahl, mit dem Ohr zu hören, das Sie gar nicht ansprechen wollten.

Sie fragen zum Beispiel Ihren Mitarbeiter aus einem rein sachlichen Interesse heraus: *„Haben Sie diesen Brief geschrieben?“* Er antwortet: *„Sie haben auch ewig etwas zu meckern.“* Ihre Frage wurde von seinem Beziehungsohr aufgenommen, obwohl sie an das Sachohr gerichtet war. Daraus resultieren Gesprächsstörungen, die das Arbeitsklima belasten. Das muss nicht sein, wenn Sie die nachfolgenden Empfehlungen beachten.

→ Ergänzende und vertiefende Informationen zum Vier-Ohren-Modell finden Sie im Kapitel A 3 im ersten Band dieser Buchreihe (Methodenkoffer Kommunikation).

Kritik nur unter vier Augen

Das Gesicht wahren

Kritik unter vier Augen ermöglicht es Ihrem Mitarbeiter, das Gesicht zu wahren. Sie wirkt schonender und nachhaltiger. Das zeigen die folgenden Ergebnisse einer Untersuchung zu Kritik und Leistung bei Berufsschülern.

Leistung	scharfe, ironische Kritik vor anderen	ruhige, sachliche Kritik vor anderen	ruhige, sachliche Kritik unter vier Augen
Verschlechtert	69 Prozent	46 Prozent	7 Prozent
Gleich geblieben	24 Prozent	14 Prozent	10 Prozent
Verbessert	7 Prozent	40 Prozent	83 Prozent

Kritik und Leistung bei Berufsschülern (Moore)

Ähnlich negative Folgen kann es haben, wenn Führungskräfte abwesende Mitarbeiter kritisieren. Eine solche Bloßstellung wird von der Gruppe mit hoher Wahrscheinlichkeit als unfair empfunden. Sollte der Mitarbeiter davon erfahren, wird er das Vertrauen in seine Führungskraft verlieren.

Wer fragt, der führt

Offene und geschlossene Fragen

Mit Fragen bekunden Sie Interesse an Ihrem Gesprächspartner und können das Gespräch in die von Ihnen gewünschte Richtung lenken. Beachten Sie dabei den Unterschied zwischen offenen und geschlossenen Fragen. Letztere haben nur einen geringen Informationswert, da sie alternativ nur zu einem Ja oder Nein führen. Beispiel: „*War Ihr Urlaub schön?*" Antwort: „*Ja.*" Offene Fragen, so genannte W-Fragen, werden eingeleitet mit Wie, Warum, Wieso, Wodurch etc. Beispiel: „*Was haben Sie im Urlaub alles gesehen?*"

→ Ergänzende und vertiefende Informationen zum Thema Fragetechnik finden Sie im Kapitel B 1 im ersten Band dieser Buchreihe (Methodenkoffer Kommunikation).

Sprich per Ich

Keine Man-Botschaften

Ein Vorgesetzter sagt zu seinem Mitarbeiter „*So schreibt man keinen Reklamationsbrief.*" Was heißt hier „*man*"? Im Grunde will er sagen, dass ihm persönlich dieser Brief so nicht gefällt. Ersetzen Sie solche pauschalen Man-Botschaften durch die Ich-Botschaften, zum Beispiel so: „*Ich finde es nicht gut, wie Sie diesen Brief geschrieben haben.*“ Sie wirken auf Ihre Gesprächspartner glaubwürdiger, wenn Sie auf diese Weise Ihren Gefühlen Ausdruck verleihen. Die Ich-Botschaft drückt aus, dass ich ein Problem habe und den anderen benötige, um es zu beseitigen. Der Mitarbeiter wird Ihnen seine Hilfe nicht verweigern.

Aussagen mit eigenen Worten wiederholen

Aussagen „spiegeln"

Konfliktschwangere Aussagen Ihres Gesprächspartners sollten Sie mit eigenen Worten wiederholen. Sagt er: *„Ein Sauladen ist das hier*“, dann „spiegeln“ Sie diese Aussage so: *„Sie haben sich über irgendetwas sehr geärgert.*“ Mit dieser Technik bekunden Sie Ihrem Gegenüber, dass Sie ihm aktiv zuhören und sich auf ihn als Person und sein Empfinden konzentrieren.

Feedback geben

Sichtweisen rückmelden

Nach bestimmten Gesprächsabschnitten sollten Sie Ihrem Gesprächspartner rückmelden, wie Sie ihn oder die Situation sehen. Das ist besonders bei Missverständnissen und drohenden Konflikten nötig. In diesem Zusammenhang hilft auch der Sprung auf die Ebene der Metakommunikation, das heißt, Sie sprechen mit dem Partner über das Gespräch und dessen Verlauf.

→ Ergänzende und vertiefende Informationen zum Thema Feedback finden Sie im Kapitel B 3 im ersten Band dieser Buchreihe (Methodenkoffer Kommunikation).

11.3 Der richtige Ablauf des Kritikgespräches

Kritik gilt dem Verhalten

Der Sinn des Kritikgespräches ist es, ein Fehlverhalten des Mitarbeiters zu korrigieren, nicht aber, eine Person zu ändern. Die Korrektur gilt dem Fehlverhalten, nicht der Person. Im Gespräch sollen Lösungsbereitschaft erzeugt und ein für beide Seiten akzeptables Ergebnis gefunden werden.

Nicht bloß Dampf ablassen

Bei einem guten Kritikgespräch können Sie mehr erreichen, als bloß Dampf abzulassen. Um zu diesem Punkt zu gelangen, müssen Sie allerdings einige Regeln einhalten und etwas Zeit in die Vorbereitung investieren. Vermeiden Sie zum Beispiel bei einem Kritikgespräch persönliche Gefühle während Ihrer Argumentation.

Persönliche Kritik vermeiden

Eine persönliche Kritik wie: „*Sie sind unfähig*", trifft nicht nur hart, weil sie die ganze Persönlichkeit des anderen in Frage stellt, sondern fällt schließlich auch auf den Kritisierenden zurück. Ist der Mitarbeiter nämlich wirklich unfähig, dann wurde er nicht richtig eingesetzt (Eignungsproblem) oder nicht richtig ausgebildet (Weiß-nicht- und Kann-nicht-Problem).

Schritt 1: Vorbereitung

Ist die Kritik überhaupt nötig?

Bevor Sie kritisieren, fragen Sie sich bitte, ob Sie dies tun müssen. In aller Regel sind 50 Prozent aller Kritikgespräche überflüssig. Kritik ist fast immer ein Angriff auf das Selbstwertgefühl des Kritisierten. Sehr häufig dient sie dazu, das eigene Selbstwertgefühl zu heben: „*Da habe ich doch mal wieder Recht behalten.*"

Überlegen Sie sich vor dem Gespräch zuerst, mit welchem Mitarbeiter Sie es zu tun haben. Die richtige Einschätzung seiner Persönlichkeit wird Ihnen Fingerspitzengefühl vermitteln. Der eine braucht Ermunterung, der andere nicht.

Ohne emotionale Erregung

Gehen Sie nie in ein Gespräch, wenn Sie selbst noch emotional erregt sind. Das führt zur Eskalation. Die Vorbereitung beschert Ihnen nicht nur eine Klärung des Kritikpunkts, sondern hilft Ihnen auch dabei, sich emotional zu beruhigen. Ihr Mitarbeiter muss wissen, dass nicht sein gesamtes Verhalten Gegenstand der Kritik ist. Versuchen Sie nicht, den Kritisierten in eine bestimmte Richtung zu lenken. Selbstmotivation wird der Kritisierte dann viel leichter entwickeln, wenn er die eigenen Vorteile dieses Schritts begreift.

Genug störungsfreie Zeit reservieren

Vereinbaren Sie einen Termin für das Feedback-Gespräch und nennen dabei den Anlass, damit der andere sich ebenfalls vorbereiten kann. Reservieren Sie für das Kritikgespräch genug Zeit – mindestens eine halbe Stunde. Schließlich sollen sowohl Ursachen geklärt als auch gemeinsame Schritte zur restlosen Auflösung des Kritikpunktes festgelegt werden. Stellen Sie sicher, dass Sie während des Gesprächs nicht gestört werden.

Schritt 2: Gesprächseröffnung

Eröffnen Sie das Gespräch sachlich und freundlich. Schaffen Sie ein positives Klima.

Inhaltsebene freihalten

Solange die Beziehung positiv oder zumindest neutral ist, bleibt die *Inhaltsebene* quasi frei, das heißt, Mitteilungen können ungehindert zum anderen durchdringen. Fühlt sich jedoch mindestens einer der Gesprächspartner unwohl (beispielsweise durch Angst, Nervosität, Neid, Eifersucht etc.), dann wird die Beziehung wichtiger als der Inhalt. Der Beziehungsaspekt ist somit dem Inhaltsaspekt übergeordnet und bestimmt das Verständnis.

Schritt 3: Information

Sachverhalt klar beschreiben

Informieren Sie Ihren Mitarbeiter über den Gesprächsanlass und das Gesprächsziel. Durch die genaue Beschreibung des Fehlverhaltens erkennt Ihr Mitarbeiter, dass es Ihnen ernst ist und es nur um das angesprochene Fehlverhalten geht. Wenn Sie sich geärgert, gestört, enttäuscht oder gar verletzt fühlen, sagen Sie es. Verbergen Sie Ihre Gefühle dabei nicht, aber greifen Sie Ihren Mitarbeiter nicht an. Fragen Sie Ihren Gesprächspartner, ob er Ihre Gefühle nachvollziehen kann. Ist das nicht der Fall, liegt es vielleicht daran, dass Sie den Sachverhalt nicht klar genug beschrieben haben.

Fragen Sie Ihren Mitarbeiter: „*Sehe ich das richtig, dass Sie dreimal zu spät kamen? Welches Problem lag vor? Wie kam das? Können Sie sich die Probleme vorstellen, die wir infolgedessen hatten?*“ Beantworten Sie diese Fragen nicht selbst, sondern bitten Sie den Mitarbeiter, zum Problem Stellung zu nehmen.

Schritt 4: Die Stellungnahme des Gesprächspartners

Das Wort übergeben

Geben Sie Ihrem Mitarbeiter im Anschluss an Ihre Darstellung Gelegenheit, seine Position zu erläutern. Sogar bei Gericht kann der Angeklagte seine Sicht der Dinge mitteilen.

Max Frisch empfiehlt: „*Man sollte die Wahrheit dem anderen wie einen Mantel hinhalten, sodass er hineinschlüpfen kann, nicht wie ein nasses Tuch um den Kopf schlagen.*“

Ansätze zur Klärung suchen

Der Mitarbeiter soll von sich aus berichten. Er wird dadurch angehalten, seine bisherigen Erfahrungen zu überdenken und aus ihnen zu lernen. Versuchen Sie dabei selbst, durch aufmerksames Zuhören Ansätze zur weiteren Klärung herauszufinden. Fragen Sie nach Tatsachen. Angemessene Kritik wird am ehesten erreicht, wenn sie auf gesicherten Tatbeständen beruht. Fakten sind Grundlage einer handfesten Argumentation.

Lassen Sie mögliche Gefühlsausbrüche Ihres Mitarbeiters ruhig zu. Sie reduzieren so seine verständlichen Aggressionen. Vermeiden Sie, auf persönliche Angriffe sofort zu reagieren. Das würde zur Eskalation führen.

Ziel ist die Lösung des Problems

Mit diesem Vorgehen ist sichergestellt, dass das Kritikgespräch nicht in der Sackgasse endet. Denken Sie daran: Das Ziel des Kritikgesprächs ist nicht ein Wogenglätten, sondern die Lösung eines Problems – wenn nötig, inklusive Verhaltensänderung beim Betroffenen. Ein „demütiges" Gegenüber bringt Ihnen also gar nichts, wenn dessen Motivation dadurch untergraben wird.

Schritt 5: Die Ursachenanalyse

Ursachen erkennen

Analysieren Sie gemeinsam die Ursache des Fehlverhaltens oder des Problems. Vielleicht trifft die Organisation ein Mitverschulden? Diese Ursachen müssen erkannt und abgestellt werden.

Schritt 6: Lösungsvorschläge

Selbstverpflichtung motiviert

Fragen Sie den Mitarbeiter, wie er sich vorstellt, das Ziel zu erreichen. Lassen Sie ihn dabei das richtige Verhalten weitgehend selbst finden. Er weiß vermutlich sowieso am besten, was zu tun ist. Eine Selbstverpflichtung ist motivierender als äußerer Zwang. Erörtern Sie die Lösungsvorschläge mit Ihrem Mitarbeiter. Halten Sie das Ergebnis in einer kurzen schriftlichen Notiz fest, sodass Ihr Mitarbeiter und Sie eine Kontrollhilfe haben.

Kein Zwang

Zwingen Sie den Mitarbeiter nicht zu einem aus Ihrer Sicht erwünschten Verhalten. Zwang macht ein Verhalten nicht angenehm, eher das Gegenteil. Die Gefahr steigt, dass das erwünschte Verhalten wieder in unerwünschtes umschlägt. Müssen kann Wollen töten.

Schritt 7: Vereinbaren des zukünftigen Verhaltens

Folgern, was zu tun ist

Fragen Sie: *„Wie können wir gemeinsam in Zukunft diese oder ähnliche Fehler vermeiden?"* Kritik ist problemlösungs-, also zukunfts- und nicht vergangenheitsorientiert. Aus der Ursachenanalyse wird gefolgert, was zu tun ist. Die Frage lautet beispielsweise: *„Wie können Sie künftig solche Verspätungen ausschließen?"*

Ergebnisse dokumentieren

Sagen Sie Ihrem Mitarbeiter deutlich, wie Sie sich sein zukünftiges Verhalten vorstellen. Greifen Sie bei dem gesteckten Ziel jedoch nicht zu hoch, sodass der Mitarbeiter und Sie den Erfolg schneller sehen können. Sagen Sie Ihrem Mitarbeiter, dass seine Verhaltensänderung Nutzen stiftet. Klären Sie, welche Unterstützung Ihr Gesprächspartner vielleicht benötigt oder sich wünscht. Dokumentieren Sie gegebenenfalls die Ergebnisse.

Schritt 8: Kontrolle

Kontrolle als Hilfe

Sagen Sie Ihrem Mitarbeiter schließlich auch, dass Sie darauf achten, ob und wie das Fehlverhalten korrigiert wurde. Kontrolle ist keine Jagd auf Fehler, sondern eine Hilfe für den Mitarbeiter, sein Fehlverhalten zu ändern. Verbessern Sie die Möglichkeiten und Fähigkeiten Ihrer Mitarbeiter zur Selbstkontrolle und vermindern Sie entsprechend die Fremdkontrolle. Der Grundsatz lautet: So viel Selbstkontrolle wie möglich, so viel Fremdkontrolle wie nötig.

Erfolge würdigen

Vereinbaren Sie die Art und Weise der Kontrolle, ob das erwartete Verhalten eingehalten wird, zum Beispiel so: *„Könnten Sie mir bitte täglich Ihre Reklamationsbriefe vorlegen, damit ich sehe, ob …?"* Vergessen Sie bei Ihrer Kontrolle nicht, die Erfolge – auch kleine Schritte – zu würdigen. Erkennen Sie den Einsatz und die Ergebnisse an.

Schritt 9: Abschluss des Gesprächs und Nachbereitung

Gespräch positiv beenden

Beenden Sie das Gespräch genauso positiv, wie Sie es begonnen haben, etwa so: *„Ich freue mich, dass wir diesen Weg gefunden haben und bin sicher, dass Sie …"*

Eine konsequente Nachbereitung ist unumgänglich. Betrachten Sie jedes Kritikgespräch als Anfang eines Förderprozesses.

Im Gespräch bleiben

Geben Sie Ihrem Mitarbeiter daher regelmäßig Rückmeldung darüber, ob er sich auf dem richtigen Weg befindet. Bestärken Sie ihn durch positive Rückmeldungen, wenn sich Gelegenheit dazu ergibt. Vermeiden Sie aber, dass er sich überwacht fühlt. Fällt Ihr Mitarbeiter wieder in das alte Verhalten zurück, sollten Sie nicht zögern, ein weiteres Gespräch zu führen. So signalisieren Sie, dass Sie es ernst meinen und er lediglich zwei Möglichkeiten hat: entweder an sich zu arbeiten oder mit den Konsequenzen zu leben.

Kooperation fördern

Mit dieser Vorgehensweise respektieren Sie das Selbstwertgefühl Ihres Mitarbeiters und vermeiden Rechtfertigungsdruck oder gar das Gefühl von Minderwertigkeit. Indem Sie Konfrontation durch Ihre Art nondirektiver Gesprächsführung vermeiden, fördern Sie die Kooperation.

Literatur

Eckhard Bieger: *Den Ton treffen. Kompetenz für Gesprächsleitung, Rhetorik, Arbeitsgespräch, Rundgespräch, Diskussion, Konferenz, Fallbesprechung, Verhandlungsgespräch, Konfliktgespräch.* Hamburg: EB-Verlag 1999.

Claus D. Korf: *Das Kritikgespräch. Anleitungen, Erfahrungsregeln und rhetorische Hilfen für das Führungsgespräch mit dem Mitarbeiter.* 1992.

Rolf Meier: *Das motivierende Kritikgespräch. Erfolgsmerkmale, Praxis, Maßnahmen.* Regensburg: Walhalla 1997.

Klaus Rischar: *Kritik als Chance für Vorgesetzte und Mitarbeiter.* Renningen: expert 2002.

Klaus Rischar: *Schwierige Mitarbeitergespräche erfolgreich führen.* München: mvg 1990.

TEIL C

Strukturelle Führung

1. Visionen kreieren

Bitterer Beigeschmack

Das Thema Visionen ist seit etwa 25 Jahren Diskussionsgegenstand im Zusammenhang mit Fragen der unternehmerischen Strategieformulierung. Für viele Verantwortungsträger hat der Begriff Vision einen bitteren Beigeschmack im Sinne von Irrglauben oder Fanatismus. Das könnte mit den Besonderheiten der deutschen Geschichte im Zeitraum von 1933 bis 1945 zusammenhängen. Aber historische Fehlentwicklungen kann man nicht der Vision als solcher anlasten, sondern dem konkreten Inhalt. Visionen etwa von der Art „*I have a dream*“ (Martin Luther King) hatten ein zutiefst humanistisches Anliegen.

Zielvorstellung

Eine Vision ist eine Zielvorstellung. Sie ist aber noch mit Unklarheiten bezüglich des Weges, der Strategie und Taktik behaftet. Dennoch hat sie langfristigen Ziel- und Richtungscharakter, vorausgesetzt, sie wird nicht nur gedacht, sondern auch aktiv kommuniziert. Menschen und Unternehmen, die erfolgreich bleiben wollen, brauchen anschauliche Visionen.

1.1 Begriffsklärung

Definition „Vision“

Lexika definieren den Begriff Vision im Sinne von „geistiger Schau, Sinnestäuschung, Erscheinung in religiöser oder künstlerischer Verzückung“.

Visionäres Denken ist Denken außerhalb der Norm, ohne Schere im Kopf. Visionen sind das Ergebnis kreativer Höchstleistungen, ohne als skurril oder absurd empfunden zu werden: „*Sie sind innere Bilder einer künftigen Wirklichkeit, die realisierbar, heute aber noch nicht Realität sind.*“ (Höhler 1999, S. 208)

Klassifizierung von Visionen

Die folgende Abbildung zeigt, durch welche qualitativen und zeitlichen Dimensionen ein fast idealer Visionshorizont erreicht wird. Mit ihrer Hilfe lassen sich Visionen klassifizieren, und man kann erkennen, ob es sich um Fantasien oder um nahe liegende

Aufgaben handelt. Das ist wichtig, denn viele technologische Langfristprognosen liegen daneben, weil der Visionshorizont nicht beachtet wurde. Nach Schätzungen des US-Unternehmensberaters Steven Schnarrs (1989) sind es 80 bis 90 Prozent.

Visionshorizont

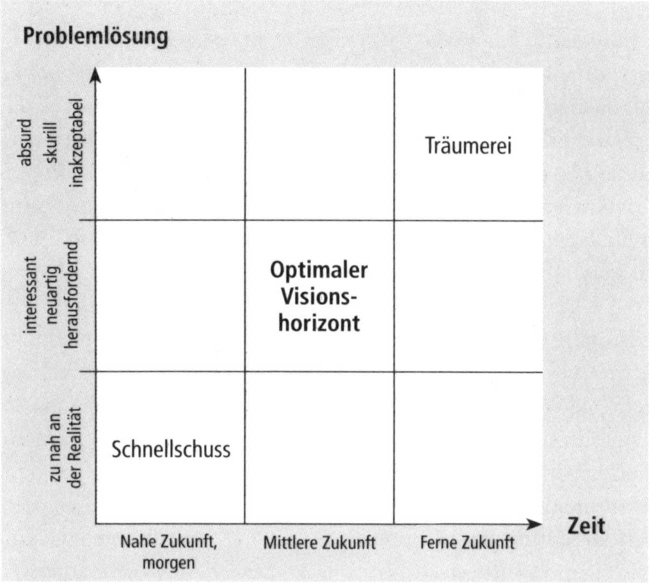

In der BWL vernachlässigt

In den meisten betriebswirtschaftlichen Lexika wird der Begriff Vision oder Visionsmanagement vernachlässigt. Eher wird man in der Beraterliteratur fündig, so etwa bei Rolf Berth. Er definiert den Begriff nicht nur im Sinne kreativer Höchstleistung, sondern als eine große Entdeckung, welche die Zukunft vorwegnimmt. Eine Vision soll auf lange Zeit Anregung und Ansporn bleiben und neue Dimensionen setzen (Berth 1981, S. 11).

1.2 Sinn und Zweck einer Unternehmensvision

Richtung weisen

Eine Vision darf sich nicht an die Schranken von heute halten. Sie dient dem ganzen Unternehmen als Richtungsweisung und soll Grenzen überwinden. Die Vision muss aktives Handeln fördern und reaktives bremsen.

Mit Stolz erfüllen

Auch in der folgenden Aussage des amerikanischen Management-Gurus Tom Peters wird nach einer Vision verlangt. Die klare und deutliche Benennung der Entwicklungsrichtung soll die Mitarbeiter nicht nur lenken, sondern sie auch mit Stolz erfüllen:

„*You have to know where you're going, to be able to state it clearly and concisely – and you have to care about it passionately. That all adds up to vision, the concise statement/picture of where the company and its people are heading, and why they should be proud of it. The elements of a successful vision, we believe, lurk in our sections on Customers, Innovation and People, tailored of course to your organization's specific circumstances.*" (Peters/Austin 1985, S. 284)

Visionsmanagement

Visionäre Zukunftsbilder richten sich zwar an Einzelpersonen, aber sie sollen kollektive Kraft entfalten. Um dies zu erreichen, wird gezieltes Visionsmanagement betrieben, denn die ganze Organisation soll motiviert und zielorientiert gesteuert werden. Daher besteht die Vision aus einem Zukunftsbild, das von den Unternehmensangehörigen angestrebt werden soll. Auslöser ist der Zwang nach Innovation und Leistungssteigerung, um die eigene Wettbewerbsposition zu stärken. Aus diesem Grunde wird die Vision oft mit Unternehmensleitsätzen und/oder Richtlinien (z. B. Führungsgrundsätzen) verknüpft. Damit soll nicht nur die Richtung vorgegeben werden, sondern auch die Art, wie die Vision erreicht werden soll.

1.3 Anforderungen an eine Unternehmensvision

Anforderungen an eine Vision

Peters und Austin haben folgende Liste von Anforderungen an eine Vision erstellt (1985, S. 284):

- Visionen müssen inspirierend sein.
- Visionen sind klar und herausfordernd.
- Visionen müssen marktbezogen sinnvoll erscheinen und den Turbulenzen der Zeit und Welt standhalten.
- Visionen sind eine Art Leuchtfeuer beziehungsweise Fanfare und bieten Orientierung und Halt.

- Visionen zielen in erster Linie auf die Motivation der Mitarbeiter und erst in zweiter Linie auf den Kunden.
- Visionen bereiten für die Zukunft vor, zeigen aber auch Anerkennung gegenüber der Vergangenheit.
- Visionen werden im Detail gelebt, statt breit vertreten.

Wichtig: bildhafte Vorstellung

Das Bildliche ist dabei wichtig, denn der Mensch ist ein Augentier. „*Ein Bild sagt mehr als 1000 Worte*", lautet ein altes Sprichwort. Mit der bildlichen Vorstellung, den besten Oberklasse-PKW zu bauen, kann man einen BMW-Werker eher begeistern, als mit der Vision, den Kurs der BMW-Aktie in den nächsten drei Jahren zu verdoppeln.

Saint-Exupéry hat es so formuliert: „*Wenn du ein Schiff bauen willst, dann trommele nicht Männer zusammen, um Holz zu beschaffen, Aufgaben zu vergeben und die Arbeit einzuteilen, sondern lehre die Männer die Sehnsucht nach dem weiten, endlosen Meer.*"

1.4 Der Nutzen von Visionen

Beispiel: Revolutionen

Dass eine Idee zur materiellen Kraft werden kann, zeigt die Menschheitsgeschichte. Revolutionen waren immer im positiven und leider auch im negativen Sinne von Visionen begleitet. Die Visionen dienten den Revolutionären als Energiequellen. Die einen träumen von einem vereinten Europa, die anderen träumten vom Großdeutschen Reich. Die 68er-Bewegung bezog ihre Kraft aus gesellschaftlichen Visionen beziehungsweise aus dem, was Ernst Bloch „das Prinzip Hoffnung" nannte.

Beispiel: Marxismus

Der Marxismus schöpfte seine Energien unter anderem aus der Vision einer klassenlosen Gesellschaft, womit letztendlich eine völlig neue Qualität von Wirtschaft, Gesellschaft und Politik gemeint war, aber sicher nicht das, was Stalin, Mielke und Genossen daraus machten. Mit dieser Vision konnte der stalinistisch geprägte Sozialismus ein Drittel der Welt erobern. Wie Recht hatte doch der sozialistische Vordenker Karl Marx mit seiner Aussage über den Wert von Visionen: „*Die Idee wird zur materiellen Gewalt, sobald sie die Masse ergreift.*"

Das ist in Firmen nicht anders als in der Gesellschaft. Visionen erzeugen menschliche Energie, die es zu nutzen gilt. Sie sind eine Art Kompass, der dafür sorgt, dass Management und Mitarbeiter von Unternehmen die richtige Richtung finden.

Fünf Erfolgsfaktoren

Rolf Berth, einer der führenden deutschen Experten auf dem Gebiet des Visionsmanagements, zählt die Vision oder die visionäre Orientierung zu den entscheidenden fünf Erfolgsfaktoren einer Unternehmung, und zwar in dieser Rangfolge:

1. Ergänzendes Aufeinanderzugehen
2. Vertrauensorganisation mit wenig Kontrolle
3. Einmaligkeit
4. Vision/visionäre Orientierung
5. Feindbild

Schriftlich formulieren, unternehmensweit publizieren

Er macht aber ausdrücklich darauf aufmerksam, dass die Vision schriftlich formuliert und unternehmensintern publiziert werden muss. „*Zwischen denjenigen (Firmen), die keine Visionen haben, und denjenigen, die nur eine mündliche besitzen, zeigen die empirischen Messzahlen keine merklichen Differenzen. Ergo: In der schriftlichen Fixierung liegt offenbar der besondere Wert.*“ (Berth 1993, S. 93) Wird dagegen eine Vision schriftlich formuliert und unternehmensweit publiziert, dann erzielt ein solches Unternehmen in der Regel einen höheren Umsatz, erwirtschaftet eine höhere Rendite und schreibt bei Innovationen schneller schwarze Zahlen als visionslose Unternehmen.

1.5 Empirische Befunde

Die US-Wirtschaftswissenschaftler James Collins und Jerry Porras kommen nach ihrer sechsjährigen Untersuchung von „visionären Unternehmen“ zu etwas anderen Ergebnissen als Rolf Berth. Sie stellten unter anderem fest:

- Die schriftlich niedergelegte Unternehmensvision ist nicht von dominanter Wichtigkeit für den Erfolg eines Unternehmens.
- Um ein erfolgreiches Unternehmen zu gründen, bedarf es keiner großartigen Anfangsidee.

- Visionäre Unternehmen unterwerfen sich nicht der „Tyrannei des Oder". Sie entscheiden sich für die paradoxe Sicht des „Und".
- Sie zeichnen sich durch Experimentierfreude aus.
- Visionäre Unternehmen halten konstant an ihren Grundwerten fest.
- Es bestehen keine „richtigen" Grundwerte. Zwei visionäre Unternehmen können verschiedene Philosophien haben und doch sehr erfolgreich sein.
- Visionäre Unternehmen rekrutieren ihre Manager in der Regel nach dem Grundsatz „Aufstieg vor Einstieg".
- Sie setzen riskante Ziele bewusst ein, um ihre Weiterentwicklung zu fördern. Das Management motiviert Mitarbeiter durch den Nervenkitzel, den riskante Ziele mit sich bringen.
- Es geht ihnen primär nicht darum, die Mitbewerber zu übertrumpfen, sondern sich immer wieder selbst zu überholen.
- In vielen visionären Unternehmen herrscht ein großer Konformitätsdruck.

Wenig visionäre Führung

Für den deutschsprachigen Raum stellte Rolf Berth fest, dass nur 12 Prozent der „Normalmanager" visionär orientiert führen. Noch zu Beginn der 1990er-Jahre stieß er auf eine breite Anti-Visions-Front. 93 Prozent seiner Gesprächspartner lehnten die Idee des Visionsmanagements ab.

Die Ursache könnte in der Häufigkeitsverteilung der verschiedenen Managementtypen liegen. Führungskräfte haben ihre mentale Heimat – so, wie andere Menschen auch.

Visionäre in der Minderheit

Nach Typologie-Studien des renommierten US-Psychologen Harold Leavitt befindet sich der Typ des Visionärs im Vergleich zu anderen Manager-Persönlichkeiten in der Minderheit, und zwar in diesem Verhältnis:

- (Reformerischer)Visionär: 5 Prozent
- (Systematischer) Entdecker: 11 Prozent
- (Vernünftiger) Analysierer: 32 Prozent
- (Konservativer) Anpasser: 11 Prozent
- (Vorsichtiger) Organisator: 22 Prozent
- (Geschickter) Macher: 19 Prozent

1.6 Fazit: Aus Visionen müssen Ziele werden

Leitbild, Vision und Ziel

Der Unterschied zwischen dem *Leitbild*, der *Vision* und dem *Ziel* liegt in der Konkretisierung der jeweiligen Absicht. Von der *Vision* bis hin zum operativen *Ziel* wird die Absicht Schritt für Schritt konkreter. Die der *Vision* folgende Stufe wäre die *Strategie*, dann sich ergebende *Ziele* und daraus folgend die *Maßnahmen*.

Das *Unternehmensziel* gilt als grundlegende Botschaft eines Unternehmens nach innen und außen. Erst wenn die Ziele qualifiziert, quantifiziert und terminiert, also soll-/ist-fähig sind, hat ein Unternehmen einen Wegweiser für sein Handeln und dessen Mitarbeiter haben den notwendigen roten Faden für ihr Tun. Vor- und nebengelagert ist das *Leitbild* des Unternehmens als die grundlegende Botschaft nach innen und außen:

Vom Leitbild zu Maßnahmen

GRUNDWERTE
des Unternehmens oder
LEITBILD
(gilt langfristig und allgemein)

▼

VISION
Konturen
(5-Jahres-Horizont)

▼

STRATEGIE
(2- bis 3-Jahres-Horizont)

▼

ZIELE
(1-Jahres-Horizont)

▼

MASSNAHMEN
(sofort)

Feindbild

Ein Sonderfall der Vision ist das Feindbild. Solche „Feindbild-Visionen“ sind für den Erfolg eines Unternehmens notwendig, wie ein Ergebnis aus der erwähnten Studie von Rolf Berth zeigt. Doch nur 16 Prozent der Unternehmen pflegen eine aggressive Marktgegnerschaft.

Zusätzliche Energien durch Gegnerschaft

Das Wort Feindbild sollte nicht in seinem eigentlichen Sinne verstanden werden. Hier bietet sich eher der Vergleich mit Sportlern an, denen die Gegnerschaft zusätzliche Energien verschafft. Wer die Anzeigen der Autovermieter in den vergangenen Jahren aufmerksam las, wurde Zeuge der Hassliebe zwischen Sixt und Avis („We try harder"). BMW und Daimler befinden sich seit vielen Jahren in dieser Art Konkurrenzkampf.

Höhere Innovationsquote

Auch anderen Unternehmen, die mit Feindbildern arbeiten, hat die mentale Gegnerschaft gut getan. Sie sind zweimal besser als solche ohne. Die Innovationsquote liegt im Vergleich sogar viermal so hoch. 70 Prozent aller japanischen Unternehmen arbeiten mit einem klar definierten Feindbild, etwa nach dem Motto: *„Den wollen wir schlagen."*

Literatur

Rolf Berth: *Erfolg. 50 Strategien für innovatives Management.* Düsseldorf: Econ 1993.

Rolf Berth: *Management zwischen Vision und Mittelmäßigkeit.* Stuttgart: Poeschel 1981.

J.C. Collins und J. Porras: *Visionen im Management.* München: Artemis und Winkler 1995.

Gertrud Höhler: *Spielregeln für Sieger.* München 1999.

Thomas J. Peters: *Thriving on Chaos – Handbook for a management revolution.* London: MacMillan Limited 1988.

Thomas J. Peters und N. K. Austin: *A Passion for Excellence. The Leadership Difference.* New York 1985.

Steven Schnarrs: *Megamistakes – Forecasting and the Myth of Rapid Technological Change.* O. O. 1989.

Ulrich Sollmann und Roderich Heinze: *Visionsmanagement. Erfolg als vorausgedachtes Ergebnis.* Zürich: 1993.

Brian Tracy: *Thinking Big. Von der Vision zum Erfolg.* Offenbach: Gabal 1998.

2. Leitbilder formulieren

Orientierung und Ausrichtung

Die wachsende Komplexität und die zunehmende Dynamik von Wirtschaft und Gesellschaft verunsichert Menschen und damit die eigenen Mitarbeiter. Arbeitsteilung und fortschreitende Spezialisierung erschweren zugleich die Kommunikation über diese Entwicklung. Um die isoliert voneinander tätigen Mitarbeiter – vom Pförtner bis zum Generaldirektor – auf eine gemeinsame Richtung hin auszurichten, bedarf es eines Leitbildes. Es könnte den Mitarbeitern eine grobe Orientierung im Dickicht der komplexitätsbedingten Unübersichtlichkeit geben. Im Idealfall sollte es sogar emotionalisierende Wirkung haben, um das Denken und Verhalten der Mitarbeiter zu stimulieren, vor allem im Sinne der strategischen Groborientierung des Unternehmens.

Einheitlichkeit und Verbindlichkeit

In dem Maße, in dem die Selbstorganisation ausgebaut wird, bedarf es einheitlicher Regeln, verbindlicher Orientierungen und Rahmenbedingungen. Auch dazu leisten Unternehmensleitbilder einen Beitrag.

2.1 Begriffsklärung

Soll-Vorstellungen

Ein Leitbild drückt kurz, präzise und verständlich aus, welche wesentlichen Werte für das Unternehmen wichtig oder verbindlich sind und wohin es sich orientiert. Es enthält also Soll-Vorstellungen über die erstrebenswerte Gestaltung des Unternehmens und seiner Zukunft. Zu diesem Zweck werden realisierbare, aber noch nicht vorhandene Zustände beziehungsweise Ziele beschrieben. Insofern kann man das Leitbild auch als die Summe von Jahreszielen betrachten.

Führungsinstrument der Rahmenplanung

Genau genommen ist das Leitbild ein Führungsinstrument der unternehmerischen Rahmenplanung, mit dem Unternehmensgrundsätze, Policies etc. in expliziter Weise formuliert werden.

In diesem Sinne dient es als Orientierungsrahmen für sämtliche operativen und strategischen Entscheidungen eines Unternehmens.

Grundbotschaften

Die Grundbotschaften eines Leitbildes sind Aussagen über die Art und Weise des Umgangs mit Mitarbeitern, Kunden, Lieferanten, gegebenenfalls Mitbewerbern und der Öffentlichkeit. Das Leitbild ist ein klares Bild der Gegenwart und der nahen Zukunft. Es kann primär nach außen (Kunden, Lieferanten, Öffentlichkeit) oder nach innen (Belegschaft) gerichtet sein.

Adressaten

Die Aussagen eines Leitbildes richten sich an die eigenen Mitarbeiter, an Kunden, Lieferanten, Aktionäre und an die Öffentlichkeit. Insofern kommt ihm eine Orientierungsfunktion zu, vor allem für Mitarbeiter und Führungskräfte. Zugleich hat es auch eine zentrale Funktion bei der Imagebildung des Unternehmens. Leitbilder sollten aber in ihrer grundsätzlichen Orientierungsleistung über die interne und externe Kommunikationsleistung nicht mit internen geschäftlichen Grundsatzregelungen verwechselt werden.

2.2 Das Verhältnis des Leitbildes zur Unternehmenskultur

Enge Beziehung zur Unternehmenskultur

Man muss den Begriff Leitbild ganzheitlich in einen Zusammenhang mit anderen Themen des Komplexes Unternehmenskultur stellen. Unternehmensphilosophie, Strategie, Ziele, Struktur und Unternehmenskultur müssen fachmännisch vernetzt und ständig harmonisiert werden, um wirksam zu sein. Ein Leitbild ist eher ein formal definiertes Oberziel, während die Unternehmenskultur eher den Ist-Zustand darstellt. Zwischen beiden besteht eine enge Beziehung.

Unternehmenspolitische Grundsätze sind eine Art Unternehmens-Grundgesetz ohne weitere Konkretisierung. Ergänzend dazu machen Unternehmensleitbilder Aussagen über generelle Zielsetzungen und geben Verhaltensanweisungen. Ihnen nachgeordnet sind Strategiepapiere, die sich durch einen hohen Grad an Konkretisierung auszeichnen. Sie informieren über nahe liegende Absichten und werden strikt vertraulich behandelt.

Bindeglied zwischen Vision und Strategie

Das Leitbild als Teil der Unternehmensführung ist als Bindeglied zwischen Vision und Strategie anzusehen. „*Das Unternehmensleitbild enthält die grundsätzlichsten und damit allgemein gültigsten, gleichzeitig aber auch abstraktesten Vorstellungen über angestrebte Ziele und Verhaltensweisen der Unternehmung. Es ist ein ‚realistisches Idealbild', ein Leitsystem, an dem sich alle unternehmerischen Tätigkeiten orientieren.*" (Knut Bleicher)

2.3 Inhalt von Leitbildern

Zweck und Verhalten des Unternehmens

Inhalte eines Unternehmensleitbildes sind die allgemeinen Ziel- und Zweckvorstellungen des Unternehmens sowie Aussagen über die Verhaltensweisen. Dazu gehören im Einzelnen Aussagen über Qualität, Preisniveau, Marktstellung, Neuheitscharakter, Serviceleistungen, geografische Reichweite, Verhalten gegenüber dem politischen System und Umwelt (siehe Fragenkatalog im Kapitel 2.5). Hierbei muss ein Kompromiss zwischen technisch machbaren, wirtschaftlich sinnvollen und sozial verträglichen Zielen gefunden werden.

Unterschiedliche Betonungen

Leitbilder enthalten einerseits branchenunabhängige Aussagen, andererseits branchenspezifische. Ein Blick in die Leitbilder von Unternehmen zeigt, dass diese ganz unterschiedliche Punkte betonen. Einige pointieren den Qualitätsaspekt, andere die Innovationsfähigkeit und manche das Verhältnis zur Gesellschaft.

Inhalte

Ganz grob kann man die Inhalte von Leitbildern so zuordnen:

- Unternehmenspolitische Grundsätze und strategische Missionen. Sie dienen als Vorgabe für Aktivitäten.
- Strukturgrundsätze der Unternehmensverfassung, der Aufbauorganisation und der Managementsysteme. Hier werden die Rahmenbedingungen für die Mitarbeiter gesetzt.
- Verhaltensgrundsätze für Führung und Zusammenarbeit. Sie enthalten meist eine Darstellung der Führungsaufgaben, verbunden mit Aussagen zum gewünschten Führungsverhalten.

2.4 Funktion von Leitbildern

Stabilisieren und orientieren

Das Leitbild kann gegebenenfalls dazu beitragen, Zukunftsängste abzubauen, und soll die Summe individueller Verhaltensweisen in eine gemeinsame Richtung lenken und stabilisieren. In diesem Zusammenhang bietet es gegebenenfalls eine Perspektive, wie die Unternehmenskultur in Zukunft beschaffen sein soll.

Motivieren und identifizieren

Leitbilder können eine Zielmotivation schaffen und die Identifikation mit dem Unternehmen verstärken.

Sinn geben

Ein Leitbild formuliert in der Regel auch den Sinn des Unternehmens. Bei den Beteiligten soll Einigkeit sowohl im Denken als auch im Wollen bestehen.

Imagefunktion

Leitbilder sollen die vielfältigen Bemühungen zur Imagebildung des Unternehmens in seinem Umfeld unterstützen.

Legitimationsfunktion

Die verschiedenen Interessen werden über die handlungsleitenden Grundsätze aufgeklärt und diese zugleich begründet.

Kulturelle Transformation

Leitbilder werden auch als Instrument unternehmungskultureller Transformation beim Übergang der bestehenden Kultur zur intendierten Soll-Kultur genutzt.

Mögliche Dysfunktionen

In vielen Leitbildern wimmelt es nur so von Glaubensbekenntnissen und irrealen Wunschbildern, die das Gefühl trügerischer Sicherheit vermitteln, zum Beispiel: „*Wir sind Spitzenreiter unserer Branche.*" Ebenso häufig trifft man auf Leerformeln, wie zum Beispiel: „*Wir streben nach Fortschritt*", und kosmetische Schönfärberei, die beispielsweise so formuliert wird: „*Der Mitarbeiter steht bei uns im Mittelpunkt.*"

Viele Leitbilder haben wegen ihrer fehlenden Glaubwürdigkeit eher eine kontraproduktive Wirkung. Dies ist zum Beispiel der Fall, wenn Mitarbeiter „verknöcherter" Unternehmen lesen: „*Unsere Führungskräfte sind Vorbilder und Impulsgeber für den Fortschritt.*"

2.5 Inhaltliche Anforderungen an Leitbilder

Um Dysfunktionen von Leitbildern zu vermeiden, sollten Leitbilder folgende Anforderungen erfüllen:

Allgemeingültigkeit Entscheidungsregeln sollen in möglichst vielen zukünftigen Führungssituationen anwendbar sein und sich nicht lediglich auf Einzelfälle oder eng abgegrenzte Teilbereiche des Unternehmens beziehen.

Wesentlichkeit Leitbilder sollen das Wichtige, Bedeutende, Grundsätzliche des zukünftigen Unternehmensgeschehens beeinflussen, jedoch nicht Randaspekte.

Vollständigkeit Die im Leitbild formulierten Regeln sollen sich nicht nur auf die anzustrebenden Ziele, sondern auch auf das einzusetzende Leistungspotenzial und die einzuschlagende Strategie beziehen, ohne jedoch in Widerspruch zur Allgemeingültigkeit zu geraten.

Wahrheit Der Inhalt von Leitbildern muss den wirklichen Auffassungen und Absichten der obersten Führungskräfte entsprechen und durch deren eigene Entscheide und Handlungen sichtbar bestätigt werden.

Realisierbarkeit Die Unternehmenspolitik muss sich an den zukünftigen „Umweltbedingungen“ und den unternehmenseigenen Möglichkeiten orientieren. Das bedeutet, dass Ziele grundsätzlich realisierbar sein müssen.

Konsistenz Die Unternehmungspolitik wird auf der Grundlage sehr vieler Entscheidungen realisiert. Um die beabsichtigte Koordinationswirkung zu erzielen, müssen die Einzelziele in einem harmonischen Verhältnis zueinander stehen. Entscheidungen dürfen sich nicht widersprechen.

Klarheit Unternehmenspolitische Grundaussagen sollen so formuliert werden, dass bei ihrer Interpretation und Konkretisierung keine Missverständnisse auftreten.

Fragenkatalog für den Anfang

Sie können damit beginnen, ein Unternehmensleitbild zu entwickeln, indem Sie den folgenden Fragenkatalog bearbeiten:

- Welche Bedürfnisse wollen wir mit unseren Marktleistungen (Produkten, Dienstleistungen) befriedigen?
- Welchen grundlegenden Anforderungen sollen unsere Marktleistungen entsprechen (Qualität, Preis, Neuheit)?
- Welche geografische Reichweite soll unser Unternehmen haben (lokaler, nationaler, internationaler Charakter)?
- Welche Marktstellung wollen wir erreichen (Marktanteil)?
- Welche Grundsätze soll unser Verhalten gegenüber den Marktpartnern (Kunden, Lieferanten, Mitbewerber) bestimmen?
- Welches sind unsere grundsätzlichen ökonomischen Zielvorstellungen bezüglich Gewinnerzielung und Gewinnverwendung?
- Welches ist unsere grundsätzliche Haltung gegenüber dem Staat?
- Wie stehen wir zu grundsätzlichen gesellschaftlichen Anliegen wie Umweltschutz, Gesundheitspflege, Kunstförderung u. Ä. m.?
- Wie verhalten wir uns gegenüber unseren Mitarbeitern bezüglich Entlohnung, Mitbestimmung, persönlicher Entwicklung etc.?
- Welche Art der Mitarbeiterführung wollen wir praktizieren?
- Welches sind unsere technologischen Leitvorstellungen?

2.6 Organisatorische Grundvoraussetzungen bei der Einführung von Leitbildern

Schriftlichkeit

Leitbilder müssen schriftlich formuliert werden, um ihnen programmatischen Charakter zu verleihen. Die Vorteile sind unter anderem, dass die ganze Belegschaft an die Einhaltung der aufgestellten Leitlinien erinnert wird. Das Problembewusstsein wird aktiviert und die Kommunikation erleichtert. Daraus resultiert ein gewisser Druck auf die gesamte Belegschaft, das Leitbild umzusetzen.

Normalität

Ein holprig formuliertes, auf Normalpapier niedergeschriebenes, von vielen Mitarbeitern mitverfasstes Leitbild ist in der

Regel transferwirksamer als ein unter Zuhilfenahme einer Werbeagentur geschliffen formuliertes, das in Hochglanzbroschüren an die Mitarbeiter verteilt wird. Das Entscheidende am Leitbild ist nicht das Leitbild selbst, sondern die damit verbundene Erwartung an das Verhalten. Darum sind die „Verhaltensakteure", also die Mitarbeiter, in den Entstehungs- beziehungsweise Diskussionsprozess möglichst einzubeziehen. Natürlich stößt dies je nach Unternehmensgröße auf Hindernisse. Ist eine umfassende Partizipation nicht möglich, muss zumindest umfassend informiert werden. Vertrauensbildung, Konsensfindung und Identifikation sind zwingend notwendig, um Leitbilder als Wegweiser nutzen zu können.

Einführung

Die Einführung von Leitbildern kann im Gegenstromverfahren von oben nach unten (top-down), wie auch von unten nach oben (bottom-up) erfolgen. Zunächst könnte die Führungsmannschaft einer Organisation ihre Sollvorstellungen formulieren, aber es wäre auch der umgekehrte Weg, von der Mitarbeiterebene her, denkbar. Wichtig ist, dass die obere Ebene die Sichtweisen der darunter liegenden und diese die der oberen Ebene erfährt. Dabei ist der Dialog und der Abgleich zwischen den hierarchischen Ebenen wichtig.

Begleitende Maßnahmen

Um Leitbilder wirksam werden zu lassen, bedarf es begleitender Maßnahmen, zum Beispiel Leitbildwerbung, Training oder vielleicht sogar eines Leitbildbeauftragten. Am wichtigsten sind jedoch die „lebendigen Leitfiguren". Wenn sich Führungskräfte nicht als Impulsgeber und Vorbild für die Leitphilosophie erweisen, dann entlarven sich die schönen Formulierungen des Leitbildes als plakative Fassade.

Unternehmen sollten sich davor hüten, einen Proklamationsdschungel entstehen zu lassen. Manche Unternehmen verfügen über ein allgemeines Leitbild, zusätzlich über ein Qualitätsleitbild, ein Innovationsleitbild, einige Grundaussagen zur Kundenorientierung, eine schriftliche Vision und Ähnliches. Hier verkehrt sich der Zweck des Leitbildes, Einheitlichkeit zu schaffen, in sein Gegenteil. Je knapper, kürzer und präziser das Leitbild ist, umso größer ist die Chance der Umsetzung.

Beispiel

Leitbild des Allgemeinen Deutschen Automobil-Clubs – ADAC

Der Allgemeine Deutsche Automobil-Club ist ein Verein. Er ist eine freiwillige, demokratische und unabhängige Vereinigung, die allen Kraftfahrern und am Verkehr interessierten Personen offen steht.

Das Mitglied steht im Mittelpunkt
Die Wünsche und Bedürfnisse der Mitglieder sind der Maßstab allen Handelns.

Der ADAC ist unabhängig
Er lässt sich bei der Entwicklung, Finanzierung, Abgabe und Sicherung seiner Leistungen nicht von Interessen Dritter bestimmen.

Der ADAC bietet Hilfe, Rat und Schutz
Eigene Dienstleistung hat Vorrang vor Vermittlungen fremder Leistungen, Hilfe vor Kostenersatz und individueller Rat vor allgemeiner Information.

Der ADAC wird geführt wie ein Unternehmen
An der Spitze des Clubs steht ein gewähltes Ehrenamt. Es bestimmt die aktiven Grundsätze der Clubpolitik und trägt gegenüber den Mitgliedern die Letzt-Verantwortung.

Der ADAC leistet Beiträge für das Gemeinwohl
Er setzt sich für die Verkehrssicherheit, den Schutz der Verbraucher und der Umwelt in Verkehr, Tourismus und Sport ein. Er nimmt sachverständig zur Verkehrspolitik Stellung.

Der ADAC setzt auf hohe Qualifikationen und Leistungsbereitschaft der Mitarbeiter
Ihre berufliche Entwicklung wird gefördert. Sie erhalten eine leistungs- und marktgerechte Vergütung. Im Interesse der Mitglieder handeln sie kreativ, engagiert und wirtschaftlich.

Der ADAC bietet Qualität
Seine Dienstleistung und Produkte sind zuverlässig und solide.

Es gibt nur einen ADAC
Der Gesamtclub, seine Gliederung und Tochtergesellschaften sind dem Leitbild des ADAC verpflichtet und treten einheitlich in Erscheinung. Nur aus zwingenden Gründen können Dienstleistungen und Produkte in Tochtergesellschaften ausgegliedert werden.

Der ADAC handelt sachlich und fair
Sein Selbstverständnis verpflichtet ihn zu besonderer Verantwortung.

Wichtige Fragen

Damit ein Leitbild auch tatsächlich der Unternehmensphilosophie entspricht und somit ein wirksamer Bestandteil der gelebten Unternehmenskultur wird, sollten folgende Fragen mit Ja beantwortet werden (vgl. Hinterhuber 1996, S. 66 f.):

1. Ist das Leitbild von der Führungsmannschaft selbst erarbeitet worden?
2. Wird das Leitbild von den Mitarbeitern akzeptiert und verteidigt?
3. Ist das Leitbild konkret?
4. Ist das Leitbild allgemein gültig?
5. Bezieht sich das Leitbild auf einen langen Zeithorizont?
6. Findet das Leitbild seinen Niederschlag im Verhalten des Unternehmers und/oder der obersten Führungskräfte?
7. Lassen sich die Unternehmensgrundsätze internen und externen Veränderungen anpassen?
8. Lässt sich die Einhaltung der Unternehmensgrundsätze überprüfen?

Literatur

Knut Bleicher: *Normatives Management, Politik, Verfassung und Philosophie des Unternehmens.* Frankfurt/M.: Campus 1994.

Thomas Böttcher: *Unternehmungsvitalisierung durch leitbildorientiertes Change Management.* Diss. Mering: Hamp 2002.

Jürgen Dummer und Meinolf Vielberg: *Leitbilder in der Diskussion.* Stuttgart: 2001.

Hans Hinterhuber: *Strategische Unternehmensführung.* Berlin: 1996.

Waldemar F. Kiessling und Peter Spannagl: *Corporate Identity. Unternehmensleitbild, Organisationskultur. Reihe Schwerpunkt Management.* Hergensweiler: Ziel 2004.

Jörg Tremmel (Hg.): *Unternehmensleitbild Generationengerechtigkeit – Theorie und Praxis.* Frankfurt/M.: IKO-Verlag 2002.

3. Unternehmenskultur gestalten

Unternehmenskultur ist Voraussetzung und Resultat aller Aktionen

Die Unternehmenskultur ist für sich genommen kein Strategiekonzept. Aber ihre Beschaffenheit begünstigt oder behindert unternehmensstrategische Planung oder Maßnahmen. Sie ist der Humus, auf dem eine Organisation gedeiht oder verkümmert und somit Voraussetzung für den Unternehmenserfolg oder Ursache für den Misserfolg. Schon 1933 erkannte der Begründer der betrieblichen Sozialpsychologie, Elton Mayo, dass Wertvorstellungen für das Verhalten und Handeln im Unternehmen bedeutsam sind. Darum ist der „Kulturpolitik“ des Unternehmens Aufmerksamkeit zu schenken. Alle in diesem Buch vorgestellten Strategiemodelle benötigen eine handlungsstimulierende Unternehmenskultur. Außerdem muss die Verbesserung der Unternehmenskultur ein zusätzliches Ergebnis der Unternehmensstrategie sein. Insofern ist die Unternehmenskultur Resultat und Voraussetzung aller Strategieaktionen.

3.1 Begriffsklärung

Definition „Unternehmenskultur“

Unter „Kultur“ lässt sich allgemein ein System von Wertvorstellungen, Verhaltensnormen, Denk- und Handlungsweisen verstehen, das von einem Kollektiv von Menschen erlernt und akzeptiert worden ist und eine Abgrenzung dieser sozialen Gruppe von anderen Gruppen bewirkt. Dementsprechend wird der Begriff Unternehmenskultur von vielen Autoren in Anlehnung an Professor Knut Bleicher (St. Gallen) als Gesamtheit von Normen, Wertvorstellungen und Denkhaltungen gedeutet, die das Verhalten der Mitarbeiter aller Stufen und somit das Erscheinungsbild eines Unternehmens prägen. Alternativ gebräuchliche Begriffe sind „Geist“, „Stil des Hauses“ oder „Corporate Culture“. Einige Autoren definieren den Begriff Unternehmenskultur auch ganz kurz mit „so, wie wir es hier bei uns machen“ (Drennan 1993, S. 1).

Abgrenzung zu anderen Begriffen

Das Wort Unternehmenskultur wird häufig mit Begriffen gleichgesetzt, die aber etwas anderes meinen, so zum Beispiel „Corporate Design“ als optische Identitätsdarstellung, „Corporate Identity“ als ganzheitliches Zeichen- und Symbolsystem einer Organisation, „Betriebsklima“ als subjektive Wahrnehmung der Unternehmenskultur, „Vision“ als eine Art Aktionsziel oder „Leitbild“ als Grundbotschaft des Unternehmens nach innen und außen.

Realer Ist-Zustand

Natürlich sind vor allem die Begriffe „Leitbild“, „Vision“ und gegebenenfalls „Unternehmensphilosophie“ eng mit der Unternehmenskultur verbunden. So ist beim Entwickeln von Leitbildern die derzeitige Unternehmenskultur ein wesentlicher Ansatzpunkt. Während aber das Unternehmensleitbild den gewünschten Soll-Zustand beschreibt, drückt die Unternehmenskultur den realen Ist-Zustand aus.

3.2 Kernelemente der Unternehmenskultur

Der Begriff Unternehmenskultur wird gern herangezogen, um das Besondere eines Unternehmens zu beschreiben beziehungsweise dessen Zusatzeigenschaften in Worte zu fassen. Diese drücken sich in folgenden Kernelementen auf besondere Art aus:

Geteiltes Werte- und Normensystem

Ein gemeinsam geteiltes Werte- und Normensystem ist von zentraler Bedeutung für konkrete Handlungsweisen im Unternehmen. Es trägt dazu bei, Wahrnehmungen zu filtern, Verhalten, Entscheidungen und Handlungen zu beeinflussen und zu legitimieren.

Werte

Werte sind Vorstellungen darüber, wie bestimmte Dinge sein sollten. Als Beurteilungsmaßstäbe helfen sie dem Individuum, Entscheidungen zu treffen. Sie können bewusst oder unbewusst das Handeln und Verhalten lenken.

Normen

Ergänzend dazu sind Normen Verhaltensregeln, die dazu dienen, dass sich die Mitarbeiter im Sinne des Unternehmens (wertkonform) verhalten. Ihre Beachtung ist mit Sanktionen wie Tadel,

Lob, Belohnungen, Beförderung etc. verbunden oder kann konkret durch Vorschriften, Ge- oder Verbote festgelegt sein. Im Hinblick auf die Unternehmenskultur ist dabei relevant, wie die Normen gelebt werden.

Grundannahmen *Grundannahmen* sind Ausgangspunkt für Werte und Handlungen. Es handelt sich hierbei um unsichtbare und überwiegend unbewusste Annahmen über das Wesen des Menschen, das Wesen menschlicher Handlungen und Beziehungen.

Sprache Innerhalb eines Unternehmens entwickelt sich eine spezielle *Sprache,* die auch dessen Wertesystem ausdrückt. Sprache wirkt in erheblichem Maße beeinflussend und dient so der Weitergabe der Werte an neue Mitarbeiter.

Geschichten und Legenden In jedem Unternehmen existieren *Geschichten* über Personen und Ereignisse; sie signalisieren den Mitarbeitern, worauf es im Unternehmen ankommt.

Erscheinungsbild Das Unternehmen kann durch sein *Erscheinungsbild* seine Werte nach außen hin darstellen. Dies kann durch die Kleidung der Mitarbeiter oder eine spezielle Architektur geschehen. So sollen offene Räume mit viel Glas und Licht Offenheit und Kommunikation ausdrücken.

Rituale und Zeremonien Neben der Sprache sind *Rituale und Zeremonien* einer der wichtigsten Bereiche zur Identifizierung und Formung der Unternehmensidentität. Jedes Unternehmen entwickelt spezielle Rituale, die sehr verhaltensprägend sind, zum Beispiel Betriebsfeiern, Wettbewerbe (der beste Mitarbeiter des Monats, IBM-Klub 100) und Festessen mit dem Vorstand.

Führungsstil Jedes Unternehmen zeichnet sich durch eine spezielle Art der Umgangsweise der Vorgesetzten mit ihren Mitarbeitern aus.

Das betriebliche Geschehen wird nicht nur von rationalen Managemententscheidungen her geprägt, sondern wesentlich von den Basisannahmen, Werten und Normen eines jeden einzelnen Mitarbeiters. Insofern ist ein Unternehmen mehr als die Summe nebeneinander agierender Personen. Es ist eine kommunikative Wertegemeinschaft, die der sichtbaren Kultur zugrunde liegt.

Ebenenorientierte Betrachtung

Man kann die Analyse der Unternehmenskultur neben der Einteilung in Kernelemente durch eine ebenenorientierte Betrachtung ergänzen. Diese Ebenen können in Form eines Eisbergs dargestellt werden. Jede einzelne Ebene mit unterschiedlichem Sichtbarkeitsgrad verkörpert hierbei bestimmte kulturelle Ausdrucksformen. An der Spitze stehen die beobachtbaren Verhaltensweisen, beispielsweise Kleidung und Sprache, unterhalb der „Wasseroberfläche" befinden sich die nicht sichtbaren Grundannahmen, zum Beispiel Lebenssinn und Weltbild.

Die Ebenen einer Unternehmenskultur

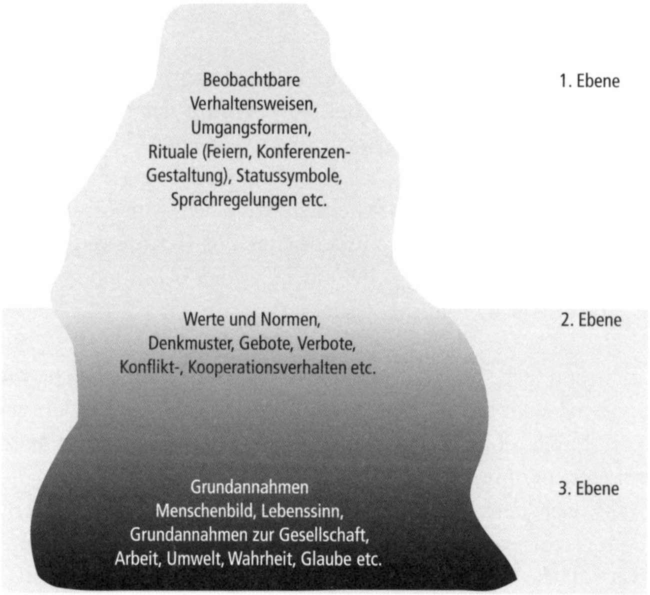

3.3 Funktion und Nutzen der Unternehmenskultur

Erfolgsprägender Faktor

Unternehmenskultur wird als erfolgsprägender Faktor des unternehmerischen Handelns verstanden. Mittels einer leistungsstimulierenden Unternehmenskultur will man nicht nur Organisationskrankheiten therapieren, sondern man will sie auch vorbeugend zur Steigerung der Unternehmensfitness einsetzen. Hierzu gibt es eine Vielzahl von Gestaltungsmöglichkeiten. Bevor man aber gestaltend auf die Unternehmenskultur einwirkt, sollte man sich ihre Funktionen vor Augen führen:

Koordinationsfunktion

Unternehmenskultur ist verhaltenssteuernd und vermittelt Richtlinien für das „tägliche Verhalten" der Mitarbeiter, indem sie Handlungsabläufe festlegt und Handlungsfreiräume definiert (gemeinsame Werte und Normen).

Integrationsfunktion

Unternehmenskultur schafft auch bei dezentralen Organisationsstrukturen ein Zugehörigkeitsgefühl der Mitarbeiter (Kultur als Konsens für alle).

Identifikationsfunktion

Unternehmenskultur erzeugt Identifikationsmöglichkeiten für den Mitarbeiter und vermittelt so den Sinn der Arbeit (Wir-Gefühl).

Motivationsfunktion

Unternehmenskultur setzt bei den Mitarbeitern Motivationspotenziale frei durch ein ausgeprägtes Wir-Gefühl und Teamgeist, zum Beispiel „Ich arbeite bei Daimler" (Kultur als Sinnvermittler für das interne Verhalten).

Der ökonomische Wert

Während sich die traditionelle Betriebswirtschaft primär mit „harten" Faktoren wie Gewinnmaximierung und Input-Output-Beziehungen beschäftigte, interessiert sich die moderne BWL für den ökonomischen Wert einer Unternehmenskultur. Sie fragt nach dem Imagewert, bestehend aus dem Kontaktwert, dem Nachfragewert auf dem Personalmarkt, dem Motivationswert für die Mitarbeiter, oder auch nach dem Public Relations-Wert und versucht, diesen zu berechnen.

3.4 Typen von Unternehmenskultur

Typologisierungsversuche

In der Literatur gibt es eine Menge Typologisierungsversuche zur Unternehmenskultur. Da diese die komplexe Wirklichkeit von Organisationen vereinfachen, existieren Unternehmenskulturen in der gesellschaftlichen Realität niemals in Reinform. Es handelt sich allenthalben um „Idealtypen". Exemplarisch soll hier die Typologie von Deal/Kennedy (2000) dienen:

Die Typologie von Deal/Kennedy

Feedback und Risiko

Die Autoren gehen von zwei charakteristischen Merkmalen der Unternehmenskultur aus: einerseits von der Geschwindigkeit, mit der ein Feedback über Erfolg oder Misserfolg stattfindet, andererseits vom Risiko, mit dem typischerweise ein Geschäft verbunden ist. Die beiden Kriterien werden dann in langsames und schnelles Feedback und in niedriges und hohes Risiko unterteilt und ermöglichen eine Einordnung des Unternehmens in eine Portfolio-Matrix. Jedem der vier Felder liegt eine „typische" Unternehmenskultur zugrunde:

Typologie nach Deal und Kennedy

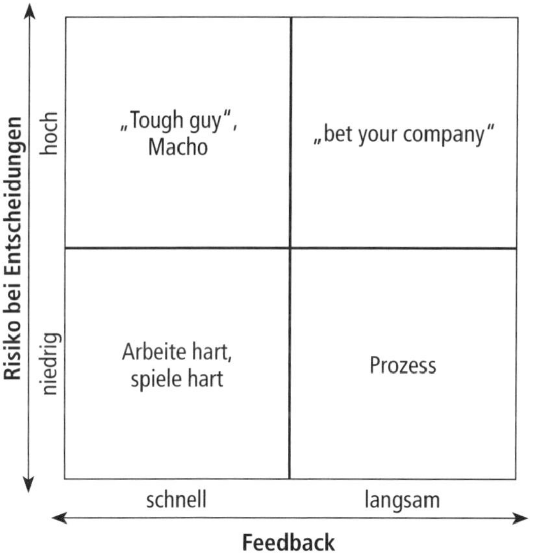

- *„Tough Guy"/Macho-Kultur:* Unternehmen mit vielen Individualisten, die bereit zu hohem Risiko sind und schnelle Informationen fordern (z. B. Marketingabteilungen).
- *Arbeite hart-/Spiele hart-Kultur:* Trotz schnellen Informationsflusses, geringe Risikobereitschaft (z. B. Automobilbranche).
- *Bet your company:* Trotz hoher Risikobereitschaft, langsamer Informationsfluss (z. B. Großmaschinenindustrie).

- *Prozess-Kultur:* Sowohl geringe Risikobereitschaft als auch langsamer Informationsfluss (z. B. Versicherungsunternehmen).

Die Typologie von Warren Bennis und Burt Nanus

Drei Typen

Warren Bennis und Burt Nanus (1985) gehen von drei Organisationstypen aus, die sich durch folgende Elemente unterscheiden: *„ihre Entstehung, ihre grundlegende Funktionsweise, die Art der geleisteten Arbeit, die Handhabung der Informationen, der Entscheidungsfindung und der Macht, Einfluss und Status"*.

Die drei Organisationstypen sind geprägt durch einen kollegialen, einen personalistischen oder einen formalistischen Organisationsstil:

Kollegialer Stil

1. Der *kollegiale* Organisationsstil ist durch eine demokratische Entscheidungsfindung charakterisiert. Durch offene Meinungsäußerung soll ein Konsens zu allen offenen Fragen hergestellt werden. Komplexe Probleme sollen mithilfe unterschiedlicher Denkansätze gut und schnell gelöst werden. Dieser Organisationsstil geht oft mit einer Unternehmensphilosophie einher, die auf Flexibilität und Spitzenleistung setzt.

Personalistischer Stil

2. Der *personalistische* Organisationsstil ist durch das Vertrauen zwischen Mitarbeitern und dem Eigentümer geprägt. Der Eigentümer legt Wert darauf, keine Distanz zu seinen Mitarbeitern aufkommen zu lassen und mit ihnen in Kontakt zu bleiben, ohne sich in Dinge einzumischen, von denen er nichts versteht. Er verzichtet auf äußerliche Statussymbole und positionsunterstreichende Extravaganzen. Die „soziale Architektur" dieses Organisationstyps zielt unter anderem auf die individuelle Selbstverwirklichung der Mitarbeiter, um auf diese Weise Produktivität und Leistung positiv zu beeinflussen.

Formalistischer Stil

3. Der *formalistische* Organisationsstil ist gekennzeichnet durch eine dezentrale Betriebsführung in Verbindung mit einer zentralen Unternehmenspolitik. Es handelt sich um das Grundmodell vieler Industrieorganisationen der letzten Jahre. Grundelement dieses Organisationsstils ist eine klare Hierarchie, welche die Kontrolle und Macht des Vorgesetzten

betont. Dementsprechend wird viel mit Vorschriften, Gratifikationen und Sanktionen gearbeitet. Führungskräfte heben sich in vielerlei Form von den Geführten ab und legen Wert auf Distanz. Das zeigt sich unter anderem an der Architektur der Chefetage. Kern dieses Organisationsstils ist ein Organigramm, mit dem Abläufe strukturiert werden, sodass diese kontrollierbar und nachvollziehbar sind.

Es ist schwer, diese Organisationsstile zu bewerten, denn sie sind im jeweiligen Gesamtkontext auf ihre Art erfolgreich.

Werte/Verhalten	Formalistischer Stil	Kollegialer Stil	Personalistischer Stil
Entscheidungsbasis	Anweisung von oben	Diskussion, Einigung	Innere Antriebe, Überzeugungen
Formen der Kontrolle	Vorschriften, Gesetze	Zwischenmenschliche- und Gruppenbindungen	Handlungen im Einklang mit dem Selbstkonzept
Quelle der Macht	Vorgesetzte	Was wir denken und fühlen	Was ich denke und fühle
Angestrebtes Ziel	Pflichterfüllung	Konsens	Selbstverwirklichung
Zu vermeiden ist	Abweichung gegenüber den Anordnungen von oben; Eingehen von Risiken	Nichtherstellung eines Konsens	Abweichung vom Selbstkonzept
Position gegenüber anderen	Hierarchisch	Gruppenorientiert	Individuell
Menschliche Beziehung	Festgefügt	Gruppenorientiert	Individuell orientiert
Wachstumsbasis	Erhaltung der hergebrachten Ordnung	Zugehörigkeit zur Gruppe der Gleichgestellten	Handelnd aufgrund von Selbstbewusstsein

Stilvergleich. Quelle: Bennis/Nanus 1985, S. 130

→ Ergänzende und vertiefende Informationen zum Thema Organisationsstile finden Sie im Kapitel E 7 dieses Buches (Vier Schlüsselstrategien).

3.5 Praktische „Kulturpolitik" im Unternehmen

Gelebte Kultur

Da Unternehmenskulturen keine festgeschriebenen Grundsätze sind, sondern vielmehr „gelebt" werden, gibt es viele Verhaltensweisen, an denen sie erkannt werden können. Dem Insider sind sie meist so vertraut, dass er sie oft nicht mehr wahrnimmt, während sie einem Außenstehenden sofort ins Auge springen. Nachfolgend einige Beispiele.

Kommunikation In welcher Art und Weise wird in einem Unternehmen kommuniziert? Administrativ-formalistisch und damit distanzierend oder informell-unkompliziert und damit motivierend?

Briefstil Ist der Briefstil offen, direkt, präzise, freundlich und kunden- beziehungsweise mitarbeiterbezogen oder bürokratisch, autoritär, unpersönlich und umständlich?

Umgang mit Kritik und Konflikten Kehrt man Konflikte von vornherein unter den Teppich? Sucht man zuerst nach Schuldigen oder nach sachlichen Problemlösungen?

Teamarbeit oder Einzelkämpfertum Arbeiten die Mitarbeiter vorwiegend als Einzelkämpfer oder im Team?

Titel und Hierarchie Werden Titel und Hierarchie stark betont, oder sind Arbeitsstil und Zusammenarbeit unkompliziert, sachbezogen und leistungsorientiert?

Antwortzeiten Reagiert man schnell auf Schreiben von außen oder innen? Gibt man bei längerer Bearbeitungszeit einen kurzen Zwischenbescheid, oder gehört es zum Stil des Hauses, dass man grundsätzlich ein paar Wochen auf Antwort warten lässt?

Sekretärinnen und Telefonistinnen Sind Sekretärinnen und Telefonistinnen abweisend und hochnäsig oder hilfreich und freundlich ?

Vor einigen Jahren wurden Führungskräfte und Mitarbeiter nach den praktischen und erfahrbaren Elementen einer Unternehmenskultur gefragt. Hier das Ergebnis in der Reihenfolge der genannten Wichtigkeit (vgl. Bromann/Piwinger 1992, S. 5f.):

1. Förderung der Selbstverantwortlichkeit der Mitarbeiter
2. Verbesserung der Teamarbeit
3. Verstärkte Beteiligung der Mitarbeiter an betrieblichen Entscheidungsprozessen
4. Mehr Informationen über betriebliche Vorgänge
5. Selbstverwirklichung am Arbeitsplatz
6. Freiheitsräume bei der Gestaltung von Arbeitsinhalten
7. Humanisierung des Arbeitslebens

8. Berücksichtigung der gesellschaftspolitischen Verantwortung des Unternehmens
9. Verbesserung der Arbeitsorganisation
10. Berücksichtigung ökologischer Fragestellungen

Literatur

Warren Bennis und Burt Nanus: *Führungskräfte. Die vier Schlüsselstrategien erfolgreichen Führens.* Frankfurt/Main 1985.

Peter Bromann und Manfred Piwinger: *Gestaltung der Unternehmenskultur.* Stuttgart 1992.

Rolf Busch: *Change Management und Unternehmenskultur, Konzepte in der Praxis.* Mering: 2000.

Terrence E. Deal und Allen A. Kennedy: *Corporate Cultures.* New York 2000.

David Drennan: *Veränderung der Unternehmenskultur.* London: McGraw-Hill 1993.

Burkhard Jaeger: *Humankapital und Unternehmenskultur. Ordnungspolitik für Unternehmen.* Diss. aus der Reihe Gabler Edition Wissenschaft. Wiesbaden: Deutscher Universitätsverlag 2004.

Nina Janich (Hrsg.): *Unternehmenskultur und Unternehmensidentität.* Reihe Europäische Kulturen in der Wirtschaftskommunikation Band 5, Wiesbaden: Deutscher Universitätsverlag 2005.

Jürgen Prott: *Unternehmenskultur und Personalführung im betrieblichen Alltag. Begriffliche Zusammenhänge und empirische Erkenntnisse.* Mering: Hamp 2004.

Karl-Klaus Pullig: *Innovative Unternehmenskulturen. Zwölf Fallstudien zeitgemäßer Sozialordnungen.* Leonberg: 2000.

Sonja Sackmann: *Erfolgsfaktor Unternehmenskultur. Mit kulturbewusstem Management Unternehmensziele erreichen und Identifikation schaffen – 6 Best-Practice-Beispiele.* Wiesbaden: Gabler 2004.

Hermann Simon: *Unternehmenskultur und Strategie; Corporate Culture and Strategy, Herausforderungen im globalen Wettbewerb.* Frankfurt/M.: Campus 2001.

4. Führungsgrundsätze entwickeln

Widerspruchsfrei und einheitlich

Führungsgrundsätze beschreiben das vom Unternehmen erwartete Verhalten von Vorgesetzten gegenüber den Mitarbeitern. Der Mitarbeiter erhält aufgrund des Normencharakters der Grundsätze ein Gefühl der scheinbaren Führungssicherheit, zumindest kann er das Verhalten seines Vorgesetzten auf seine Angemessenheit hin überprüfen und beurteilen. Zugleich sind Führungsgrundsätze ein Versuch, die Führungsphilosophie eines Unternehmens zu systematisieren, durchsichtig und damit leichter durchsetzbar zu machen, indem ein geschlossenes Begriffssystem angeboten wird. Das soll eine widerspruchsfreie und einheitliche Sprachregelung in Führungsfragen ermöglichen und Missverständnisse vermeiden.

„Macht" der Mitarbeiter

Je höher der Grad der Verbindlichkeit beziehungsweise der Normativcharakter der aufgestellten Führungsgrundsätze ist, desto größer wird die „Macht" der Mitarbeiter, das Führungsverhalten ihrer Vorgesetzten zu kontrollieren und darauf Einfluss zu nehmen. Für den Vorgesetzten heißt das, dass er sich der Bedeutung seiner Personalführungsaufgaben stärker bewusst werden muss, um diese nicht zu vernachlässigen und damit in Gefahr zu geraten, gegen die Führungsgrundsätze zu verstoßen.

Grundlegende Norm

Letztendlich dienen Führungsgrundsätze der Effizienzsteigerung, indem motivierende Rahmenbedingungen für das Zusammenwirken zwischen Vorgesetzten und Mitarbeitern geschaffen werden. Durch die vorgegebene Einheitlichkeit des Führungsverhaltens wird eine Gleichbehandlung der Mitarbeiter angestrebt. Außerdem informieren Führungsgrundsätze darüber, welches Rollenverhalten von Mitarbeitern und Vorgesetzten erwartet wird. Insofern handelt es sich also um eine grundlegende Norm, die zugleich Maßstab für die Beurteilung des Führungs- und des Leistungsverhaltens von Vorgesetzten sein kann.

Notwendige Veränderungen

Wer sich entscheidet, Grundsätze der Führung in einem Unternehmen einzuführen, der entscheidet sich dafür, Veränderungen anzustoßen und zuzulassen, bisherige Umgangsformen und Verhaltensweisen aufzugeben, Kompetenzen überprüfbar zu machen und, zumindest teilweise, abzugeben. Solche Veränderungen sind notwendig. Durch sie entsteht jedoch auch Unruhe im „gewohnten" System; es gilt, diese konstruktiv im Sinne von Fortschritt und Verbesserung zu nutzen und nicht destruktiv wirken zu lassen.

Explizit oder implizit

Führungsgrundsätze können entweder in schriftlicher Form (explizit) formuliert oder implizit als ungeschriebene Norm vorliegen. Letztere basieren auf individuellen Werten, Erfahrungen und Motiven der Unternehmenseigner, Führungskräfte oder Mitarbeiter. Zur Unterstützung der Umsetzung ist eine institutionelle Absicherung, etwa über entsprechend gestaltete Anreiz- und Sanktionssysteme, Weiterbildung oder Personalentwicklung vorteilhaft.

Teil des Führungssystems

Die Ausgestaltung der Verhaltensrichtlinien, die in den Führungsgrundsätzen enthalten sind, müssen mit anderen Führungsinstrumenten sowie den übrigen Organisations- und Personalgrundsätzen (z. B. Grundsätze der Aus- und Weiterbildung, Personalförderungssystem, Stellenbeschreibung und Anforderungsprofile) vereinbar sein und dürfen nicht im Widerspruch zueinander stehen. Sie müssen vielmehr eine Unteilbarkeit darstellen, denn alle zusammen ergeben erst das Führungssystem.

4.1 Form und Inhalte von Führungsgrundsätzen

Harzburger Modell

Inhaltsanalysen zeigen, dass Führungsgrundsätze in Aufbau und Formulierung weitgehend übereinstimmen. Bis Mitte der 1970er-Jahre dominierte das Harzburger Modell als Formulierungsgrundlage, das relativ einheitlich in den Firmen eingeführt wurde. Im Vordergrund standen dabei *„organisatorische Regelungen, unter anderem zur Kompetenzverteilung, Gestaltung der Informations- und Konsultationsbeziehungen und Aufbau- und Ablauforganisation."* (Wunderer 1997, S. 293) Dieses Modell wurde oft kritisiert, weil es sehr formal, bürokratisch und tendenziell autokratisch war. Das Modell berücksichtigte weder motivationspsychologische noch gruppendynamische Aspekte. So blieben vor allem individuelle Bedürfnisse auf der Strecke.

Kritik

Dieser Typ von Führungsgrundsätzen wurde infolge des Vordringens des kooperativen Führungsstils ab Mitte der 1970er-Jahre durch einen eher verhaltenswissenschaftlich orientierten Typus ergänzt beziehungsweise ersetzt. Das Konzept der kooperativen Führung ergänzte den bürokratischen Typ von Führungsgrundsätzen besonders im Bereich der Gestaltung der „sozialen" und „partizipativen" Führungsbeziehungen, also durch Betonung der Bereiche Vertrauen, wechselseitige Unterstützung, Selbstentfaltung, Achtung des Einzelnen und der Menschenwürde.

Das bessere Modell

Bis heute noch gilt das kooperative Führungskonzept als besseres Modell für die moderne Organisation, da der Vorgesetzte nicht mehr alles alleine bewältigen kann und auf die Zusammenarbeit mit qualifizierten und teamorientierten Mitarbeitern angewiesen ist. Das setzt aber eine hohe und vor allem dauerhafte Teammotivation aller Beteiligten voraus. Außerdem erfordert die Teambildung gegebenenfalls einen großen Zeitaufwand und reduziert damit die Entscheidungsgeschwindigkeit.

Bis Ende der 1980er-Jahre hatten alle größeren Unternehmen der westlichen Welt Führungsgrundsätze. Sie existieren oft neben den weiter gefassten Unternehmensgrundsätzen oder sind mit diesen Teil eines einheitlichen Dokuments.

Inhalte von Führungsgrundsätzen

Auf das Unternehmen zugeschnitten

Was letztendlich in den Führungsgrundsätzen eines Unternehmens steht, hängt von dessen externen (zum Beispiel Arbeitsmarkt, Wettbewerb, Gesetzgebung) und internen Rahmenbedingungen (Betriebsgröße, Firmengeschichte, Unternehmensziel) ab. Die Inhalte müssen sich also an der Realität des Unternehmens orientieren und auf dieses zugeschnitten werden.

Die formulierten Verhaltenserwartungen können mehr oder weniger umfassend sein. Die Praxis zeigt, dass sich die Verhaltensregelung zwischen den beiden Extremen der völligen Handlungsfreiheit und der absoluten Bindung durch strikte Handlungsnormen, die jede Verhaltenssituation erfasst, bewegt.

Soll- und Kann- statt Muss-Erwartungen

Es ist daher wichtig, den Verallgemeinerungsgrad der Aussagen so zu wählen, „*dass er einem Mittelmaß zwischen zu summarischer, leerformelhafter Grundsätzlichkeit und zu einschränkender Situationsgebundenheit entspricht*" (Knebel/Schneider 1983, S. 19). Nur so ist es dann den Betroffenen möglich, sich gerade in Problemfällen auf die aufgestellten Verhaltensregelungen zu berufen. Aber in den letzten Jahren ist festzustellen, dass sich Unternehmen von unabdingbaren verbindlichen Forderungen in gewollt imperativ gefassten Formulierungen (Muss-Erwartungen) verabschieden. Diese werden ergänzt oder gar durch Anordnungen grundsätzlicher Art (Soll-Erwartungen) oder durch lediglich führungsmäßige Verhaltensempfehlungen (Kann-Erwartungen) ersetzt.

Typische Regelungsinhalte

In den Führungsgrundsätzen finden sich fast immer folgende Regelungsinhalte, bei denen es sich überwiegend um die überfachlichen Aufgaben einer Führungskraft handelt (Führungsaufgaben):

- Delegierung von Aufgaben und Verantwortung
- Information
- Zusammenarbeit
- Anerkennung, Kritik, Beurteilung
- Fortbildung und Förderung der Mitarbeiter
- Dienstweg/Führungsweg
- Stellvertretung
- Beschwerde
- Kontrolle

Allgemeine Grundsätze

Oft werden den Führungsgrundsätzen allgemeine Grundsätze mit folgendem oder ähnlichem Inhalt vorangestellt:

- Verpflichtung gegenüber den Anteilseignern
- Leistung für den Kunden
- Verpflichtung gegenüber den Mitarbeitern
- Verantwortung gegenüber der Gesellschaft und der Umwelt
- Persönlicher Einsatz aller Mitarbeiter

Anforderungen an die Form

Knapp und verständlich

Grundsätzlich sollten Führungsgrundsätze knapp, übersichtlich, eindeutig, auf das Wesentliche beschränkt und verständlich formuliert sein, um eine wirkliche Zweckmäßigkeit und eine echte Befolgungschance zu garantieren. Sie sollten logisch aufgebaut sowie klar und deutlich in der Substanz sein. Ihre Aussagen müssen in einer dem inneren Zusammenhang der Grundsätze entsprechenden Gliederung dargelegt werden.

4.2 Voraussetzungen für die Wirksamkeit von Führungsgrundsätzen

Diese acht Voraussetzungen werden in Theorie und Praxis als notwendig angesehen, um Führungsgrundsätze erfolgreich einzuführen und umzusetzen:

1. Die Führungsgrundsätze müssen von der Unternehmensleitung anerkannt werden. Sie muss bereit sein, ihr eigenes Verhalten danach auszurichten und sich an den festgestellten Maßstäben messen zu lassen.

Mitarbeiter beteiligen

2. Sowohl Vorgesetzte als auch Mitarbeiter sollen bei der Entwicklung und Erarbeitung der Führungsgrundsätze beteiligt werden und die Möglichkeit haben, eigene Anregungen und Vorschläge einzubringen. Durch eine solche Zusammenarbeit wird die innere Übereinstimmung mit diesen Leitlinien erhöht, was deren Wirksamkeit verbessert.
3. Führungsgrundsätze müssen praktisch anwendbar sein. Sie sollten den Weg aufzeigen und den Rahmen abstecken. Dabei sind starre Regeln ebenso zu vermeiden wie Einzelfalllösungen. Optimales Führungsverhalten muss auch in gewissem Umfang stets personen-, situations- und aufgabenbezogen sein. Daher ist es wichtig, der Führungskraft genug persönlichen Spielraum für das im Einzelfall gebotene Verhalten zu geben.

Realistisch formulieren

4. Führungsgrundsätze müssen realistisch sein. Nur wenn dies garantiert ist, haben sie eine Chance, akzeptiert und verwirklicht zu werden.
5. Ein zielgerichtetes Führungsverhalten, wie in Führungsgrundsätzen gefordert, verlangt eine wiederholte und syste-

matische Schulung der Führungskräfte. Die Verwirklichung wird einfacher, wenn dieses Ziel von Seiten der Mitarbeiter aktiv unterstützt wird. Um dies zu erreichen, ist es notwendig, auch Mitarbeiter ohne Vorgesetztenfunktion an den oben erwähnten Schulungen zu beteiligen. Die verbindliche Einführung von Führungsgrundsätzen sollte nicht vor Ablauf einer Probephase auf der Basis eines Entwurfes erfolgen.
6. Werden Führungsgrundsätze als Beurteilungskriterium in die Beurteilung von Führungskräften aufgenommen, kann man dadurch ihre Anwendung fördern.
7. Die Förderung von Mitarbeiterinitiative durch Führungsgrundsätze wird fruchtlos bleiben, wenn ein Unternehmen seinen Mitarbeitern bei der Ausübung ihrer Tätigkeiten nicht das nötige Maß an Eigenverantwortung und Entscheidungsspielraum überträgt. Hier muss eine Abstimmung erfolgen, um die Realisierung der Führungsgrundsätze zu unterstützen.

Eigenverantwortung und Entscheidungsspielraum

8. Weiterhin ist es für eine erfolgreiche Einführung von Führungsgrundsätzen förderlich, wenn in Form von Stellenbeschreibungen Kompetenzen, Aufgaben und Verantwortlichkeiten schriftlich festgelegt werden.

4.3 Einführung von Führungsgrundsätzen

Schritte zur Verbreitung der Grundsätze

Die Einführung von Führungsgrundsätzen ist nur dann Erfolg versprechend, wenn das Unternehmen gleichzeitig Maßnahmen zu ihrer Unterstützung und Verbreitung ergreift. Dazu gehören unter anderem diese Aufgaben und Schritte:

- Schulung aller Führungskräfte über Führungstheorie und -praxis
- Gemeinsames Studium von Führungsgrundsätzen anderer Unternehmen
- Analyse der besonderen Führungssituation des eigenen Unternehmens
- Herausarbeiten der Schwerpunkte für die Führungsarbeit im eigenen Unternehmen in den nächsten Jahren
- Entwicklung eigener Führungsgrundsätze
- Aufstellen eines Aktionsprogramms zur Umsetzung der Führungsgrundsätze

Vom Entwurf zur endgültigen Fassung

Die eigentliche Entwicklung der Führungsgrundsätze beginnt mit der Erarbeitung eines ersten Textentwurfes durch eine Projektgruppe. Es empfiehlt sich, den Entwurf einem größeren Gremium vorzulegen, das ihn diskutiert und Verbesserungsvorschläge einbringt. Anschließend wird der mit neuen Ideen angereicherte Entwurf von der Projektgruppe überarbeitet. Ist man zu einem Konsens gekommen, wird eine endgültige Fassung formuliert und der Geschäftsleitung zur offiziellen Verabschiedung vorgelegt. An dieser Stelle ist es auch möglich, die Führungsgrundsätze als Betriebsvereinbarung zu verabschieden.

Akzeptanz aufbauen

Aber mit der Verabschiedung von Führungsgrundsätzen ist deren Umsetzung längst nicht gesichert. Daher sind im Rahmen der Einführung von Führungsgrundsätzen umfangreiche Informationsarbeiten notwendig, um eine möglichst breite Akzeptanz im Unternehmen zu erreichen. Gerade die Mitarbeiter, die nicht unmittelbar an der Entwicklung der Führungsgrundsätze beteiligt waren, müssen über Sinn, Zweck und Inhalt der Führungsgrundsätze und damit verbundenen Führungstechniken informiert und davon überzeugt werden.

Nützliche Maßnahmen

Dazu eignen sich verschiedene Maßnahmen wie zum Beispiel:

- Aufbau von Informationsständen
- Behandlung und Erläuterung einzelner Führungsgrundsätze in internen Publikationen, zum Beispiel der Hauszeitschrift
- Durchführen von Seminaren und Schulungen, auch für Mitarbeiter ohne Vorgesetztenstellung

Unsicherheiten vorbeugen

Durch umfangreiches Informieren und Aufklären über die neuen Grundsätze der Führung und Zusammenarbeit kann von Anfang an Ängsten, Unsicherheiten und Skepsis bei den Mitarbeitern vorgebeugt werden, indem man offen über Vor- und Nachteile sowie Inhalt der Grundsätze redet. Dafür ist im Übrigen keine Zeit zu schade, da nur Führungsgrundsätze, die auf eine breite Zustimmung stoßen, die Chance haben, richtig angewandt und damit gelebt zu werden.

Zeitbedarf

Ein wichtiger Aspekt bei der Einführung von Führungsgrundsätzen ist der Aspekt Zeit. Eine Umfrage bei 350 deutschen Unternehmen, die Führungsgrundsätze einführten, erbrachte einen Zeitbedarf von einem bis zu zwei Jahren. Bei der Deutschen Lufthansa dauerte der Meinungsbildungs- und Diskussionsprozess sogar ganze fünf Jahre.

4.4 Realisierung von Führungsgrundsätzen

Grundsätze am Leben halten

Allein die Tatsache, dass es Führungsgrundsätze gibt, garantiert noch nicht, dass sich am gewohnten Personalführungsstil in einem Unternehmen etwas ändert. Damit der gewünschte Erfolg eintritt, bedarf es verschiedener unterstützender Maßnahmen, die dazu dienen sollen, dass Führungsgrundsätze „gelebt" werden und nicht in der Schublade der Vorgesetzten verschwinden.

Folgendes Aktionsprogramm könnte dabei helfen, das gewünschte Führungsverhalten im Unternehmen nachhaltig zu implementieren:

1. Die Führungsgrundsätze sollten allen Mitarbeitern im Unternehmen ausgehändigt werden, auf jeden Fall aber allen Personen, die Vorgesetztenfunktionen ausüben, das heißt, der oberen, mittleren und unteren Führungsebene.

Aufgaben der Koordinierungsstelle

2. Die von der Unternehmensleitung eingerichtete Koordinierungsstelle erhält die Aufgabe, dafür Sorge zu tragen, dass die Führungsgrundsätze im Unternehmen ein fester Bestandteil der Führung werden. Sie hat dazu Maßnahmen einzuleiten, wie zum Beispiel Seminare und Mitarbeitertrainings. Sie sollte auch dazu da sein, Führungskräfte bei der Umsetzung der Grundsätze zu beraten, Verbesserungsvorschläge und Anregungen aufzunehmen und für eine kontinuierliche Überprüfung der Grundsätze hinsichtlich ihrer Aktualität zu sorgen.

Trainings

3. Bereits bei der Einführung sollte damit begonnen werden, in regelmäßiger Wiederholung Trainings für Vorgesetzte und Mitarbeiter zu veranstalten, damit die Führungsgrundsätze durch die wiederholte Beschäftigung und intensive Auseinandersetzung immer mehr als Verhaltens- und Führungsleitlinie verstanden und akzeptiert werden.

Publikationen

4. Durch wiederholte Publikationen von Artikeln, zum Beispiel in der Hauszeitschrift, über Sinn und Zweck von Führungsgrundsätzen, verknüpft mit Fallbeispielen aus der Betriebspraxis, wird die Information der betrieblichen Öffentlichkeit sichergestellt und intensiv betrieben. Die Führungsgrundsätze werden so zu einem Thema, über das man spricht.

Mitarbeiter heranführen

5. Die Umsetzung der Anwendung und Bekanntmachung der Führungsgrundsätze auf den mittleren und unteren Organisationseinheiten obliegt – neben der allgemeinen Informationsarbeit durch die Koordinierungsstelle – den jeweiligen Führungskräften. Sie haben dafür Sorge zu tragen, dass die Mitarbeiter gründlich und umfassend an das Thema Führungsgrundsätze herangeführt werden.
6. Führungsgrundsätze sind mit dem Beurteilungswesen für Führungskräfte zu verknüpfen. Dabei ist der Punkt Personalführung beziehungsweise Führungsverhalten besonders zu gewichten.

Wirksamkeit messen

7. Um die Wirksamkeit der Führungsgrundsätze zu messen, sollten in regelmäßigen Abständen Kurzumfragen und Situationsanalysen im Unternehmen durchgeführt werden, um Schwachstellen, Probleme oder Stärken festzustellen.

Literatur

Eduard Gabele, J. Hermann Liebel und Walter A. Oechsler: *Führungsgrundsätze und Mitarbeiterführung. Führungsprobleme erkennen und lösen.* Wiesbaden: 1992.

Heinz Knebel und Helmut Schneider: *Führungsgrundsätze: Leitlinien für die Einführung und praktische Umsetzung.* Heidelberg: Sauer 1994.

Andreas Matje: *Unternehmensleitbilder als Führungsinstrument: Komponenten einer erfolgreichen Unternehmensidentität.* Wiesbaden: 1996.

Ulrike Reisach: *Bankunternehmensleitbilder und Führungsgrundsätze: Anspruch und Wirklichkeit.* Köln: 1994.

Rolf Wunderer: *Führung und Zusammenarbeit: Beiträge zu einer unternehmerischen Führungslehre.* Stuttgart: 1997.

TEIL D

Zusammenarbeit, Kooperation

1. Teamwork praktizieren

Zeit und Energie bündeln

Der durch die Globalisierung zunehmende Konkurrenzkampf um Märkte und Marktanteile, die Verkürzung von Innovationszyklen sowie die technologischen Veränderungen wie das Internet zwingt die Unternehmen, flexibler und möglichst schnell auf Veränderungen zu reagieren. Jedes Unternehmen muss alle zur Verfügung stehenden Ressourcen nutzen, um mit anderen konkurrieren zu können, das heißt auch, alle Potenziale der Mitarbeiter ausschöpfen. Dies gelingt aber nur mit einer Organisationsstruktur, die Kommunikation und Information zulässt und keine Zeit und Energie verschwendet, sondern bündelt. Das ist aber in hierarchisch gegliederten Organisationen nicht möglich. Deshalb sehen viele Unternehmen Teamkonzepte als eine Möglichkeit an, den komplexer gewordenen Anforderungen gerecht zu werden.

1.1 Begriffsklärung

Gruppe versus Team

Eine allgemein gültige Definition der Begriffe Teamarbeit beziehungsweise Team gibt es nicht. Dennoch bemüht sich die relevante Literatur um eine Begriffsabgrenzung. Teamarbeit ist ebenso wie Einzel- und Gruppenarbeit eine Form der Arbeitsbewältigung. Im Gegensatz zur Gruppenarbeit sagt der Begriff „Teamarbeit" etwas über die Art der Arbeit beziehungsweise das erwartete Verhalten der Teammitglieder aus.

Nicht jede Arbeitsgruppe eines Unternehmens wird zum Team, betreibt also Teamarbeit. Aber jedes Team ist zunächst auch nur eine Arbeitsgruppe, also eine organisatorische Einheit wie Buchhaltung, Verkauf oder Ähnliches. Der Übergang von einer Arbeitsgruppe zum Team wird deutlicher, wenn man das Zustandekommen der Gesamtleistung betrachtet.

Merkmale eines Teams

Dennoch lassen sich folgende gemeinsame typische Merkmale eines Teams feststellen:

- Kleine, funktionsgegliederte Arbeitsgruppe
- Gemeinsame Zielsetzung und hohe Identifikation mit dem Ziel
- Intensive wechselseitige Beziehungen und verstärkte Kommunikation
- Kontinuierlicher Informationsfluss
- Ausgeprägter Teamgeist (Bereitschaft zu aktiver Zusammenarbeit)
- Autonomie bei der Umsetzung von Konzepten und Maßnahmen
- Gemeinsam entwickelte Vereinbarungen, die die Zusammenarbeit und das Miteinander regeln, Kenntnis spezieller Arbeitstechniken
- Unterschiedliche Ideen, Persönlichkeiten, Erfahrungs- und Arbeitsweisen wirken zusammen und addieren sich im Sinn von 2+2=5 (Synergieeffekt)

Positiver und negativer Verlauf

Zusammenfassend lässt sich sagen, dass die Differenzierung zwischen Teamarbeit und Gruppenarbeit schwierig ist. Was zunächst als Gruppenarbeit beziehungsweise als Gruppe beginnt, endet bei positivem Verlauf als Teamarbeit beziehungsweise Team. Aber umgekehrt kann auch Teamarbeit bei negativem Verlauf als simple Gruppenarbeit enden.

In den Unternehmen oder Organisationen werden verschiedene Formen der Gruppenarbeit ständig oder nur sporadisch praktiziert. Das Team ist in die Organisationsstruktur integriert oder existiert parallel dazu. Teamwork erfolgt abteilungsintern, abteilungs- oder unternehmensübergreifend und sowohl auf nationaler als auch internationaler Ebene.

Häufige Formen

Folgende Formen der Teamarbeit im Unternehmen sind festzustellen: Qualitätszirkel, KVP-Gruppen, Projektgruppen, teilautonome Arbeitsgruppen, organische Arbeitsteams (Abteilungen, Spezialteams etc.). Die Auswahl der Teamform richtet sich nach der betreffenden Aufgabe.

Formen der Gruppen- beziehungsweise Teamarbeit

Teamform	typische Merkmale	Aufgabe
Qualitätszirkel	■ kleine Gruppe bis 10 Personen ■ regelmäßige Treffen ■ homogene Arbeitsgruppe mit gleichem Arbeitsinhalt ■ Leitung durch einen Moderator ■ identisch mit der Organisation	Finden, Analysieren und Lösen von arbeitsplatz- und aufgabenbezogenen Qualitätsmängeln
Projektteams oder andere Spezialteams (Task-Force-Teams, Ad-hoc-Teams etc.)	■ kleine Teams mit 4-10 Personen ■ weitgehende Selbstorganisation, Selbststeuerung ■ interdisziplinär, u. U. auch hierarchieübergreifend oder unternehmensübergreifend zusammengesetzt ■ Führung durch einen Teamleiter ■ Repräsentation nach außen durch einen Teamsprecher ■ Produktions- und Dispositionsaufgaben ■ nicht identisch mit der Organisation	Lösung einer bestehenden Aufgabe oder eines Problems, Auflösung des Teams nach erfolgreicher Lösung
Virtuelle Teams	■ räumlich und zeitlich verteilt arbeitend ■ unternehmensübergreifend ■ ständige Kommunikation möglich	Beschleunigung von Entwicklungsprozessen und Entscheidungsprozessen
organische Arbeitsteams (Abteilungen), KVP-Gruppen, teilautonome Arbeitsgruppen	■ bis zu 20 Personen ■ Ergebnis-, Qualitäts- und Prozessverantwortung ■ Produktions- und Dispositionsaufgaben ■ Teamsprecher ■ identisch mit der Organisation	Steigerung der Wirtschaftlichkeit, Erhöhung der personalen Flexibilität, permanente Prozessverbesserung, Qualitätssicherung, Null-Fehler-Produktion

1.2 Voraussetzungen für Teamwork

Probleme erkennen, Lösungen finden

Teamfähigkeit bedeutet zunächst die Bereitschaft, überhaupt mit anderen zusammenzuarbeiten. Dem folgt die Fähigkeit, kommunizieren und mit Konflikten umgehen zu können. Teammitglieder müssen wissen, wie sie Probleme erkennen und gemeinsame Lösungen finden und umsetzen. Das korrespondiert eng mit ihrer Lernbereitschaft und -fähigkeit.

Auswahl der Mitglieder

Ausgangspunkt der Teambildung ist ein komplexes Problem oder eine Aufgabe, die nicht von einem Einzelnen gelöst werden kann, das heißt, die Komplexität und die Zielsetzung bestimmen zunächst die Auswahl. Experten mit Fachwissen werden ausgewählt, um ihr Wissen einzubringen. Aber auch die Zielsetzung ist mitentscheidend, besonders dann, wenn Dritte von den Auswirkungen der im Team getroffenen Entscheidungen tangiert werden. Diese sollten dann, unabhängig von ihrer fachlichen Kompetenz, von Anfang an in die Teamarbeit eingebunden werden, damit sie die getroffenen Entscheidungen später mittragen. Will man sicher sein, dass die gefundenen Lösungen auch von Angehörigen höherer Hierarchieebenen akzeptiert werden, so sollten diese ebenfalls im Team vertreten sein (vertikale Teams).

Nicht zu homogene Persönlichkeiten

Bezüglich ihrer Persönlichkeitsstruktur sollten die Mitglieder im Team, vor allem bei komplexeren Problemstellungen, nicht zu homogen sein, denn dies behindert Diskussion und Ideenproduktion. Deshalb sollte man Personen mit ins Team nehmen, die aufgrund ihrer Persönlichkeit Impulse in den Meetings geben.

Typologien

In der Literatur gibt es ein reichhaltiges Typologienangebot, um die Teammitglieder zu charakterisieren, zum Beispiel die Einteilung in den „Botschafter“, den „Macher“, den „Moderator“ und den „Experten“. Einige Mitglieder werden auch nur unter dem Gesichtspunkt ausgewählt, für ein gutes Arbeitsklima zu sorgen.

Diese Typologiemodelle lehnen sich an den schweizer Psychoanalytiker Carl Gustav Jung (1875–1961) an. Demnach hängt das Teamverhalten des Einzelnen davon ab, wie er sich in den folgenden Lebensbereichen verhält:

1. *Zwischenmenschliche Beziehungen:* introvertiert oder extrovertiert?
2. *Informationsbeschaffung:* praktisch oder kreativ?
3. *Entscheidungsfindung:* analytisch oder intuitiv?
4. *Selbst- oder Fremdorganisation:* strukturiert oder flexibel?

Daraus ergeben sich für die „Teamtest-Konstrukteure" und Modellanbieter folgende Teamrollen:

DISG-Modell	Insights-Modell	Leavitt-Modell	Team-Design-Modell
Kreativer	Reformer	Entdecker	Kreativer
	Inspirator	Visionär	Überzeuger
Analytiker		Analysierer	Bewerter
	Berater		Berater
Umsetzer	Direktor		Entscheider
Koordinator	Koordinator	Anpasser	Macher
Macher		Macher	
		Organisierer	
	Beobachter		Prüfer
			Bewahrer
	Motivator		
	Unterstützer		

Größe des Teams

Das Team sollte so klein wie möglich und so groß wie nötig sein, damit Kommunikation funktioniert und das Team nicht in Untergruppen zerfällt. Einen allgemein gültigen Richtwert gibt es nicht. Bei größeren Teams sollten Untergruppen eingeplant werden.

Mindestens fünf, höchstens zehn

Die Praxis zeigt, dass die optimale Größe bei fünf bis maximal zehn Mitgliedern liegt. Teams mit weniger als fünf Mitgliedern sind synergiearm, Teams mit mehr als zehn Personen zerfallen in Untergruppen. Hier ist das Geschehen für den Einzelnen nicht mehr überschaubar. Als Folge sinken Interaktivität und Produktivität.

Merkmale von Aufgaben

Zunächst ist zu klären, welche Aufgaben sich für die Bearbeitung im Team anbieten. Das sind vornehmlich Aufgaben beziehungsweise Probleme, die
- neuartig und komplex sind
- sich nur in mehreren Schritten lösen lassen
- schlecht strukturiert sind
- mehrere Fachbereiche des Unternehmens/der Organisation berühren und unternehmensüber- oder auch länderübergreifend sein können.

Die Lösung dieser Aufgaben/Probleme erfordert Kreativität, intensive Kommunikation und Interaktion zwischen den Mitarbeitern, also Teamarbeit.

Bei Aufgaben, deren Lösungsschritte und damit verbundene Entscheidungen vorgegeben und zwangsläufig sind, ist der Einsatz von Teams nicht sinnvoll, da die Kosten für die Teamentwicklung sowie die benötigte Zeit in keinem Verhältnis zum Nutzen stehen würden.

Teamziele

Die gemeinsam vereinbarten Ziele bilden neben den regelmäßig stattfindenden Teambesprechungen den „roten Faden" der Teamarbeit, denn nur vereinbarte, messbare Ziele vermitteln dem Team Erfolgsgefühle und halten so die Motivation aufrecht. Andererseits ermöglichen sie auch ein Controlling von Maßnahmen und Zwischenstationen auf dem Weg zur Zielerreichung.

Entscheidend für die Zielbildung im Team ist, dass die Ziele gemeinsam vereinbart werden und für alle als verbindlich gelten. Deshalb sollten sie schriftlich dokumentiert werden.

Organisation der Arbeit

Arbeitsorganisation ist wichtig, damit das Team produktiv arbeitet. Es muss zu Beginn einen Zeit- und Arbeitsplan aufstellen, der genaue Zielvereinbarungen und Regelungen für die Entscheidungsfindung enthält. Systematisches Arbeiten, effektive Arbeitstechniken (oft Kreativitätstechniken) gehören dazu. Das Management muss dem Team für seine Arbeit geeignete Räumlichkeiten, finanzielle Mittel, Arbeitshilfen sowie ausreichend Zeit für die wichtigen Teambesprechungen zur Verfügung stellen.

Tradierte Muster hinterfragen

Hinter der Teamarbeit steckt eine andere Idee von Organisation: Um „echte" Teamarbeit zu ermöglichen, sind Unternehmenswerte, tradierte Verhaltensmuster und Führungsstile in Organisationsstrukturen von Unternehmen kritisch zu hinterfragen.

Auswirkungen auf Struktur und Kultur

Eine teamorientierte Arbeitsorganisation hat Auswirkungen auf die Unternehmensstruktur. Starre Vorschriften, strikte Regelungen und Sanktionen schaffen kein leistungsförderndes Umfeld, in dem Offenheit und Kritikfähigkeit möglich sind. Deshalb sind streng hierarchisch gegliederte und autoritär geführte Unternehmen nur sehr bedingt in der Lage, Teamarbeit zu entwickeln. Einsicht in die strategischen Ziele und die wirtschaftliche Lage des Unternehmens muss ermöglicht werden (Transparenz). Nur dann werden sich die Teams für das Erreichen der Ziele einsetzen, weil sie sich mit ihnen identifizieren können. Dies hat Änderungen in der Unternehmenskultur zur Folge.

Teamführung

Der Teamführer kann vom Management bestimmt oder vom Team gewählt werden. In manchen Teams wechselt die Führung. Teamarbeit ohne Führung läuft Gefahr, unstrukturiert und unkoordiniert zu bleiben, was sich negativ auf die Teamleistung auswirkt. Jedes Team hat einen Auftraggeber, meist aus der Führungsebene, der gleichzeitig die disziplinarische Führungsverantwortung trägt. Mehr und mehr stellen Führungskräfte Teams zusammen und entwickeln sie weiter. Trotz allem sollte der Teamleiter nur *Primus inter Pares* sein, um das Team zum Erfolg zu führen.

Die Wahl des Teamleiters kann auch an die Gruppe delegiert werden. Manche Gruppen wählen das Rotationssystem, sodass jedes Teammitglied die Führung übernehmen kann. Die Teamleitung hat in jedem Fall aber eher die Funktion des Moderators und Betreuers als die der Führung im herkömmlichen Sinn.

Aufgaben der Teamleitung

Die Funktionsverteilung zwischen Teamleitung und Teammitgliedern richtet sich nach der jeweiligen Entwicklungsphase, in der sich das Team gerade befindet. Der Führungsstil sollte deshalb jeweils darauf abgestimmt sein. Zu Beginn steuert der Teamleiter noch stark, zum Beispiel bei der Sicherstellung des Zielverständnisses und der Festlegung der Rahmenbedingungen (Geld, Zeit, Personal). Im Laufe der Teamentwicklung muss er das Team koordinieren, Teammitglieder beraten, Konflikte managen, für das Team verhandeln, das Team nach außen repräsentieren sowie die Ergebnisse präsentieren. In Bezug auf die Zielvereinbarungen übt er auch eine gewisse Kontrollfunktion aus (Einhaltung von Terminen, Zeitbudget etc.).

Leitung tritt in den Hintergrund

Im Laufe des Teamentwicklungsprozesses übernehmen die Teammitglieder viele der genannten Funktionen selbst. Die Teamleitung tritt immer mehr in den Hintergrund; sie baut ihre eigene Dominanz zugunsten des Teams ab.

1.3 Praxis der Teamarbeit

Phasenmodelle

Die Entwicklung einer Gruppe zum Team verläuft immer in ähnlichen Phasen. Verschiedene Autoren haben solche Phasenmodelle aufgestellt, mit deren Hilfe beschrieben werden kann, wie weit der Teamentwicklungsprozess fortgeschritten ist und welche Maßnahmen zu seiner Weiterführung einzuleiten sind.

Sachliche und menschliche Seite

Dieser Teamentwicklungsprozess vollzieht sich auf einer sachlichen Ebene (sachliche Bewältigung der Aufgabenstellung und Selbstorganisation) und auf der Interaktionsebene (die menschlichen Seiten des Teams). Im engen Zusammenhang mit diesen Phasen steht die Funktion und Rolle des Teamleiters.

Orientierungsphase

Kennenlernen, Ziele klären

Das Team entsteht. Jeder hat bestimmte Erwartungen und muss die eigene Rolle finden. Man lernt sich kennen. Auf der Sachebene werden Informationen gesammelt und Ziele geklärt.

Konflikt- oder Konfrontationsphase

Dies ist eine der entscheidendsten Phasen, da hier wesentliche Grundlagen für die erfolgreiche Weiterarbeit gelegt werden. Auf der Interaktionsebene werden Gefühle nicht mehr versteckt, Machtkämpfe offen ausgetragen und Positionen verteidigt. Dies ist ein wichtiger Schritt für die Verteilung der Rollen im Team. Auf der Sachebene werden Diskrepanzen zwischen persönlichen Vorstellungen, Erwartungen, Ideen und den Aufgaben deutlich. Methoden der Aufgabenbewältigung werden diskutiert, und Konflikte mit der Teamleitung sind die Regel. Am Ende dieser Phase sind die Rollen jedoch verteilt, und über das Vorgehen und die Arbeitsweise besteht ein allgemeiner Konsens. In dieser Phase ist ein besonderer Interventionsbedarf von Seiten der Führung erforderlich, da hier die Gefahr der Auflösung bei einer niedrigen Frustrationsschwelle der Gruppe besonders groß ist.

Konsens-, Kooperations- oder Kompromissphase

Wir-Gefühl

Langsam entsteht ein Wir-Gefühl. Es findet ein offener Austausch von Ideen, Gedanken, Daten etc. statt. Die Kooperation nimmt im ganzen Team zu. Auftretende Konflikte werden dazu benutzt, „Spielregeln" zu vereinbaren, die für die zukünftige Arbeit als Richtschnur gelten. Die Teamleitung wird allmählich von den eigentlichen Gruppenaufgaben entlastet.

Integrations- und Wachstumsphase

Reifephase

Diese Phase wird häufig auch „Reifephase" genannt. Aufgrund der hohen Kohäsion innerhalb des Teams nehmen die positiven Erlebnisse während der Teamarbeit zu, sodass die gesamte Teamenergie in die Aufgabenbewältigung fließen kann. Der Selbststeuerungsprozess ist nun sehr hoch; es finden weiterhin regelmäßige Feedbacksitzungen zu Problemen auf der Sach- und Interaktionsebene statt. Die Abhängigkeit vom Teamleiter wie in der Anfangsphase ist jetzt nicht mehr gegeben. Das Team als Ganzes übernimmt die Verantwortung für das Ergebnis.

Organisationsentwicklung

Die Einführung von Teamarbeit bedeutet neben strukturellen und organisatorischen Veränderungen im Unternehmen auch einen großen Eingriff in das psychosoziale Geschehen. Erfahrene Personal- und Organisationsentwickler sollten hinzugezogen werden. Alle betroffenen Personengruppen des Unternehmens oder der Organisation sollten im Rahmen eines *Organisationsentwicklungsprozesses* daran beteiligt sein. Theoretiker und Praktiker empfehlen für den Einführungsprozess, eine Projektstruktur mit verantwortlichem Auftraggeber, einem Lenkungsteam, einem Projektteam und einem Projektleiter einzurichten.

Sechs Phasen

Im Organisationsentwicklungsprozess können sechs Phasen unterschieden werden:

1. Sondierung und Start
2. Ist-Analyse
3. Schaffung gemeinsamer Visionen und Zielvereinbarungen
4. Teamkonzepte entwickeln
5. Teamarbeit umsetzen
6. Kontrolle und Weiterentwicklung der Teamarbeit

Sondierungs- und Startphase

In der *Sondierungs- und Startphase* beginnt die Information für alle Beteiligten. Es wird analysiert, welche unterstützenden beziehungsweise hemmenden Faktoren es bezüglich der Teamarbeit im Unternehmen gibt. Dann erst wird entschieden, ob eine Einführung sinnvoll ist. Nun wird der Projektleiter bestimmt und/oder externe Berater herangezogen.

Ist-Analyse

Nachdem sich das Projektteam gebildet hat, wird die Ausgangssituation und die Problemstellung in einer *Ist-Analyse* festgestellt. Bestehende Produktions- oder Dienstleistungsprozesse, technische und räumliche Gegebenheiten, organisatorische Regelungen und Strukturen sowie personelle Besonderheiten werden analysiert. Nach dem Ergebnis dieser Analyse richtet sich die Einführungsstrategie.

Begleitende Maßnahmen

Ebenso gibt die Analyse Aufschluss darüber, welche begleitenden methodischen und sozialen Qualifizierungsmaßnahmen für Mitarbeiter und Führungskräfte durchzuführen sind (Teamtraining, Coaching der Gruppen, Führungskräftetraining, Schulung der Gruppensprecher etc.).

Aus der Organisationsanalyse wird das Konzept der Teamarbeit konkretisiert und *Ziele* abgeleitet. Auf dieser Grundlage wird das *Teamkonzept* unter Mitwirkung aller Betroffenen erarbeitet. Treibende Kraft ist hier aber noch das Projektteam. Einzelaufgaben werden an Mitarbeiter übertragen (z. B. Entlohnungskonzept). Wie die Teamarbeit dann umgesetzt wird, hängt vom Erfolg der Personalentwicklungsmaßnahmen sowie der Schaffung der entsprechenden organisatorischen und technischen Voraussetzungen ab. Während der Einführung werden die einzelnen Entwicklungsschritte kontinuierlich überprüft. Es wird empfohlen, das zur Einführung gebildete Projektteam noch über die Einführungsphase hinaus bestehen zu lassen, als zusätzliche Controlling- und Unterstützungsfunktion für die Teams.

Zusammenfassend lässt sich sagen, dass es kein Patentrezept für die Einführung von Teamarbeit gibt, sondern jedes Unternehmen sein eigenes Teamarbeitskonzept und damit seine eigene Strategie zur Einführung entwickeln muss.

Literatur

Ulrike Bergmann: *Erfolgsteams. Der ungewöhnliche Weg, berufliche und private Ziele zu erreichen.* Offenbach: Gabal 2005.

Gerhard Garreis und Peter Geisler: *Der Teamquotient. Verbesserung der Teamarbeit durch ein neues Instrument der Teamdiagnostik.* Renningen: expert 2004.

Armin Krenz: *Teamarbeit und Teamentwicklung. Grundlagen und praxisnahe Lösungen für eine effiziente Zusammenarbeit.* Weinheim: Belz 2002.

Wolfgang Krüger: *Teams führen.* Freiburg: Haufe 2004.

Rolf Meier: *30 Minuten für erfolgreiche Teamarbeit.* Offenbach: Gabal 2004.

Hans Thäler: *Teamwork in Organisationen. Ein Handbuch für Mitarbeiter und Freies Geistesleben.* Stuttgart 2001.

Rolf van Dick und Michael A. West: *Teamwork, Teamdiagnose, Teamentwicklung.* Göttingen: Hogrefe 2005.

2. Gruppenarbeit nutzen

Veränderte Wettbewerbsanforderungen, der technologische Fortschritt und der gesellschaftliche Wertewandel führen dazu, dass Unternehmen ihre betrieblichen Strukturen und Strategien überprüfen. Gruppenarbeit nimmt dabei eine zentrale Rolle ein. Auch „reife" Mitarbeiter wünschen sich eine inhaltsreiche und verantwortungsvolle Arbeitstätigkeit mit Handlungs- und Entscheidungsspielraum, wie sie für Gruppenarbeit typisch ist.

Wurzeln in Skandinavien und Japan

Gruppenarbeit ist nichts fundamental Neues. Bereits Anfang der 1970er-Jahre wurde das Konzept in den skandinavischen Unternehmen Volvo und Saab praktiziert. Auch in der ostasiatischen Wirtschaftskultur wird Gruppenarbeit schon lange als Motivations- und Produktivitätsquelle genutzt. Der Nutzen wurde dort schon vor Jahrzehnten durch das japanische Wirtschaftswunder bestätigt. Aber erst, als das Massachusetts Institute of Technology (MIT) Anfang der 1990er-Jahre die Architektur des Lean Management beschrieb, interessierten sich westliche Manager plötzlich für das kollektive Zusammenwirken am Arbeitsplatz. Das Thema Gruppenarbeit gelangte auf einen vorderen Platz der unternehmenspolitischen Tagesordnung.

2.1 Begriffsklärungen

Der Begriff „Gruppenarbeit"

In der Literatur existiert für den Begriff der Gruppe – trotz der langen Tradition gruppentheoretischer Forschung – kein einheitliches Verständnis. In der Summe der vorliegenden Definitionen lässt sich der Begriff Gruppenarbeit im Sinne sich selbst steuernder Arbeitsgruppen wie folgt umschreiben:

- Gruppenarbeit vollzieht sich als dauerhafte Zusammenarbeit einer Gruppe.
- Die planenden, steuernden und kontrollierenden Funktionen werden in die ausführenden (re)integriert.

- „Zerstückelte" Tätigkeiten werden zu sinnvollen und überschaubaren Arbeitsgebieten zusammengefasst. Die Gruppe ist für die Erledigung eines überschaubaren Arbeitskomplexes selbst verantwortlich.
- Die Gruppenmitglieder verrichten nicht nur gleichartige oder ähnliche Arbeitsgänge, sondern auch vertiefende, zum Beispiel die Qualitätskontrolle und Instandhaltung. Selbst die Regelung kleiner Konflikte nimmt die Gruppe vor.

Vorteile der Gruppenarbeit

Diese Form der Arbeitsorganisation verringert innerbetriebliche Abstimmungswege und reduziert den Koordinationsaufwand. Sie eröffnet neue Entscheidungs- und Handlungsspielräume für die Mitarbeiter. Auch fordert und fördert sie deren Fach-, Sozial- und Methodenkompetenz, denn nun nimmt die Gruppe einen Teil jener Aufgaben wahr, die früher dem Management vorbehalten blieben. Dadurch relativiert sich die Grenze zwischen Führung und Ausführung. Die Eigenverantwortung der Teams könnte auch die Besserwisserei des Managements bremsen.

In der Praxis existieren unterschiedliche Bezeichnungen für Gruppenarbeit, zum Beispiel Fertigungsteam, Fertigungsinsel, Gruppenfertigung, teilautonome Arbeitsgruppe, Fraktalteam.

2.2 Formen der Gruppenarbeit

Gruppenarbeit nebeneinander

Bei der Gruppenarbeit *nebeneinander* arbeitet jeder an einer Aufgabe, aber gemeinschaftlich mit anderen. Das war der Fall, als sich früher die Frauen eines Dorfes zum Spinnen trafen, dabei sangen und plauderten. Dieses Nebeneinander stimulierte die Einzelleistung, man lernte voneinander und löste kleine Probleme gemeinsam. Auf die betriebliche Praxis bezogen, ändert sich dieses Nebeneinander nicht grundsätzlich, wenn das Arbeitsergebnis an Kollegen oder andere Abteilungen weitergereicht wird.

Gruppenarbeit füreinander

Bei der Gruppenarbeit *füreinander* wird im Prinzip auch nebeneinander an Einzelarbeitsplätzen gearbeitet, jedoch wird das jeweilige Arbeitsergebnis an Kollegen oder andere Arbeitsgruppen weitergereicht. Kontakte treten sporadisch auf, und zwar nur dort, wo es erforderlich ist, sich abzustimmen oder Probleme zu lösen. Jeder ist hier für Menge und Qualität selbst zuständig und verantwortlich. Ein Staffelteam, zum Beispiel eine 4 x 100m-Sprintmannschaft, ist mit einer solchen Gruppe vergleichbar: Jeder bemüht sich um ein gutes Einzelergebnis und gibt dann seinen Staffelstab an das nächste Mannschaftsmitglied weiter. In der Industriesoziologie wurde hierfür der Begriff der „gefügeartigen Kooperation“ geprägt.

Gruppenarbeit miteinander

Bei der Gruppenarbeit *miteinander* geht es um ein gemeinsames Arbeitsergebnis hinsichtlich Menge und Güte. Jeder ist für das Gesamtergebnis mitverantwortlich, auch wenn er nur Teilaufgaben verrichtet. Der Idealtypus hierfür ist eine Fußballmannschaft. Wenn es spieltaktisch geboten ist, sind die Spieler bereit, alle Positionen einzunehmen. Das Tor, das jeder gerne selbst schießen würde, wird demjenigen überlassen, der am günstigsten zum gegnerischen Tor steht. Mannschaftsleistung geht vor Einzelleistung. Für dieses Verhalten hat die Industriesoziologie den Begriff „teamartige Kooperation“ geprägt.

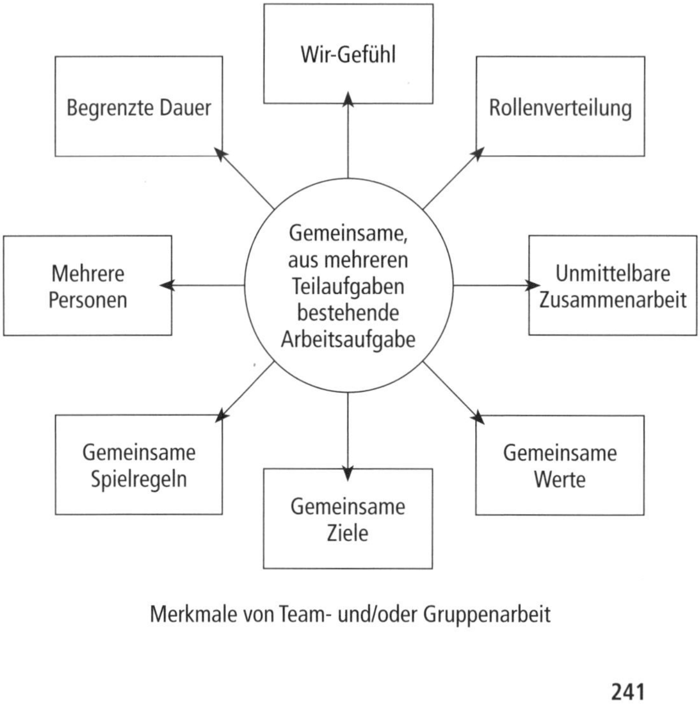

Merkmale von Team- und/oder Gruppenarbeit

Gruppenarbeit per Computer

Aufgrund der zunehmend überregionalen Firmenkooperationen und verschiedener Tele-Teaching-Angebote zur Aus- und Weiterbildung wächst der Bedarf zur Durchführung von Gruppenarbeit ohne physische Anwesenheit aller Beteiligten in einem Raum stark an. In diesem Zusammenhang entstanden die Begriffe Computer Supported Cooperative Work, kurz CSCW, oder auch Groupware. Während CSCW das universelle Arbeitsgebiet und die dazugehörigen Forschungsfelder bezeichnet, versteht man unter dem Begriff Groupware die entsprechenden Systemlösungen.

Viele Vorteile

Der Begriff Groupware steht für integrierte Softwareanwendungen, auf deren Basis computergestützte Teamarbeit (Workgroup Computing) ermöglicht wird. In der Praxis bedeutet dies das gemeinsame Sammeln und Auswerten von Daten, die Erstellung von Dokumenten, Ablaufplänen oder Konzepten im Team, die Führung von öffentlichen Terminkalendern oder die Abwicklung von offenen Gruppendiskussionen auf der Basis von vernetzten Computersystemen. Der wesentliche Vorteil von Workgroup Computing besteht darin, dass die Gruppenmitglieder orts- und zeitunabhängig an den gemeinsamen Aktivitäten teilnehmen können, wodurch sich ihre Produktivität vervielfacht. Darüber hinaus macht sich eine Reihe von Eigenschaften computerorientierter Gruppendynamik positiv bemerkbar. So ergaben Untersuchungen, dass bei elektronisch geführten Diskussionen Statuseinflüsse zurückgehen (z. B. haben Mitglieder mit höherem Status, jedoch geringerer Sachkenntnis weniger Einfluss), mehr Ideen hervorgebracht, hohe Zeitersparnisse erzielt werden können (bei Berücksichtigung von Reisezeiten) sowie Kostenreduzierung erreicht werden kann.

Verlagerung von Entscheidungen

Flachere Hierarchien mit Groupware bedeuten die notwendige Verlagerung wichtiger Entscheidungen an die Arbeitsplätze, an denen das Geschäft erledigt wird. Mitarbeiter müssen entscheidungsfreudiger – also auch risikobereiter – werden und mehr Selbstverantwortung übernehmen.

Groupware benötigt bereits funktionsfähige Teamarbeit in der Abteilung beziehungsweise im Projektteam. Einzelkämpfer, die sich aus der Teamarbeit verabschieden, wichtige Informationen lieber für sich behalten, um sich auf Kosten des Teams persönlich zu profilieren, sind schnell untragbar. Weiterhin benötigt Groupware aktive Mitarbeiter. Regelungsgewohnte Mitarbeiter tun sich schwer mit der Kultur der Groupware. Ein flexibles System benötigt flexible Mitarbeiter, die in Frage stellen, was unsinnig erscheint, und unbürokratisch die optimale Nutzung suchen, solange das Ganze davon profitiert.

Lotus Notes

Das am weitesten verbreitete Groupware-Produkt Lotus Notes galt über Jahre hinweg als Synonym für diesen Applikationstyp. Mit der Einführung von Intranets werden Groupware-Funktionen mitgeliefert und stehen damit unmittelbar und unternehmensweit zur Verfügung.

2.3 Praxis der Gruppenarbeit

Gruppenarbeit setzt die Akzeptanz aller im Unternehmen voraus. Daher ist es erforderlich, Mitarbeiter und Führungskräfte durch rechtzeitige und umfassende Informationen für die Idee der Gruppenarbeit zu gewinnen.

Informationen geben

Mitarbeiter und Führungskräfte müssen darüber informiert werden,

- was Gruppenarbeit ist
- welche Veränderungen und Konsequenzen sich für die Mitarbeiter und die Führungskräfte aus der Gruppenarbeit ergeben
- welche Gründe das Unternehmen bewogen haben, Gruppenarbeit einzuführen
- welche Ziele mit der Umstellung auf Gruppenarbeit verbunden sind
- welche Erwartungen das Unternehmen an Mitarbeiter und Führungskräfte stellt
- in welchen Bereichen Gruppenarbeit als Pilotprojekt eingeführt wird
- welche innerbetrieblichen Akteure und gegebenenfalls externe Berater einbezogen werden

Motivation und Identifikation Gruppenorientierte Strukturen ermöglichen die Überwindung von monotonen, einseitigen Tätigkeiten. Damit tragen sie zu einer Motivation durch die Arbeit selbst bei. Zusätzliche Motivation resultiert aus der Erweiterung der fachlichen Qualifikation (Beherrschung aller Teilfunktionen innerhalb der Gruppenfunktion) sowie des fachübergreifenden Wissens und Könnens (Konflikt und Problemlösungsfähigkeit). Zudem befriedigt eine intensivierte Kommunikation und Kooperation das Bedürfnis der Mitarbeiter nach sozialem Austausch. Auch erzeugt Gruppenarbeit eine starke Identifikation mit der Arbeitsaufgabe und kann so der oft beklagten „inneren Kündigung" entgegenwirken.

Gruppenentscheidungen Ein wichtiger Bestandteil der Gruppenarbeit ist die Gruppenentscheidung. Die Vorteile kollektiver Entscheidung werden erst im direkten Vergleich mit der Einzelentscheidung sichtbar. Erfahrungen zeigen, dass die Gruppenentscheidung zwar mehr Zeit beansprucht, jedoch auf jeden Fall schneller realisiert wird, da die Gruppenmitglieder im Entscheidungsprozess die beschlossenen Maßnahmen bereits akzeptiert haben.

Kollektive Verantwortung Gruppenentscheidungen sind in der Regel qualitativ besser als Einzelentscheidungen. Keiner ist so klug wie alle zusammen. Im Entscheidungsprozess vermeidet eine Gruppe stärker als eine Einzelperson das große Risiko. Dies wird zudem auf die Gruppenmitglieder verteilt, sodass sich eine eher kollektive Verantwortlichkeit ergibt.

Mögliche Nachteile Als nachteilig können sich gegebenenfalls die folgenden Punkte auswirken:

- Eine zu lange Entscheidungsdauer
- Gefahr der Lähmung von Einzelinitiativen
- Überlappung der Kompetenzen von Gruppenmitgliedern und damit der Aufbau von Ärger und Missbehagen
- Gegebenenfalls ein Verzicht darauf, als richtig erkannte Ziele konsequent zu verfolgen, weil einzelne Gruppenmitglieder sich aus gemeinsamen Entscheidungen heraushalten beziehungsweise die insgesamt herbeigeführte Entscheidung bei der Realisierung unterschiedlich interpretieren

- Eine mangelnde Verantwortung des Einzelnen für den Gesamtbereich eines Unternehmens
- Sozialer Druck und Disziplinierung durch direkte Kontrolle untereinander

Weniger Aufstiegsmöglichkeiten

Auch sind negative Auswirkungen auf die Motivation und Zufriedenheit einzelner Mitarbeiter nicht auszuschließen. Da die Implementierung von Gruppenarbeit flache Hierarchien, Rationalisierungen und Reduzierungen von Arbeitsplätzen mit sich bringt, schrumpfen eventuelle Aufstiegsmöglichkeiten. Für karriereorientierte Mitarbeiter reduzieren sich die Möglichkeiten, ihr Bedürfnis nach sozialer Hervorhebung in Führungspositionen zu befriedigen.

2.4 Organisation der Gruppenarbeit

Veränderte Aufgaben

Die Gruppenarbeit verändert nicht nur die Arbeitsaufgaben der Mitarbeiter einer Gruppe, sondern auch die der Führungskräfte und der Mitarbeiter in den Dienstleistungsbereichen, mit denen Gruppen zusammenarbeiten, so zum Beispiel Arbeitsvorbereitung, Instandhaltung, Qualitätssicherung, Logistik.

Bündelung zur Gruppenaufgabe

Was die Veränderung der Arbeitsaufgaben der Gruppenmitglieder angeht, so werden einzelne Arbeitsaufgaben, ebenso wie die planenden, ausführenden und kontrollierenden Tätigkeiten, zu einer Gruppenaufgabe gebündelt. Eventuell werden auch noch Funktionen aus den Servicebereichen in die Gruppenaufgabe integriert (beispielsweise Aufgaben aus dem Personalwesen, der Führung, der Fertigungsplanung, der Qualitätssicherung etc.).

Das setzt voraus, dass die betroffenen Mitarbeiter über die notwendigen fachlichen, methodischen und sozialen Kompetenzen verfügen oder ihnen diese vermittelt werden.

Die Position des Gruppensprechers und gegebenenfalls seines Stellvertreters wird durch die Einführung von Gruppenarbeit im Unternehmen neu geschaffen.

Aufgaben des Gruppensprechers

Dies sind seine wichtigsten Aufgaben:

- Gruppeninteressen nach außen vertreten
- Gruppengespräche steuern
- Unterstützung bei der Aus- und Weiterbildung
- Personaleinsatzplanung
- Verbesserungen anregen
- Neue Mitarbeiter betreuen
- Gruppenübergreifende Probleme mit anderen Gruppensprechern klären
- Urlaubsplanung koordinieren

Diese Aufgaben stellen relativ hohe Anforderungen an die methodische und soziale Kompetenz des Gruppensprechers. Man sollte ihm daher die Inhalte einer Führungsgrundschulung hinsichtlich methodischer und sozialer Kompetenz vermitteln.

Verlagerung von Aufgaben

Gruppenarbeit verändert die Aufgaben der unteren und mittleren Führungsebene. Durch Verlagerung der Aufgaben, zum Beispiel eines Meisters in die Gruppe, erhält die Gruppe eigenen Handlungs- und Entscheidungsspielraum. Da die Führungskraft Aufgaben und Verantwortung an die Gruppe abgibt, gewinnt sie damit zeitliche Kapazitäten für die Mitarbeiterführung und strategische Aufgaben.

Mit der Verlagerung von Führungsaufgaben und -verantwortung in die Gruppe hinein und dem eventuellen Wegfall einer Führungsebene kann eine Veränderung in der Führungsstruktur des Unternehmens entstehen. Darum ist es wichtig, im Rahmen der Personalplanung/-entwicklung mit den betroffenen Personen neue Tätigkeitsfelder zu eruieren.

Der Projektleiter

Als Prozessbegleiter betreut und steuert der Projektleiter die Planungs- und Einführungsphase. Er ist Ansprechpartner für die Mitarbeiter der Gruppe, für die involvierten Führungskräfte und die Mitarbeiter der Servicebereiche während – und im Bedarfsfall nach – der Einführung von Gruppenarbeit. Seine Aufgabe ist es, die Mitarbeiter und Führungskräfte für Gruppenarbeit zu gewinnen sowie auftretende Probleme der Zusammenarbeit in der Gruppe oder zwischen Gruppen aufzugreifen.

Sofern das Unternehmen keinen externen Berater hinzuzieht, organisiert und moderiert er die Projektsitzungen und sorgt für die Umsetzung der Projektergebnisse, welche die Projektgruppe in Abstimmung mit dem Entscheidungsausschuss plant.

Aufgaben des Projektleiters

Einige seiner Aufgaben seien beispielhaft aufgeführt:
- Projektsitzungen moderieren
- Qualifizierungsmaßnahmen koordinieren
- Erfahrungen aus anderen Gruppen vermitteln
- Gruppensprecher/Führungskräfte unterstützen
- Bei Konflikten helfen
- Die Gruppen betreuen und begleiten
- Für die Umsetzung der Projektergebnisse sorgen
- Veranlassung der Umsetzung von Verbesserungen
- Mitwirkung bei planerischen Arbeiten
- Unterstützung der Gruppe beim Ermitteln des Personalbedarfs
- Schulung der Mitarbeiter für Teamarbeit

Die Projektgruppe

Aufgabe der Projektgruppe ist es, in Abstimmung mit dem Entscheidungsausschuss, Gruppenarbeit im Unternehmen einzuführen und die erforderlichen Maßnahmen zur Information und Qualifizierung der Mitarbeiter und Führungskräfte zu erarbeiten. In der Projektgruppe sind die wichtigsten Funktionsbereiche des Unternehmens und der Betriebsbereich, in dem die Gruppenarbeit eingeführt wird, vertreten.

2.5 Zukunft der Gruppenarbeit und Schlussfolgerungen

Arbeitsgruppe ist Produktivkraft

Praxisbeispiele aus vielen Unternehmen zeigen, dass eine teilautonome Arbeitsgruppe nicht nur eine Vereinigung von in ihr tätigen Menschen, sondern selbst auch Produktivkraft ist. Diese Produktivkraft ist stärker als die Summe der individuellen Kräfte der Mitglieder. Auch bei einer sich selbst steuernden Arbeitsgruppe ist das Ganze mehr als die Summe seiner Teile.

Die Erfolge von Gruppenarbeit sprechen für sich: Die Europäische Stiftung für die Verbesserung der Lebens- und Arbeitsbedingungen, Dublin, befragte 5800 Unternehmen in 10 EU-Ländern zum Nutzen von Gruppenarbeit. Die wichtigsten Ergebnisse:

- 94 Prozent der angeschriebenen Manager gaben an, dass die Qualität durch Gruppenarbeit gesteigert wurde.
- 66 Prozent berichteten von kürzeren Durchlaufzeiten.
- 56 Prozent meldeten Kostenreduzierung.
- Fehlzeitenabbau gab es in 37 Prozent der Fälle.

Produktivitätsreserven

Diese Zahlen zeigen, dass in der Organisation der Arbeit immer noch beachtliche Produktivitätsreserven stecken. Sie dürften Grund genug sein, noch stärker über die Einführung von Gruppenarbeit in europäischen Unternehmen nachzudenken.

Gruppenarbeit setzt Prozess in Gang

Die Zukunft verlangt nach überschaubaren organisatorischen Abläufen und klaren, nachvollziehbaren Entscheidungen. Sie braucht Menschen, die an ihrem Arbeitsplatz so handeln, als wäre es ihr eigenes Unternehmen, und die Ideen zur Verbesserung der Produktionsabläufe unbürokratisch und effektiv in die Tat umsetzen, und zwar in einem sie darin unterstützenden Umfeld. Das setzt die Mitwirkung aller Mitarbeiter und Vorgesetzten voraus. Die Gruppenarbeit bietet die Möglichkeit, diesen Prozess in Gang zu setzen.

Literatur

Volker Engelbert: *Gruppenarbeit. Mitbestimmung bei teilautonomer Arbeitsorganisation.* Frankfurt/M.: Bund 2004.

Michael, Fische: *Methoden für die Gruppenarbeit.* Köln: 2001.

Siegfried Rehm: *Gruppenarbeit, Ideenfindung im Team. Praxisorientierte Ideenfindung, Problemlösung und Entscheidungen treffen.* Frankfurt/M.: 1999.

Anne Sey: *Gruppenarbeit in Japan, Stereotyp und Wirklichkeit.* Diss., Mering: Hamp 2001.

3. Diversity nutzen

Diversity wird gern als eine Art Make-up definiert, mit dem ein Unternehmen demografische Gegebenheiten der Gesellschaft in seiner Belegschaft abbildet. Der Begriff bezieht sich auf alles, worin Menschen sich unterscheiden: Rasse, Geschlecht, Alter, körperliche Behinderung, Erziehung, Religion und Lebensstil.

3.1 Vom Nutzen der Vielfalt

Mit heterogenen Belegschaften auf internationale Märkte

Für das unternehmerische Handeln in einer globalen Welt sind personelle Monokulturen wenig geeignet, auf internationalen Märkten zu überleben. Eine weltweit vernetzte Wirtschaft, komplexe Kundenstrukturen, vielfältige Produkte und ein harter Wettbewerb erfordern Diversity Management als notwendig für die Pflege der Unternehmenskultur. Zunehmend entdecken Unternehmen, dass sich so auch ungenutzte Kundenpotenziale erschließen lassen. Heterogen zusammengesetzte Belegschaften erleichtern den Zugang zu neuen Märkten. Kein deutsches Unternehmen verzichtet auf den Rat seiner türkischen Mitarbeiter, wenn es darum geht, Märkte jenseits des Bosporus zu bearbeiten. Insofern bekommt Diversity einen „business sense". Wenn Mitarbeiter verschiedene Sprachen sprechen und sich in anderen Kulturkreisen bewegen können, sind sie näher an den Wünschen der dortigen Kunden und gewinnen eher deren Vertrauen. Insofern bietet Diversity die Voraussetzung dafür, rechtzeitig auf Veränderungen in Teilmärkten reagieren zu können.

Vorteile

Das Management der Vielfalt zielt unter anderem auf diese Wettbewerbsvorteile:

- Umsatz- und Marktanteilssteigerungen durch globale Aktivitäten
- Verbesserte Rekrutierungsmöglichkeiten, so zum Beispiel Inder im IT-Sektor
- Erhöhung der Arbeitszufriedenheit und der Motivation

- Schnellerer Übergang bei Fusionen und Firmenaufkäufen
- Arbeitsmarktattraktivität

Ethische Dimension

Der ökonomische Veränderungsprozess wird vom Wertewandel begleitet. Gewinn allein ist keine Begründung mehr für wirtschaftliches Handeln. Ethik und Moral sind zwar ungeschriebene, aber dennoch wichtige Bilanzposten. Darum hat der Umgang mit Vielfalt eine ethische Dimension.

Bei der Diversity geht es nicht nur um die quotenmäßige Abbildung gesellschaftlicher Gruppen, insbesondere der Frauen oder Ausländer. Die bewusst herbeigeführte Toleranz und Diversity im Sinne von Vielfalt und Buntheit soll zugleich gute Voraussetzungen für Innovationen schaffen.

Neue Ideen und ungeahnte Lösungswege

Dahinter steckt die Erkenntnis, dass eine Gruppe oder eine Gemeinschaft kreativer und produktiver arbeitet, wenn sie über eine Bandbreite unterschiedlicher Erfahrungen, Kenntnisse und Fähigkeiten im Umgang mit Menschen, Ressourcen und Prozessen verfügt. Nur, wenn „Andersdenkende" mitdiskutieren, entstehen neue Ideen, entwickeln sich interessante Denkansätze und ergeben sich ungeahnte Lösungswege.

Vorgesetzte, die nicht den Mut besitzen, in den Kategorien der Diversity zu denken, und keine multikulturellen Personalentscheidungen wagen, vergeben diese Chancen. Das gilt auch für jene Unternehmen, in deren Management noch immer eine starke Stammhaus-Dominanz vorherrscht. Insbesondere hier sollte man über die Vielfalt von Führungsstrukturen und -personen nachdenken.

Aus der Vision 2010 der BASF-Gruppe

Grundwert:

Interkulturelle Kompetenz

Wir fördern kulturelle Vielfalt innerhalb der BASF-Gruppe und arbeiten als Team zusammen. Interkulturelle Kompetenz ist unser Vorteil im globalen Wettbewerb.

Leitlinien:

Wir wollen persönlich und fachlich geeignete Mitarbeiter aus allen Kulturen und Nationalitäten gewinnen, die sich engagiert für die Ziele und Werte unseres Unternehmens einsetzen.

Führungsnachwuchs gewinnen wir aus allen BASF-Gesellschaften und bilden ihn bevorzugt aus den eigenen Reihen heran.

Wir diskriminieren niemanden wegen Nationalität, Geschlecht, Religion oder anderer persönlicher Merkmale.

Umdenkungsprozesse

Diversity lässt sich nicht einfach an oberflächlichen, sichtbaren Merkmalen festmachen. Eine Vielfalt an Meinungen, Einstellungen, Denk- und Lösungsansätzen, an unterschiedlichen Wahrnehmungen, Werten, Lebenserfahrungen und -philosophien geben für die Wirkung von Vielfalt und Buntheit den Ausschlag. Darum ist Diversity weitaus mehr als der Versuch, lediglich das gesellschaftliche Umfeld spiegelbildlich in einem Unternehmen abbilden zu wollen. Vielfalt und Buntheit bedeuten zugleich, einen Umdenkungsprozess weg vom Ich und hin zum globalen Wir auszulösen und voneinander zu lernen. Das erfordert vom einzelnen Mitarbeiter, neugierig auf das Andere, auf Ungewohntes und Fremdes zuzugehen. Erst wenn das gelingt, erfüllt die Vielfalt ihren Zweck.

Managing Diversity

Die Verantwortung für die angestrebte Vielfalt und deren Steuerung liegt beim einzelnen Manager. Dessen Managing Diversity, so der englischsprachige Terminus, überschneidet sich mit dem gängigen interkulturellen Management, geht aber weit darüber hinaus. Managing Diversity als personalpolitisches Konzept bezieht sich auf eine integrierte, in sich schlüssige Steuerung der Managementprozesse mit Blick auf jene Personenkreise, die aus dem üblichen Klischee beziehungsweise der nationalen Kernbelegschaft herausragen.

3.2 Die Formen des Diversity Managements

In der Diskussion zum Thema „Managing Diversity" dominieren diese drei Ansätze:

1. Antidiskriminierungs- und Fairness-Ansatz
2. (Markt-)Zutritts- und Legitimitätsansatz
3. Integrativer Ansatz

Antidiskriminierungs- und Fairness-Ansatz

Beim *Antidiskriminierungs- und Fairness-Ansatz* wird Diversity im Sinne von Gleichberechtigung eher moralisch definiert und zielt auf die faire Behandlung aller Mitarbeiter. Der Ursprung dieses Ansatzes liegt in den USA. Dort gibt es Einstellungsquoten für benachteiligte Mitarbeitergruppen. Amerikanische Manager reden oft vom „Mosaik", wenn sie über ihre Belegschaft sprechen. Schwarze und Weiße, Puertoricaner und Asiaten, Frauen und Männer, Behinderte und Nichtbehinderte, homo- und heterosexuelle Mitarbeiter, das sind die Hauptformen dieses Mosaiks.

(Markt-)Zutritts- und Legitimitätsansatz

Beim *(Markt-)Zutritts- und Legitimitätsansatz* wird Diversity in erster Linie als strategisches Instrument genutzt, um wirkungsvoller in unterschiedliche Märkte beziehungsweise Marktsegmente eindringen zu können. So bemüht sich British Telecom darum, die Struktur der Kundenbetreuer nach Hautfarbe und Geschlecht auf die Kundenstruktur auszurichten, um sich so Wettbewerbsvorteile zu verschaffen. Ausgangspunkt ist also die Unterschiedlichkeit des Absatz- beziehungsweise Arbeitsmarktes. Diese Praxis ist zwiespältig. Einerseits bietet sie Mitarbeitern Aufstiegschancen, andererseits erschwert sie die Möglichkeit, in anderen Bereichen Karriere zu machen.

Integrativer Ansatz

Dem *integrativen Ansatz* liegt ein ganzheitliches Verständnis zugrunde, bei dem ethische und wirtschaftliche Gründe gleichberechtigt nebeneinander stehen.

Im Unterschied zum Antidiskriminierungsansatz steht hier nicht die Assimilation im Vordergrund, sondern Assimilation im Zusammenhang mit Integration. Der integrative Ansatz zielt darauf ab, die Unterschiede zwischen den Mitarbeitern beziehungsweise deren Vielfalt so zu nutzen, dass sich Lernchancen eröffnen und das Unternehmen von diesem interkulturellen Lerneffekt profitiert. Insgesamt handelt es sich hierbei um den fortgeschrittensten, aber auch den anspruchsvollsten Ansatz.

3.3 Training als Voraussetzung für Vielfalt

Auch Diversity bedarf der Sensibilisierung und Fundierung durch Training. Zwei elementare Trainingsfelder sind zu bestellen:
1. Awareness-Training
2. Skill-Building-Training

Awareness-Training

Zum *Awareness-Training* zählen bewusstseinsbildende Maßnahmen, zum Beispiel über das Ausmaß und die Vorteile der Vielfalt im Unternehmen. Auch müssten noch bestehende Benachteiligungen und Vorurteile aufgezeigt und bearbeitet werden. In diesem Zusammenhang lernen Mitarbeiter ihr jeweiliges Anderssein im Sinne eines Reframings positiv zu interpretieren.

Skill-Building-Training

Das *Skill-Building-Training* zielt auf den Erwerb von Fähigkeiten des Umgangs mit heterogen zusammengesetzten Arbeitsgruppen und deren Führung. Hierzu zählt die Vermittlung kommunikativer Kompetenz im Umgang mit Kollegen anderen kulturellen Ursprungs. Das gilt besonders für Konfliktsituationen.

Vorab ist der Trainingsbedarf zu ermitteln. So ist zu klären, ob in einem Unternehmen überhaupt Bedarf an Managing Diversity besteht. Falls ja, sind geeignete Trainingsmethoden auszuwählen und gegebenenfalls zu entwickeln.

3.4 Managing Diversity als Führungsaufgabe

Vielfalt ist Chefsache

Diversity beginnt in doppelter Hinsicht im Kopf: Zunächst im Kopf des Unternehmens, ganz oben im Head und von dort in den Köpfen aller Mitarbeiter. Vielfalt ist Chefsache!

Kluge Manager haben längst erkannt, dass Intelligenz und Talent weder an eine bestimmte Hautfarbe noch an das Geschlecht gebunden sind. Sie wissen auch, wie hilfreich Mentoren und Vorbilder für die eigene Karriere waren. Nicht anders ist es bei Angehörigen von ethnischen Minderheiten, Frauen oder

Behinderten. Unternehmen sollten deshalb dazu übergehen, Mentorenprogramme einzurichten. Berufsständische Organisationen könnten Auszeichnungen verleihen, um so zur Nachahmung anzuregen.

Beispiel Motorola

Die Firma Motorola ist ein nachahmenswertes Beispiel. Es zählt, so ein US-Frauenmagazin, zu den attraktivsten Unternehmen für berufstätige Mütter, weil es beispielsweise Kindergärten unterhält und flexible Arbeitszeitprogramme anbietet. Ein Magazin für Ingenieure wählte Motorola in den Kreis der besten Arbeitgeber für spanisch sprechende Minderheiten in den USA. Die Personalentwicklungsmaßnahmen des Konzerns führten dazu, dass dort auch Südamerikaner, die vielerorts in den USA als faul und unzuverlässig gelten, Karriere machten. Selbst das US-Arbeitsministerium honoriert Motorolas besondere Bemühungen um Diversity.

Literatur

Anja Frohnen: *Diversity-in-Action. Multinationalität in globalen Unternehmen am Beispiel Ford.* Bielefeld: Transcript 2005.

Jörg Haselier und Mark A. Thiel: *Diversity Management. Gegen Diskrimierung im Arbeitsleben.* Frankfurt/M.: Bund 2005.

Thomas R. Roosevelt: *Management of Diversity. Neue Personalstrategien für Unternehmen. Wie passen Giraffe und Elefant in ein Haus?* Wiesbaden: Gabler 2001.

Michael Stuber: *Diversity. Das Potenzial von Vielfalt nutzen – den Erfolg durch Offenheit steigern.* Neuwied: Luchterhand 2003.

Günther Vedder (Hg.): *Diversity Management und Interkulturalität.* Reihe Trierer Beiträge zum Diversity Management. Bd. 2. 2. Aufl. Mering: Hamp 2005.

TEIL E

Führungsmodelle und -konzepte

1. Harzburger Modell

Einheitliche Führungsprinzipien

Das Konzept „Führung im Mitarbeiterverhältnis mit Delegation von Verantwortung" wurde 1956 von Professor Reinhard Höhn, dem damaligen Leiter der Akademie für Führungskräfte der Wirtschaft, Bad Harzburg, geschaffen. Das so genannte Harzburger Modell will einheitliche Führungsprinzipien dokumentieren, die sich jederzeit anwenden lassen.

Hierarchische Strukturen

Das Konzept des ehemaligen SS-Generals Höhn will die autoritäre, auf Befehl und Gehorsam beruhende Führung überwinden und diese durch unternehmerisch denkende und handelnde Mitarbeiter ersetzen. Der Mitarbeiter bearbeitet die Normalfälle in seinem Ermessensbereich eigenverantwortlich, wenn auch auf der Basis von Führungsanweisungen. Das Harzburger Modell basiert auf klaren, hierarchisch gegliederten Führungsstrukturen und ist daher für eine bürokratische Organisationsform sehr geeignet. Der Dienstweg ist einzuhalten. Stabstellen haben keine Weisungsbefugnis.

1.1 Leitsätze und Führungsaufgaben im Harzburger Modell

Das Harzburger Modell ist durch folgende Leitsätze charakterisiert:

- Die betrieblichen Entscheidungen werden nicht von einzelnen Führungskräften an der Spitze getroffen, sondern von Mitarbeitern jener Ebenen, zu denen die einzelnen Entscheidungen ihrem Wesen nach gehören.

Definierte Aufgabenbereiche

- Es werden keine Einzelaufträge erteilt, sondern klare Aufgabenbereiche definiert, in denen die Mitarbeiter mit den dazugehörenden Kompetenzen eigenverantwortlich handeln und entscheiden.
- Alles, was delegiert worden ist, muss kontrolliert werden.
- Mit dem Aufgabenbereich delegiert die Führungskraft einen Teil der Verantwortung an die entsprechende Ebene.

- Das Unternehmen wird von unten nach oben aufgebaut. Die vorgesetzte Instanz nimmt der untergeordneten nur die Entscheidungen ab, die nicht mehr auf deren Ebene gehören.
- Bei der Delegierung der Verantwortung wird zwischen Sach- und Führungsaufgaben unterschieden, aus denen sich die Handlungs- und die Führungsverantwortung ableitet. Führungsaufgaben und -verantwortung bleiben beim Vorgesetzten. Sachaufgaben mit der sich daraus ergebenden Handlungsverantwortung werden an die Mitarbeiter delegiert. Sind diese wiederum Vorgesetzte, so werden auch auf dieser Ebene Sach- und Führungsaufgaben unterschieden und die Sachaufgaben weiterdelegiert.

Sach- und Führungsaufgaben

→ Ergänzende und vertiefende Informationen zum Thema Delegierung finden Sie im Kapitel B 5 dieses Buches.

1.2 Stellenbeschreibung und Führungsanweisungen

Zwei Grundsäulen

Das Harzburger Modell benötigt Rahmenrichtlinien zur Abgrenzung von Sach- und Führungsaufgaben. Die zwei wichtigsten, auch als Grundsäulen bezeichneten, sind die Stellenbeschreibung und die allgemeine Führungsanweisung.

Stellenbeschreibung

Die Aufgabe der Stellenbeschreibung ist es, den Delegierungsbereich des Stelleninhabers gegenüber der nächsthöheren Ebene, gegenüber Stellen der gleichen Ebene und – soweit er selbst Vorgesetzter ist – gegenüber der nachgeordneten Ebene abzugrenzen, indem Funktionen und Kompetenzen des Stelleninhabers im Einzelnen festgelegt werden. Dadurch erfolgt eine klare Trennung zwischen den Normalfällen und den außergewöhnlichen Fällen.

Allgemeine Führungsanweisung

Die Aufgabe der allgemeinen Führungsanweisung ist es, die Prinzipien und Methoden der Führung im Mitarbeiterverhältnis in verbindlicher Form festzulegen und so einen einheitlichen Führungsstil zu erreichen. Die Verantwortungsdelegierung soll durch Regeln, Grundsätze, Pflichten und Rechte konkretisiert und gesichert werden. Weiterhin bildet sie die Voraussetzung für die Kontrolle der Mitarbeiter und beinhaltet einen Katalog, in dem die Begriffe des Führungskonzeptes eindeutig festgelegt werden.

Spezielle Führungsanweisung

Darüber hinaus existiert noch eine spezielle Führungsanweisung. Diese enthält für die einzelne Führungskraft, entsprechend ihrer Stellung, genaue Regeln zur Erfüllung ihrer Führungsaufgaben.

Formeller Informationsaustausch

Dem Informationsaustausch kommt beim Harzburger Modell ebenfalls große Bedeutung zu. Das Modell beinhaltet drei Hilfsmittel für den formellen schriftlichen Informationsaustausch:

1. Der *Informationskatalog* beschreibt den Informationsfluss vom Mitarbeiter zum Vorgesetzten. Wann und in welcher Weise der Vorgesetzte schriftlich verständigt wird, ist genau geregelt.
2. Im *Querinformationskatalog* ist die schriftliche Information der Mitarbeiter untereinander festgelegt.
3. Im *Informationsplan* schließlich wird der schriftliche Informationsfluss vom Vorgesetzten zu den Mitarbeitern bestimmt, ebenfalls durch genaue Vorschriften bezüglich der Art und Weise sowie der Wege.

Mündliche Kommunikation

Auch die mündliche Kommunikation ist im Harzburger Modell genau festgelegt. Der Vorgesetzte informiert seine Mitarbeiter in Dienstbesprechungen. Dem gegenseitigen Informationsaustausch ist die Mitarbeiterbesprechung gewidmet. Diese beiden Arten der mündlichen Kommunikation dienen als Grundlage der Mitarbeiterbewertung, die ein weiteres wesentliches Führungsmittel des Harzburger Modells darstellt. Außerdem gehen die Ergebnisse der Kontrolle in die Mitarbeiterbeurteilung ein. Dazu wird vom Vorgesetzten ein Kontrollplan aufgestellt, der den Mitarbeitern nicht bekannt ist. Die Kontrollergebnisse werden in eine Akte eingetragen und an der Stellenbeschreibung gemessen.

→ Ergänzende und vertiefende Informationen zum Thema Kontrolle finden Sie im Kapitel B 6 dieses Buches.

Starrer Ansatz

Das Harzburger Modell ist umstritten. Die vielen Vorschriften machen es zu einem starren Ansatz, der die autokratische durch eine bürokratische Führung ablöst. Die hohe Standardisierung behindert die Wandlungs- und Anpassungsfähigkeit der Organisation an veränderte Umfeldbedingungen. Aussagen zur Personalentwicklung fehlen ganz. Die positiven Wirkungen des Modells werden durch den Dirigismus konterkariert.

Literatur

Wolf Braun und Hans R. Marx: *Das Harzburger Modell: krit. Analyse einer Führungskonzeption.* Nürnberg: Betriebswirtschaftl. Inst. d. Friedrich-Alexander Univ. Erlangen-Nürnberg 1974.

Richard Guserl und Michael Hofmann: *Das Harzburger Modell. Idee u. Wirklichkeit u. Alternative zum Harzburger Modell.* Wiesbaden: Gabler 1976.

Reinhard Höhn: *Das tägliche Brot des Management: Grundwissen Unternehmensführung.* München: Heyne 1988.

Reinhard Höhn: *Führungsbrevier der Wirtschaft.* Bad Harzburg: wwt 1986.

Reinhard Höhn (Hrsg.): *Das Harzburger Modell in der Praxis: Rundgespräch über die Erfahrungen mit dem neuen Führungsstil in der Wirtschaft.* Bad Harzburg: wwt 1970.

Hermann Schönfelder: *Führung oder Gruppen-Konfusion, Überprüfung einer Kritik am Harzburger Modell.* Bad Harzburg: wwt 1972.

2. Das Grid-Modell

Zweidimensionales Führungsmodell

In den 1960er-Jahren (1964/1968) entwickelten Robert Blake und Jane Mouton auf der Basis der Ohio- und der Michigan-Studie das so genannte Grid-Modell. Ausgehend von den Dimensionen Aufgabenorientierung und Mitarbeiterorientierung gehört es zu den zweidimensionalen Führungsmodellen. Weitere Bezeichnungen für das Grid-Modell sind Verhaltensgitter sowie Managerial-Grid.

81 Möglichkeiten

Die zwei Dimensionen Aufgabenorientierung und Mitarbeiterorientierung unterteilen sich in je neun unterschiedliche Ausprägungsgrade, woraus sich 81 verschiedene Führungsmöglichkeiten ergeben. Fünf davon gehören zum „Schlüsselverhalten".

Fünf Führungsstile im Verhaltensgitter

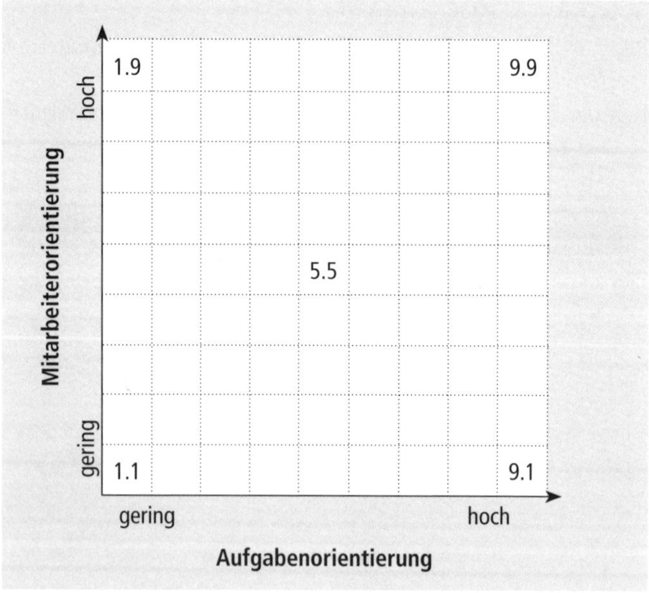

Ursprüngliche Annahme

In ihren ersten Schriften gingen Blake und Mouton von einem einzigen richtigen Führungsstil aus, dem 9.9er-Stil. Später rückten sie jedoch von dieser Meinung ab. Fortan war auch ein

Stilwechsel denkbar. Außerdem ergänzten sie das Modell um die Motivation des Vorgesetzten als dritte Dimension beziehungsweise Auslöser für einen Wechsel im Führungsverhalten.

2.1 Die Ohio- und Michigan-Studie und die daraus abgeleiteten Dimensionen

Erfolg durch Führungsverhalten

Die zwei voneinander unabhängig durchgeführten Studien erklären den Führungserfolg anhand des Führungsverhaltens. Zuvor hatte man versucht, Führung auf der Basis von Persönlichkeitseigenschaften zu erklären. Jedoch waren dabei viele Fragen offen geblieben. Als Forschungsergebnis an den Universitäten von Ohio und Michigan kamen die beiden Dimensionen Mitarbeiterorientierung und Leistungsorientierung heraus, die den Erfolg oder Misserfolg von Führung begründen. Beide Studien zeigten auch, dass sich diese Dimensionen nicht gegenseitig ausschließen, sondern wechselseitig fördern. Blake und Mouton gehen davon aus, dass beide Ziele unabhängig voneinander erreicht und beide Dimensionen zielneutral verfolgt werden können.

Mitarbeiterorientierung

Sozio-emotionale Bindung

Diese Dimension verdeutlicht, wie weit ein Vorgesetzter auf seine Mitarbeiter eingeht und es versteht, eine sozio-emotionale Bindung auszubauen. Dies kann sich in einem offenen freundschaftlichen Miteinander ausdrücken. Auch Respekt und Vertrauen tragen dazu bei, den Zusammenhalt einer Gruppe zu fördern.

Förderndes Verhalten

Verhaltensweisen zum Fördern der Mitarbeiterorientierung sind:

- Achtung und Wertschätzung
- Lob und Anerkennung
- Kollegialität
- Vertrauen
- Humor
- Fürsorge
- Gleichbehandlung
- Handlungsfreiraum
- gutes Betriebsklima

Leistungsorientierung

Ziele und Aufgaben im Blick

Leistungsorientierung zeigt sich im Arbeitsablauf, in der Erfüllung der gesetzten Aufgaben und drückt sich dadurch aus, dass der Vorgesetzte den Mitarbeitern Tätigkeiten zuweist, Ziele setzt und den Ablauf innerhalb der Gruppe bestimmt. Er fordert von jedem einzelnen Mitarbeiter Leistung und gibt Feedback mit Lob oder Tadel. In dieser Dimension steckt der Gedanke der Lokomotion, also die Bewegung in Richtung gesetzter oder vereinbarter Ziele.

Förderndes Verhalten

Verhaltensweisen zum Fördern der Leistungsorientierung sind:

- Klare, gemeinsam abgestimmte Ziele
- Anspruchsvolle Aufgabendelegierung
- Initiative und Aktivität
- Aktive Information und Kommunikation
- Mitarbeiter fordern und fördern
- Transparente Organisation
- Quantität
- Druck
- Kritik

2.2 Die fünf Führungsstile des Grid-Modells

Positionen der Grundstile

Vier der fünf Führungsstile, die Blake und Mouton relevant erscheinen, bezeichnen jeweils einen auf beide Dimensionen bezogenen möglichen extremen Ausprägungsgrad und liegen deshalb in den vier Ecken des Verhaltensgitters; der Fünfte befindet sich genau in der Mitte und kann als eine Zwischenposition gesehen werden. Diese Grundstile zeigen Unterschiede am deutlichsten auf und sind am häufigsten zu beobachten.

Sechs Verhaltensweisen

Die Autoren charakterisieren Führungsstile anhand von sechs Verhaltensweisen eines erfolgreich führenden Vorgesetzten (Blake und Mouton 1994, S. 11f.):

1. Kommunikationsverhalten gegenüber Mitarbeitern
2. Art der Erteilung von Anweisungen
3. Behandlung von Fehlern und Irrtümern
4. Behandlung von Beschwerden

5. Reaktion auf feindselige Gefühle
6. Leistungsbeurteilung von Mitarbeitern

Benennung der Grundstile

Für die fünf Schlüssel- beziehungsweise Grundstile existieren keine besonderen Titel. Die Autoren benannten sie entsprechend der Lage im Verhaltensgitter nach dem mathematischen X-Y-Format. In der späteren Literatur wurde aber immer wieder versucht, eindeutige und markante Titel zuzuordnen, um auf Anhieb den Stil zu verdeutlichen.

1.1er-Stil: Überlebensmanagement

Wenig Interesse

Dieser Stil ist durch geringe Leistungs- wie auch Mitarbeiterorientierung gekennzeichnet. Der Vorgesetzte ist weder an den Mitarbeitern noch am Unternehmen interessiert. Er sitzt die Zeit bis zur Rente aus und macht gerade so viel wie nötig. Diese Führungskraft eignet sich hervorragend als schlechtes Beispiel.

1.9er-Stil: Sozialarbeiter

Beliebt, aber leistungsschwach

Bei diesem Stil ist der Vorgesetze sehr mitarbeiterorientiert, Leistungsziele werden jedoch eher selten erreicht. Ein gutes Verhältnis zu den Mitarbeitern ist ihm wichtiger als ein Ergebnis. Er will bei vielen beliebt sein und vernachlässigt gegebenenfalls dafür auch seine Aufgaben. Anweisungen erteilt er nur knapp und hofft, dass bei Problemen die Mitarbeiter schon auf ihn zukommen werden.

9.1er-Stil: Sklaventreiber

Leistungsstark und autoritär

Diesen Stil charakterisiert eine hohe Leistungs- bei sehr geringer Mitarbeiterorientierung. Die Führungskraft will Autorität ausstrahlen. Prägnante und ausführliche Anweisungen sind für sie sehr wichtig, um ein Ergebnis zu erreichen, selbst, wenn diese Anweisungen wie Befehle klingen sollten. Machen die Mitarbeiter Fehler, so liegt das nicht im Verantwortungsbereich des Vorgesetzten, der seine Anweisungen ja seiner Meinung nach präzise gegeben hat. Kommunikation erfolgt meist von oben nach unten. Der Vorgesetzte führt seine Mitarbeiter sehr streng, kann aber auch loben. Der 9.1er-Stil ist dem klassischen autoritären Führungsstil gleichzusetzen.

5.5er-Stil: Kompromissler

Mittelweg

Dieser Stil ist der „goldene Mittelweg", aber nur scheinbar. Kompromisse werden eingegangen, um Mitarbeiter- und Leistungsorientierung unter einen Hut zu bringen.

9.9er-Stil: Team-Management

Gute Leistungen und zufriedene Mitarbeiter

Nach Blake und Mouton ist dies der optimale Führungsstil, da er hohe Leistungsbereitschaft mit hoher Zufriedenheit vereint. Mitarbeiterbedürfnisse werden ebenso berücksichtigt wie Abteilungs- oder Unternehmensziele. Engagierte und motivierte Mitarbeiter verfolgen gemeinsam mit dem Vorgesetzten ein Ziel.

Die Frage, welcher Stil – abgesehen vom 9.9er-Stil – optimal ist, lässt sich nicht so leicht beantworten. Jeder Stil versucht – abgesehen vom 1.1er-Stil –, für sich effektiv zu sein. Der 1.9er-Stil geht hauptsächlich über die Motivation der Mitarbeiter, während der 9.1er-Stil die strenge Ausrichtung auf die gestellten Aufgaben bevorzugt. Die Managementlehre antwortet auf die Frage nach dem idealen Führungsstil mit folgender Abbildung:

Effektivitätsgrenze für erfolgreiche Führung

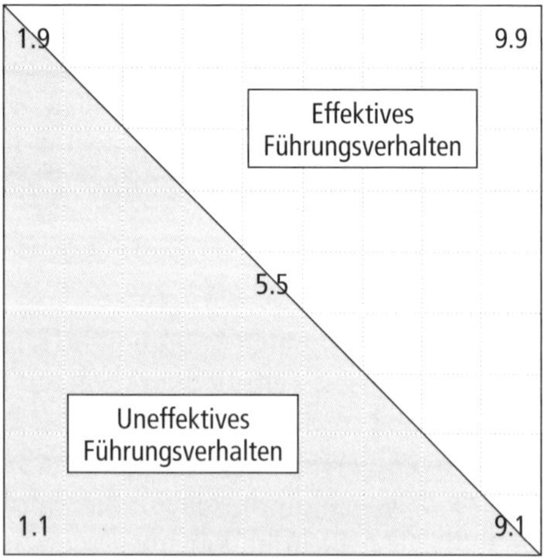

Zieht man eine Linie, die als die Effektivitätsgrenze für erfolgreiche Führung bezeichnet werden kann, vom Punkt 1.9 über 5.5 bis zu 9.1, so sind unter der Linie alle uneffektiven Stile und über ihr alle effektiven Verhaltensweisen abgebildet.

2.3 Die Modifizierungen des Grundmodells

Stilwechsel ist möglich

Bedingt durch eine komplexere Arbeitswelt und sich verändernde Mitarbeiteransprüche, hat sich das Führungsverhalten gewandelt. Darum verwarfen Blake und Mouton in den 1980er-Jahren die Kernaussagen des Grid-Modells, wonach es einen einzig optimalen Führungsstil gibt. Stattdessen propagierten sie jetzt den Wechsel zwischen verschiedenen Stilen, je nach Situation. Jedoch dominiert bei jedem Vorgesetzten ein bestimmter Stil, das heißt, der Vorgesetzte setzt diesen Stil bevorzugt ein, egal, in welcher Situation er sich befindet. Erst, wenn dieser dominierende Stil im Hinblick auf das angestrebte Ziel nicht oder nur sehr gering anwendbar ist, wechselt er zu einem anderen Stil, dem „Ersatzstil".

Positiv ist hier anzumerken, dass jetzt nicht nur ein bestimmter Stil als optimal angesehen wird, sondern es in bestimmten Situationen besser ist, den Stil zu wechseln, um ein gutes Ergebnis zu erzielen. Negativ wäre es, wenn ein Vorgesetzter am dominierenden Stil solange festhält, wie irgend möglich, und diese Tatsache sogar der Zielerreichung überordnet.

Motivation als dritte Dimension

Nachdem Blake und Mouton die Aussage des Grundmodells korrigierten, mussten sie sich der Frage stellen, was einen Stilwechsel veranlasst. Die Motivation des Vorgesetzten wurde als dritte Dimension in das Modell eingefügt (siehe Abbildung auf der nächsten Seite). Es muss ein Motiv vorhanden sein, um den Stil zu wechseln. Die Motivationsdimension ist daher an einem Ende mit Minus, am anderen mit einem Plus gekennzeichnet. Der Minuspol beschreibt, was man befürchtet, mit diesem Stil zu erreichen, der Pluspol kennzeichnet, was erzielt werden kann.

2.4 Schlussbetrachtung

Das Grid-Modell ist ein guter Ansatz, das Verhalten von Führungskräften anhand der Art zu charakterisieren, wie sie versuchen, ein Ergebnis zu erreichen. Dazu stellen die beiden Dimen-

Vorgesetztenmotivation nach Grid-Stilen. Quelle: Bisani 1995, S. 775

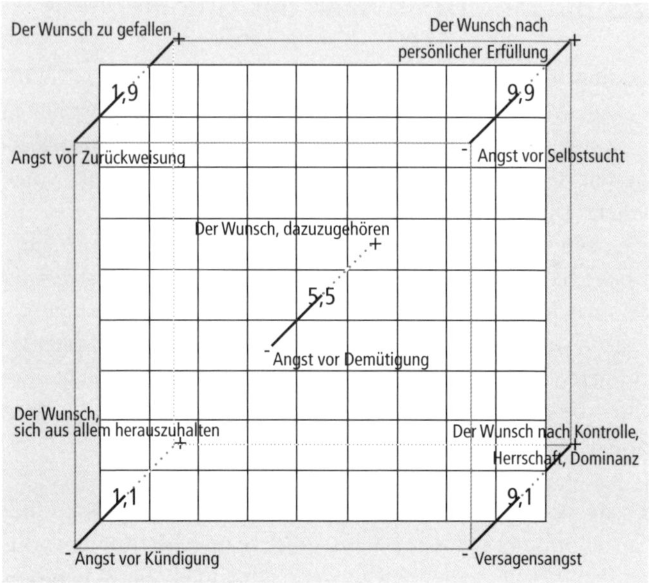

sionen Mitarbeiter- und Leistungsorientierung eine gute Basis dar, die ein erfolgreicher Vorgesetzter beachten sollte. Negativ ist jedoch, dass das Modell andere Aspekte, wie zum Beispiel die Situation, nicht berücksichtigt, die Einfluss auf Mitarbeiter und Leistungserreichung haben kann. Des Weiteren liegen diesem rein theoretischen Modell keinerlei Untersuchungen zugrunde, die die Ergebnisse bestätigen könnten.

Kritikpunkte

Als Kritik dazu nennt Fritz Bisani, dass nicht vorhersehbar ist, wie sich beide Dimensionen beim Erreichen des Ziels zueinander verhalten. Er meint, dass durch immer größer werdende humane wie auch ökonomische Ansprüche die Komplexität beider Dimensionen so ausgeprägt ist, dass im Endeffekt eher ein Zielkonflikt anzunehmen ist. Dem ist auch insoweit zuzustimmen, denn – bedingt durch die damalige recht einfache (Schul-)Ausbildung, die den Grundstein für das Arbeitsleben legte, – wusste der Mensch um Anforderungen und Dauer seiner Arbeit; insofern war er noch mit „seiner" Arbeit zufrieden und leicht vom Vorgesetzten zu motivieren, wenn es um Zielerreichung ging. Aufgrund heutiger Veränderungen in der Arbeitswelt, höherer und sich schnell wandelnder Ansprüche streben viele eine bessere (Schul-)Ausbildung an, was dazu führt, dass Menschen sich verwirklichen beziehungsweise weiterentwickeln wollen und selbstbewusster werden, wenn es darum geht, eigene Ziele den Arbeitsaufgabenzielen vorzuziehen. Eine Vereinbarkeit beider gestaltet sich deshalb schwieriger.

Nur eingeschränkt brauchbar

Die Weiterentwicklungen des Modells sind nur eingeschränkt brauchbar, da zum einen der Stilwechsel theoretisch eingeengt wird, indem der Führungskraft ein anhaftend dominierender Stil unterstellt wird. Ebenso ist zu hinterfragen, ob sich die Wahl der Motivation als dritte Dimension eignet, um den Stilwechsel zu begründen.

Literatur

Fritz Bisani: *Personalwesen und Personalführung. Der state of the art der betrieblichen Personalarbeit.* Wiesbaden: Gabler 1995.

Robert R. Blake und Anne Adams McCanse.: *Das Grid-Führungsmodell.* 6. Aufl. Düsseldorf: Econ 1998.

Robert R. Blake und Jane S. Mouton: *Besser führen mit Grid.* Düsseldorf: Econ 1994.

Robert R. Blake und Jane S. Mouton: *Besser verkaufen durch Grid. Das Verhaltensgitter als Methode zum optimalen Verkauf in Handel, Industrie und Dienstleistung.* München: Econ 1988.

3. Situatives Führen mit dem Kontingenzmodell

Umfeldvariablen berücksichtigen

Die Idee des situativen Führens basiert auf der Erkenntnis, dass Führungsentscheidungen immer in einem Umfeld gefällt werden, das die Entscheidung beeinflusst. Mehr noch, die Entscheidung muss vorab die Umweltvariablen berücksichtigen. So sind in den USA oder China andere Führungsverhaltensweisen einzusetzen als in Europa.

Ursprung des Konzepts

Das Konzept stammt vom US-Managementforscher Fred Edward Fiedler. Ihm gebührt das historische Verdienst der Initiierung der Suche nach den situativen Einflussgrößen auf den Führungsprozess. Als Basis dienen die von ihm zwischen 1950 und 1965 durchgeführten Führungsstil-Studien, mit denen er den Zusammenhang von Führungs- und Gruppenleistung untersuchte.

Zwei Faktoren

Fiedler geht davon aus, dass die Effektivität von Führung, welche sich in der Leistung der Gruppe widerspiegelt, von zwei interagierenden Faktoren abhängt:

1. Angewandter Führungsstil
2. Vorherrschende Führungssituation

Je nach situativer Konstellation seien unterschiedliche Führungsstile Erfolg versprechend, so seine Hypothese. Kontingenz bedeutet in diesem Zusammenhang also, Organisation, Management und Führung in Abhängigkeit von situativen Faktoren zu betrachten.

Situationsvariablen

Die Beziehungen zwischen dem Führungsstil des Vorgesetzten und dem Leistungsverhalten seiner Arbeitsgruppe werden durch den Einfluss von drei entscheidenden Situationsvariablen geprägt:

1. Führer-Mitarbeiter-Beziehungen
2. Aufgabenstruktur
3. Positionsmacht des Führers

Kernvariablen

Fiedler legt seinem Modell folgende Kernvariablen zugrunde:
- Führungsstil
- Grad der Günstigkeit der Führungssituation
- Leistung der Gruppe

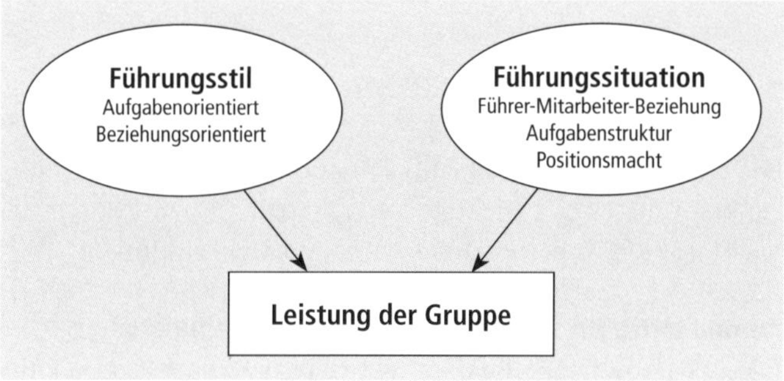

Günstige Situation

Situativ günstig ist eine Situtation nach Fiedler dann, wenn sie dem Vorgesetzten ein hohes Maß an Einfluss auf das Gruppenverhalten ermöglicht.

3.1 Der Führungsstil

Definition: Führungsstil

Unter Führungsstil versteht Fiedler die persönliche Führungsmotivation des Vorgesetzten. Führungsstil definiert er so: „*the underlying need-structure of the individual which motivates his behaviour in various leadership situations.*" (Fiedler 1967, S. 36)

Führungsstil ist ein konstantes Merkmal

Im Gegensatz zum üblichen Sprachgebrauch sieht Fiedler im Führungsstil ein konstantes Persönlichkeitsmerkmal des Leitenden, das dem konkret situationsbezogenen Führungsverhalten als strukturelle Konstante zugrunde liegt.

Der Autor unterscheidet hierbei zwischen zwei Führungsstilen:

1. Aufgabenorientierter (task-oriented leadership) Führungsstil
2. Beziehungsorientierter Führungsstil (relations-oriented leadership style)

Verschiedene Prioritäten

Letzterer zielt auf die zwischenmenschliche Beziehung zwischen Führer und Geführten ab und wird deshalb in der Literatur oft auch als mitarbeiterorientierter Führungsstil bezeichnet. Im Gegensatz dazu hat beim aufgabenorientierten Führer die erfolgreiche Aufgabenbewältigung Priorität.

3.2 Die Führungssituation

Die Beschreibung der Führungssituation stellt neben dem Führungsstil die zweite wichtige Variable dar. Sie wird durch die nachfolgend skizzierten drei Komponenten beeinflusst.

Komponente Nr. 1: Führer-Mitarbeiter-Beziehungen

Zufriedenheit oder Unzufriedenheit?

Dieser Faktor beschreibt die affektive Beziehung zwischen Führer und Mitarbeiter. Wird der Vorgesetzte seitens der Gruppe respektiert und ihm Loyalität entgegengebracht, so führt dies zu Zufriedenheit. Eine solche Situation ist für den Führer günstig. Im umgekehrten Fall würde Unzufriedenheit und demnach eine negative Ausgangslage vorherrschen.

Komponente Nr. 2: Aufgabenstruktur

Stark oder schwach strukturiert?

Hier wird bewertet, inwieweit die zu lösende Aufgabe stark oder nur schwach strukturiert ist. Die Grundidee ist, dass die Eigenart der Aufgabe die Einflussmöglichkeiten des Führers wesentlich bestimmt. Die situative Günstigkeit ist umso größer, je höher der Strukturiertheitsgrad der zu erfüllenden Aufgabe ist, das heißt, je stärker die Aufgabe klar definiert, Ziele deutlich und Wege zur Zielerreichung festgelegt sind. Kriterien wie zum Beispiel Klarheit und Ordnung der zu lösenden Aufgaben stehen hier im Vordergrund.

Komponente Nr. 3: Positionsmacht des Führers

Viel oder wenig Macht?

Die Positionsmacht des Führenden gibt an, inwieweit die Position selbst es dem Führer ermöglicht, die Geführten in seinem

Sinne zu leiten. Die persönlichen Beziehungen des Positionsinhabers zu seinen Untergebenen sollen allerdings nicht berücksichtigt werden. Die Positionsmacht umfasst die Belohnungs- und Bestrafungspotenziale des Vorgesetzten, welche er im Hinblick auf die Erreichung der Organisationsziele anzuwenden befugt ist.

Acht mögliche Situationen

Zur Bestimmung verschiedener Führungssituationen werden die Situationsdimensionen in Begriffspaare eingeteilt, das heißt, es wird jeweils zwischen *guten* und *schlechten* Führer-Mitarbeiter-Beziehungen, *strukturierten* und *unstrukturierten* Aufgaben sowie *starker* und *schwacher* Positionsmacht unterschieden. Durch die Kombination dieser drei Situationsvariablen ergeben sich dementsprechend 2^3, also acht mögliche Führungssituationen.

Konstellation, Typ	Führer-Mitarbeiter-Beziehung	Strukturierung der Aufgabe	Positionsmacht	Beispiel	Führungsstil
I	Gut	Stark	Viel	Kampfgruppe	Aufgaben-orientiert
II	Gut	Stark	Wenig	Basketball-team	Aufgaben-orientiert
III	Gut	Schwach	Viel	Militärischer Planungsstab	Aufgaben-orientiert
IV	Gut	Schwach	Wenig	Forschungs-team	Personen-orientiert
V	Schlecht	Stark	Viel	Kampfgruppe	Personen-orientiert
VI	Schlecht	Stark	Wenig	Basketball-team	Personen-orientiert
VII	Schlecht	Schwach	Viel	Militärischer Planungsstab	Personen-orientiert
VIII	Schlecht	Schwach	Wenig	Basketball-team	Aufgaben-orientiert

Erfolg messen

Zur Messung des Führungserfolges werden Outputgrößen wie Produktivität, Fehlerquote und Zeitbedarf herangezogen. Einzelspezifische subjektive Faktoren wie Arbeitszufriedenheit, Fluktuation oder Gruppenmoral haben hier eher den Charakter eines angenehmen Nebenprodukts (interesting by-products). Durch diese Betrachtung kommt Fiedler zu dem Entschluss, dass die Effektivität eines Führungsstils nur in Abhängigkeit der jeweiligen Situation bestimmt werden kann.

3.3 Praktische Umsetzbarkeit des Modells

Passende Situationen suchen

Fiedler empfiehlt, dass sich die Vorgesetzten adäquate, zu ihrem Führungsstil passende Aufgaben beziehungsweise Situationen suchen, zum Beispiel durch Positions- oder Führungswechsel, denn der Führungsstil selbst ist – zumindest kurzfristig – kaum veränderbar.

Denkbar ist auch, durch Einflussnahme auf den situativen Kontext der Vorgesetzten-Untergebenen-Beziehung den geeigneten Weg für erfolgreiche Führung zu finden. Zunächst ist der Führungsstil des Managers zu bestimmen, dann die Situation an den Manager anzupassen, was durch Veränderungen der drei Situationsvariablen möglich wird.

Es gibt keinen „besten" Stil

Ausdrücklich zu erwähnen ist, dass ein Führungsstil nicht besser als der andere ist, da immer auch die jeweils vorherrschenden Bedingungen berücksichtigt werden müssen. Jeder Führer ist mit großer Wahrscheinlichkeit in einigen Situationen effektiv, in anderen ineffektiv.

3.4 Würdigung

Modell ist umstritten

Fiedlers Kontingenzmodell zählt sicherlich zu den bekanntesten, aber auch zu den umstrittensten Führungsmethoden. Die Kritik setzt sowohl bei der Situationsanalyse als auch bei der Erfassung des Führungsstils an. Nachfolgend seien einige fundamentale Kritikpunkte benannt:

- Die Ergebnisse sind insgesamt gesehen so widersprüchlich und so wenig zuverlässig, dass der Nutzen nur schwer bescheinigt werden kann. Weder die theoretische Fundierung noch die empirische Basis reichen aus, um gültige Voraussagen für Führungssituationen treffen zu können. Wichtige Einflussfaktoren wie etwa Qualifikation, Teamgeist, Werte und Normen der zu führenden Gruppe, Schwierigkeit der Aufgabe, Einflussgestaltung durch Mitarbeiter etc. werden nicht erfasst.

Keine gültigen Voraussagen

- Die drei Situationsvariablen sind relativ willkürlich herausgegriffen; bezüglich der verwendeten Methoden zu deren Messung bestehen Zweifel hinsichtlich Objektivität und Reliabilität. Sie beschreiben die Führungssituation nur unvollständig. Situationsvariablen wie beispielsweise technische Ausstattung, Marktlage und Erfolg der Unternehmung werden komplett vernachlässigt.

Vernachlässigte Variablen

- Die Unterscheidung in nur zwei – laut Modellannahme voneinander unabhängige – Führungsstile (aufgaben- und personenorientiert) lässt sich nach weiteren Untersuchungen nicht widerspruchslos aufrechterhalten. Es wird gezeigt, dass unterschiedliche Führungsstile durchaus angewendet werden können, um die Leistung zu erhöhen. Desweiteren kann ein Führer gleichzeitig stark personen- *und* aufgabenorientiert sein.
- Die Kontingenztheorie gilt als führerfokussiert, da der Erfolg nur in Abhängigkeit von der Führerorientierung gemessen wird. Die motivationale Orientierung von Mitarbeitern und anderen Bezugsgruppen wird nicht berücksichtigt.

Motivation der Mitarbeiter nicht berücksichtigt

Doch trotz dieser Kritik ist Fiedler zu bescheinigen, dass er zum ersten Mal situative Bedingungen in einem empirisch überprüfbaren Führungsmodell berücksichtigte. „*Fiedlers Modell stellt einen operationalisierten, systematischen, prägnant gestalteten sowie mit klaren Handlungsempfehlungen bereicherten Kontingenzansatz vor.*“ (Wunderer 2003, S. 96)

Literatur

Fred Edward Fiedler: *A theory of leadership effectiveness.* New York: 1967.

Alfred Kieser (Hg.): *Handwörterbuch der Führung.* Stuttgart: Schäffer-Poeschel 1995.

Klaus Macharzina: *Unternehmensführung. Das internationale Managementwissen; Konzepte – Methoden – Praxis.* Wiesbaden: Gabler 2003.

Wolfgang Staehle: *Management.* München: Vahlen 1999.

Jürgen Weibler: *Personalführung.* München: Vahlen 2001.

Rolf Wunderer: *Führung und Zusammenarbeit: eine unternehmerische Führungslehre.* Neuwied: Luchterhand 2003.

4. Situatives Führen mit dem 3-D-Modell

Ebenso wie das im Kapitel E 1 besprochene Verhaltensgitter geht das 3-D-Modell des kanadischen Managementforschers William J. Reddin von den beiden Dimensionen Aufgabenorientierung und Beziehungsorientierung aus, wobei jedoch mit der Effektivität eine dritte Dimension hinzugefügt wird.

Neu: dritte Dimension

Ausgehend von vier Grundstilen, die sich aus der Kombination von Aufgabenorientierung und Beziehungsorientierung ergeben, werden über die Dimension Effektivität acht Hauptstile (je vier effektive sowie uneffektive) abgeleitet, zwischen denen ein Manager in seinem Führungsverhalten „pendeln" kann:

Acht Hauptstile

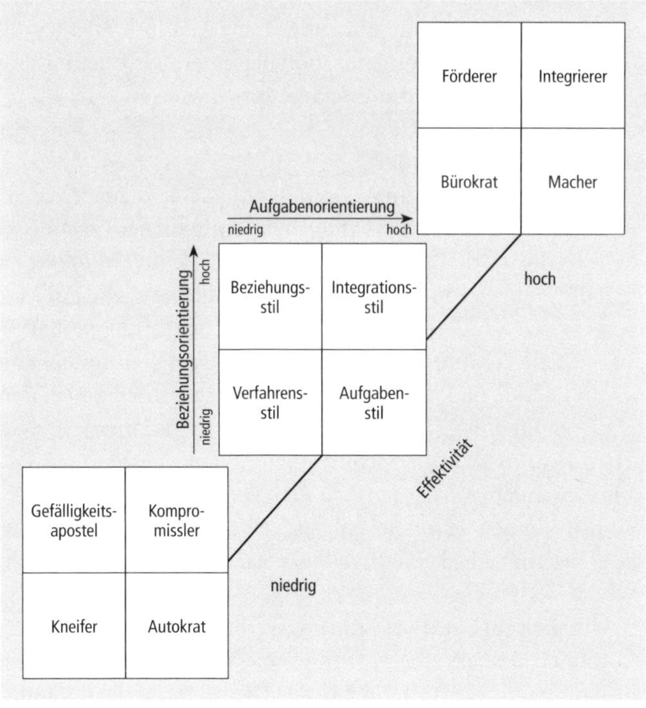

3-D-Modell nach Reddin

Drei Fähigkeiten

Um ein situationsangepasstes Führungsverhalten praktizieren zu können, muss eine Führungskraft über die folgenden drei erlernten oder auf Erfahrungen basierenden Fähigkeiten verfügen:
1. Situationsgespür
2. Stilflexibilität
3. Fähigkeit zum Situationsmanagement

4.1 Die neue Dimension: Effektivität

Zwei Effektivitätsarten

Reddin unterscheidet folgende zwei Effektivitätsarten:
1. Effektivität des Managers
2. Organisationseffektivität

Die Effektivität des Managers steht im Interessenmittelpunkt des 3-D-Modells als Folge des Führungsverhaltens. Die Organisationseffektivität wird aber der Vollständigkeit halber dargestellt, da sie maßgeblich zum Führungsverhalten eines Managers beiträgt. Merkt eine Führungskraft, dass ihre Zielsetzung durch eine ineffektive Organisation behindert wird, bemüht sie selbst sich wohl kaum um Effektivität.

Effektivität des Managers

Verhalten auf Zielerreichung ausrichten

Effektivität für sich allein ist nach Reddin keine Managereigenschaft, sondern beschreibt lediglich das Ausmaß der Ergebnisse, die erreicht werden sollen oder wurden. Effektives Führen ist deshalb weniger von den Eigenschaften abhängig, die ein Manager besitzt, sondern davon, wie gut er sein Führungsverhalten auf die Zielerreichung hin ausrichtet. In diesem Zusammenhang betont Reddin, dass Tätigkeits- und Stellenbeschreibungen den Grad der Effektivität (negativ) beeinflussen (können). Erstere geben zwar Auskunft über Aufgaben in einer bestimmten Position, nicht aber, wie man sich verhalten soll. Stellenbeschreibungen können sich insoweit negativ auswirken, als dass der dargestellten Stelle keine Ergebniserwartung gegenübersteht.

Im Hinblick auf effektives Führungsverhalten sollten Führungspositionen deshalb über Leistungsmaßstäbe definiert werden, die dann mit Zielen unterlegt werden. Umsatz, Rentabilität und

Mitteleinsatz könnten solche Leistungsmaßstäbe sein, die sich in einem vernünftigen, also erreichbaren Rahmen zu bewegen haben.

Die Effektivität des Managers untergliedert Reddin in folgende drei Arten:

Drei Arten von Effektivität

1. *Die Effektivität des Managers an sich,* wie sie oben beschrieben und durch Leistungsvorgaben messbar gemacht wird.
2. *Anscheinende Effektivität,* die eine Vorstufe zur Effektivität des Managers sein kann, aber nicht sein muss. Hierbei treten Eigenschaften zutage, die auf den ersten Blick effektiv zu sein scheinen, dies aber nicht zwangsläufig sein müssen.
3. *Persönliche Effektivität:* Hierbei verfolgt der Manager seine eigenen Ziele statt die des Unternehmens.

Organisationseffektivität

Ausrichtung aller Beteiligten

Analog zur Effektivität des Managers beschreibt Reddin die Effektivität eines gesamten Unternehmens und deren Organisation, davon ausgehend, dass ein Unternehmen genau wie eine einzelne Person in bestimmten Situationen effektiv oder ineffektiv sein kann. Für ein Unternehmen ist es jedoch schwieriger, effektiv zu sein, als für eine Person, da die gesamte Organisation und somit alle daran Beteiligten auf das Unternehmensziel hin ausgerichtet werden müssen.

4.2 Situation und deren Einflüsse

Einflussfaktoren

Wie bereits erwähnt, hängt das Führungsverhalten eines Managers von der jeweiligen Situation ab, welche von diesen oder ähnlichen Faktoren beeinflusst wird:

- Arbeitsweise
- Mitarbeiter, Kollegen, Vorgesetzte
- Organisation

Um diese Einflüsse zu erkennen und seinen Führungsstil entsprechend einzustellen, muss der Vorgesetzte über Situationsgespür verfügen, also die momentane Lage in Bezug auf die Arbeitnehmer und die Arbeit erkennen. Diese Verhaltensvariable bestimmt den Führungsstil entweder effektiv oder aber ineffektiv.

Die Arbeitsweise

Die Arbeitsweise wird durch die zu erledigende Aufgabe bestimmt, also durch die Organisation der Arbeit auf ihre Aufgabe hin. Es gibt verschiedene Arbeitsweisen, die sich zum Beispiel in Begriffen wie „Fließbandarbeit“ oder „Einzelfertigung“ niederschlagen. Fließbandarbeit kann eine ganz andere motivationale Situation hervorrufen als die Einzelfertigung.

Zeitdruck

Ein wichtiger Aspekt in Bezug auf die Arbeitsweise ist Zeit, denn unter Zeitdruck erledigen Menschen ihre Arbeit anders und reagieren unterschiedlich.

Strukturierung

Die Strukturierung der Arbeit spielt als Einflussfaktor auch eine Rolle. Es stellt sich die Frage, ob die Arbeit nach bestimmten Schemata abläuft oder der Mensch noch selbst Einfluss hat, in welcher Reihenfolge er die Arbeit erledigen will. Produktionsarbeit wird in festen Strukturen erledigt, während Büroarbeit größere dispositive Spielräume enthält.

Stress

Wichtig ist hier auch, zu fragen, ob die Arbeit unter Stress abläuft oder nicht, was insofern von Bedeutung ist, da sich Stress auf das gegenseitige Verhältnis von Mitarbeitern, Kollegen und Vorgesetzten auswirkt.

Mitarbeiter, Kollegen, Vorgesetzte („menschlicher Faktor")

Kommunikationsbeziehungen

Drei Faktoren können eine Situation – bedingt unter anderem durch die Verschiedenartigkeit der Menschen, deren Positionen und die sich daraus ergebenden zwischenmenschlichen Beziehungen – stark beeinflussen. Aus diesen Konstellationen resultieren folgende Kommunikationsbeziehungen:

- Mitarbeiter – Kollege
- Mitarbeiter – Mitarbeiter
- Mitarbeiter, Kollege – Vorgesetzter

Die Kommunikationen dieser Konstellationen laufen jeweils unterschiedlich ab und werden von Unterfaktoren beeinflusst:

- Mit welcher „Art“ Mensch läuft die Kommunikation beziehungsweise die Zusammenarbeit: Ist der Mensch humorvoll, ernst, gleichgültig, interessiert etc.?
- Welcher Dialog wird geführt: privat und beruflich?

Mitarbeiter und Kollegen

Mitarbeiter sind Menschen, die einer übergeordneten Gruppe angehören, während Kollegen der eigenen Arbeitsgruppe angehören. Genauso bedeutsam ist hier, wie sich Beziehungen untereinander gestalten: distanziert oder eher freundschaftlich. Einfluss hat auch das Verhalten des Vorgesetzten gegenüber den Mitarbeitern und was er von ihnen verlangt.

Verschiedene Teilziele, gemeinsames Oberziel

Die Faktoren Mitarbeiter, Kollege und Vorgesetzter sind insoweit von Bedeutung, da zwischen ihnen Informationen fließen, die sowohl auf das Verhalten untereinander als auch auf die Ziele Auswirkungen haben. Der Unterschied zwischen Mitarbeitern und Kollegen ist hier wichtig, da diese unterschiedlichen Gruppen angehören, die zwar verschiedene Teilziele haben, aber auf ein gemeinsames Unternehmensziel hinarbeiten.

Organisation

Die Organisation beeinflusst das Verhalten

Hinsichtlich der Situation spielt die Unternehmensorganisation eine wichtige Rolle. Ist das Unternehmen zum Beispiel zentral oder dezentral organisiert, lässt man den Arbeitnehmern einen gewissen Entscheidungsfreiraum, oder herrscht eine streng hierarchische Struktur? Von welcher Philosophie lässt sich die Organisation leiten? Wie groß sind die Entscheidungsspielräume der Mitarbeiter? All dies kann sich in bestimmten Situationen auf das Führungs- und Mitarbeiterverhalten auswirken und ist auch unter den Aspekten der Motivation und Effektivität zu sehen. So sind Motivation und Effektivität bei einem zentral und hierarchisch organisierten Unternehmen oftmals weniger ausgeprägt als in dezentral geführten Organisationen.

4.3 Stile

Grund- und Hauptstile

Wie schon erwähnt, unterscheidet Reddin in seinem Modell vier Grund- und acht Hauptstile. Erstere basieren auf den zwei Dimensionen Aufgabenorientierung und Beziehungsorientierung, die mit den vier „Eckstilen“ des Grid-Modells gleichzusetzen sind. Die acht Hauptstile ergeben sich dann aus den Eckpunkten des dreidimensionalen Modells.

Die acht Hauptstile des 3-D-Modells

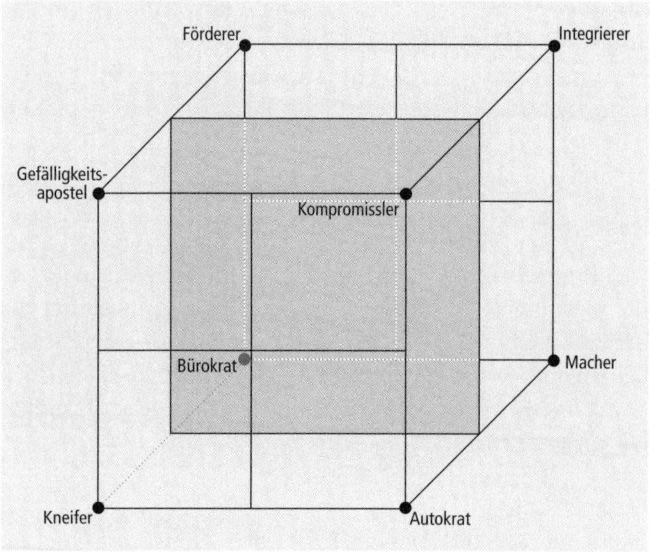

Das graue Quadrat in der Mitte kann man sich als die Grundstile vorstellen, aus denen sich die anderen ableiten.

Grundstile

Vier Grundstile

Die vier Grundstile des 3-D-Modells sind analog den vier Eckstilen des Grid-Modells zu charakterisieren, wobei Reddin diesen Grundstilen Bezeichnungen gab, die auf die Ausrichtung des Führungsverhaltens eines Vorgesetzten weisen, und zwar:

- *Verfahrensstil:* Der Vorgesetzte erledigt „Dienst nach Vorschrift“ und ist nur so leistungs- und aufgabenorientiert wie nötig.
- *Beziehungsstil:* Die beste Beziehung zu den Mitarbeitern hat Vorrang vor der Erbringung von Leistung.
- *Aufgabenstil:* Diesen Grundstil kennzeichnet die Erfüllung der gesetzten Ziele um jeden Preis und ohne Rücksicht auf die Bedürfnisse der Mitarbeiter.

- *Integrationsstil:* Die Führungskraft bemüht sich darum, gemeinsam mit motivierten Mitarbeitern ein bestimmtes Ergebnis zu erzielen.

Hauptstile

Verhalten und Situation

Die Bezeichnungen der Hauptstile ergeben sich aus der Anpassung des Vorgesetzten-Verhaltensstils (Grundstil – angebracht oder unangebracht) an die jeweilige Situation und der Einschätzung des Verhaltens durch die Mitarbeiter.

Verfahrensstil

- *Effektiv – Bürokrat* **1. Hauptstil**
  Ist effektiv, solange Regeln beachtet und Anweisungen befolgt werden.
- *Ineffektiv – Kneifer* **2. Hauptstil**
  Ist ineffektiv, da er durch das strenge Beachten von Regeln aus Situationen flüchtet, die von ihm Eigeninitiative verlangen.

Beziehungsstil

- *Effektiv – Förderer* **3. Hauptstil**
  Die Mitarbeiterorientierung geht nur so weit, wie dies die Aufgabenerfüllung erlaubt; Motivierung und Vertrauen in die Mitarbeiter prägen ihn.
- *Ineffektiv – Gefälligkeitsapostel* **4. Hauptstil**
  Ist ineffektiv wegen der starken Ausrichtung auf die Mitarbeiter, eventuell bis zur Selbstaufgabe als Führungskraft.

Aufgabenstil

- *Effektiv – Macher* **5. Hauptstil**
  Ist effektiv, da er zwar eine hohe Aufgabenerfüllung anstrebt, dabei aber mit Fachwissen glänzt. Die Mitarbeiter lässt er nie aus den Augen und bezieht sie unter Umständen schon mal in die Entscheidungsfindung ein.
- *Ineffektiv – Autokrat* **6. Hauptstil**
  Ist ineffektiv, da für ihn die Aufgabenerfüllung so weit geht, dass er die Mitarbeiter gar nicht mehr wahrnimmt. Sie sind für ihn nur Mittel zum Zweck und sollen sich diesem völlig unterordnen.

Integrationsstil

7. Hauptstil
- *Effektiv – Integrierer*
  Ist effektiv, weil er sichtbar für alle aufgaben- und mitarbeiterorientiert handelt, was motivationsförderlich ist. Ebenso weiß er, dass Menschen unterschiedlich sind und entsprechend behandelt werden müssen. Die Mitarbeiter bezieht er in die Planung ein. Er ist der Meinung, dass Konflikte stärkend auf das Engagement wirken.

8. Hauptstil
- *Ineffektiv – Kompromissler*
  Ist ineffektiv, da er versucht, gleichzeitig mitarbeiter- und aufgabenorientiert aufzutreten, obwohl dies momentan für ihn nicht möglich ist. Er versucht deshalb, für beides Lösungen zu finden, um keine Probleme entstehen zu lassen. Alles, was er macht, ist schlussendlich nichts Halbes und nichts Ganzes.

Stilverhalten

Stilbandbreite

Um in verschiedenen Situationen jeweils den geeigneten Führungsstil anwenden zu können, fordert Reddin eine gewisse Stilbandbreite. Damit ist gemeint, dass die Führungskraft über ein gewisses Repertoire an Verhaltensmustern verfügt, um sich der Situation entsprechend einstellen zu können. Es gibt Situationen, die viele Führungsstile erfordern, aber auch solche, in denen nur wenige benötigt werden.

Vier Möglichkeiten

Reddin unterscheidet folgende Möglichkeiten:
- *Stilflexibilität* kennzeichnet effektives Führungsverhalten, da es möglich ist, den Führungsstil optimal an eine Situation anzupassen.
- *Stilstarrheit* drückt das Festhalten an einem (einzigen) Führungsstil aus, obwohl sich die Situation geändert hat, der Stil ineffektiv geworden ist und ein anderer nötig wäre.
- *Stildrift* bezeichnet das Ändern eines Stiles, obwohl es nicht notwendig wäre.
- *Stiltreue* bedeutet, dass sich ein Stil in einer Situation als effektiv erwiesen hat und für diese beibehalten wird.

Reddin macht diese Bezeichnungen von der Relation der Stilbandbreite zum Umfang der einzusetzenden Stile in einer

Situation abhängig. So behauptet er zum Beispiel, dass eine Führungskraft mit einer geringen Stilbandbreite in einer Situation, die nur wenige Führungsstile erfordert, effektiv und stiltreu ist und in derselben Situation eine Führungskraft mit einer hohen Stilbandbreite ineffektiv wird und einem Stildrift unterliegt.

Kritik

Diese Behauptungen sind kritisch zu sehen, da Reddin davon ausgeht, dass zum Beispiel bei der Stiltreue der Manager in seiner geringen Stilbandbreite die passenden Stile für die jeweilige Situation parat hat, auch wenn diese nur wenige erfordert. Was passiert aber, wenn gerade die benötigten Führungsstile nicht vorhanden sind? In Frage kommt, dass der Manager sich einen Stil aussuchen wird, welcher der Situation am nächsten kommt, an dem er festhält und so der Stilstarrheit unterliegt. Ebenso pauschaliert Reddin den Stildrift; es ist sogar positiv zu sehen, wenn eine Person mit hoher Stilbandbreite in eine Situation kommt, die nur wenige Stile erfordert. Aus einer Vielzahl von Stilen kann der passende ausgesucht werden, um Stiltreue zu praktizieren.

Im Interesse der Stilflexibilität und Stiltreue sollte eine Führungskraft über Situationsgespür verfügen. Ändern sich Einflussfaktoren wie Arbeitsweise oder menschliche Faktoren, so muss das erkannt und das Führungsverhalten der Situation angepasst werden.

4.4 Fazit und Würdigung

Vorteile gegenüber dem Grid-Modell

Das 3-D-Modell von Reddin geht im Gegensatz zum Grid-Modell bei der Beschreibung der Verhaltensweisen schon weiter in Richtung Realität, da es wichtige Aspekte wie unterschiedliche Situationen berücksichtigt; des Weiteren zerlegt Reddin sogar Situationen in die auf sie einwirkenden Bestandteile Arbeit, Menschen und Organisation. Weitere Vorteile gegenüber dem Grid-Modell sind die Beschreibung von Verhaltensweisen an sich und die Messung der Effektivität an den zu erzielenden Ergebnissen.

Ein Problem zeigt dieses Modell jedoch, da es sich nicht auf messbare Grundlagen stützt, sondern rein hypothetischer Natur ist.

Literatur

Fritz Bisani: *Personalwesen und Personalführung.* Wiesbaden: 1995.

Joachim Hentze: *Personalführungslehre.* Bern, Stuttgart und Wien: 1997.

William J. Reddin: *Das 3-D-Programm zur Leistungssteigerung des Managements.* Landsberg: moderne industrie 1981.

Dieter Wagner (Hg.): *Handbuch der Personalleitung.* München: 1992.

5. Situatives Führen mit dem Reifegradmodell

Führen mit Blick auf die Reife

In die Gruppe der situativen Führungsmodelle gehört die Reifegrad-Theorie von Paul Hersey und Kenneth Blanchard. Danach ist die Wahl des „richtigen“ Führungsstils gegenüber einem Mitarbeiter von dessen Reifegrad abhängig. Nicht die Führungskraft leitet mit dem ihr eigenen Stil, sondern sie passt ihn dem Entwicklungsstand des Mitarbeiters an. Ein und dieselbe Person kann zum gleichen Zeitpunkt über eine hohe Reife für eine bestimmte Aufgabe und eine geringe für eine andere Aufgabe verfügen.

Reife ist relativ

Der Reifegrad des Mitarbeiters ist nicht absolut zu sehen, sondern in Relation zur gestellten Aufgabe. Hersey und Blanchard unterscheiden dabei zwischen drei Faktoren des Reifegrades, die für die Aufgabenerfüllung wichtig sind. Es handelt sich dabei um:

1. Fähigkeit, hohe, aber erreichbare Ziele zu setzen
2. Fähigkeit und Bereitschaft, Verantwortung zu übernehmen
3. Notwenige Ausbildung und Erfahrung

Wille und Fähigkeit

Der Reifegrad eines Mitarbeiters ergibt sich aus der Kombination von Willigkeit und Fähigkeit. Durch die Ausprägung von niedrig bis sehr hoch ergeben sich vier Grundformen:

- *Reifegrad 1 (geringe Reife)*
  Motivation, Wissen und Fähigkeiten fehlen.
- *Reifegrad 2 (geringere bis mäßige Reife)*
  Motivation ist vorhanden, aber die Fähigkeiten fehlen.
- *Reifegrad 3 (mäßige bis hohe Reife)*
  Die Fähigkeiten sind vorhanden, aber es fehlt an Motivation.
- *Reifegrad 4 (hohe Reife):*
  Sowohl Motivation als auch Wissen und Fähigkeiten sind vorhanden.

Vier Arten des Führens

Aus den vier Grundformen lässt sich die jeweils sinnvolle Art der Führung ableiten:

- *Reifegrad 1 (Lenken)*
  Der Vorgesetzte definiert die Rollen und Aufgaben seiner Mitarbeiter, sagt ihnen, was, wie, wann und wo zu tun ist und kontrolliert die Ergebnisse.
- *Reifegrad 2 (Trainieren)*
  Die Führungskraft überwacht die Aufgabenerfüllung, die Entscheidungen werden jedoch mit dem Mitarbeiter besprochen. Er soll dabei Vorschläge machen.
- *Reifegrad 3 (Unterstützen)*
  Fachliche Anleitung ist hier nicht mehr notwendig. Um das Engagement zu entwickeln, werden dem Mitarbeiter Hilfestellungen – vor allem bei Entscheidungen – angeboten, die ihn ermutigen und sein Selbstbewusstsein stärken sollen.
- *Reifegrad 4 (Delegieren)*
  Dem Mitarbeiter werden weitestgehend die Aufgabe, die Verantwortung und die damit verbundenen Entscheidungen übertragen. Der Vorgesetzte beschränkt sich auf gelegentliche Kontrollen und überlässt die Aufgabenerfüllung seinen Mitarbeitern.

Die vier Führungsstile im Überblick

Situation bestimmt Effektivität

Jeder dieser vier Führungsstile kann je nach Situation effektiv oder ineffektiv sein. Das Konzept des situativen Führens basiert auf dem Zusammenspiel zwischen dem Maß an direktivem Verhalten (aufgabenbezogen) und dem Maß an sozio-emotionaler Unterstützung (mitarbeiterbezogen) durch die Führungskraft sowie dem Reifegrad des Mitarbeiters.

Reifegrad und Führungsverhalten

Mit steigendem Reifegrad soll der Vorgesetzte, so die zentrale Annahme, seine Aufgabenorientierung reduzieren und seine Beziehungsorientierung ausbauen. Erreicht der Reifegrad Werte des letzten Viertels, sollen sowohl Aufgaben- als auch Beziehungsorientierung zurückgenommen werden.

Entwicklung des Führungsverhaltens

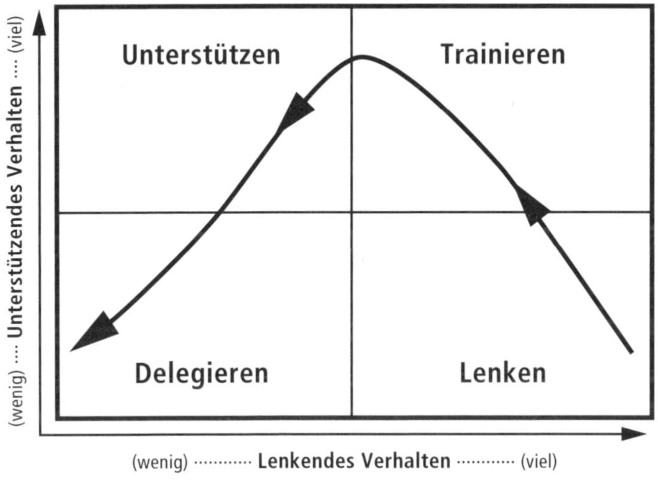

Reifegrad bestimmen

Um den Reifegrad eines Mitarbeiters zu bestimmen, sollte man sich die folgenden Fragen stellen:

Fähigkeiten

Zu den *Fähigkeiten* des Mitarbeiters:

- Kann der Mitarbeiter die fachlichen Problemstellungen eigenständig lösen?
- Gibt es ein Wissensdefizit, das ausgeglichen werden muss?
- Arbeitet der Mitarbeiter selbstständig?

Engagement

Zum *Engagement* des Mitarbeiters:

- Setzt sich der Mitarbeiter gern mit neuen Aufgaben auseinander?
- Verfügt der Mitarbeiter über eine hohe Bereitschaft zur Leistung?
- Ist der Mitarbeiter belastbar?
- Welche Motive spornen den Mitarbeiter zur Leistung an?
- Sucht oder meidet der Mitarbeiter Verantwortung?

Drei Schritte

Für die Führungsarbeit ergeben sich aus diesem Modell demnach drei Schritte:

1. Aufgabe möglichst konkret definieren
2. Reifegrad des Teammitglieds für diese bestimmte Aufgabe bestimmen
3. Den angemessenen Führungsstil für diese Situation wählen

Literatur

Paul Hersey: *Situatives Führen – die anderen 59 Minuten.* Landsberg/Lech: moderne industrie 1986.

Martin A. Stader: *Wirklich wirksam führen: Verhaltenserwerb, Motivation, situatives Führen und Entscheidungsmanagement für Führungspraktiker.* Norderstedt: Books on Demand 2003.

Rainer W. Stroebe: *Führungsstile: Situatives Führen und Management by Objectives.* Heidelberg: Sauer 1992.

6. Management-by-Techniken

Es gibt eine Vielzahl von Management-by-Techniken, die Ihnen als Führungskraft Orientierung geben. Sie bedeuten Prinzipien und Regeln, die eine bestimmte Grundrichtung des Führungsverhaltens im Unternehmen gewährleisten sollen. Die Wahl einer konkreten Management-by-Technik kann nur unter Berücksichtigung einer konkreten Situation und Aufgabenstellung erfolgen. Keine der Techniken stellt ein geschlossenes Führungskonzept dar, sondern es handelt sich eher um Fragmente, die sich gegenseitig ergänzen.

Keine geschlossenen Konzepte

Einige Techniken weisen eine relativ große Geschlossenheit auf, zum Beispiel Management by objectives, Management by delegation, Management by exception und Management by systems. Andere Techniken sind mehr oder weniger nur Schlagworte, zum Beispiel Management by decision rules, Management by results oder Management by communication and participation.

Im Folgenden werden die wichtigsten Management-by-Techniken vorgestellt und dabei in personen- und sachbezogene Techniken unterschieden.

Personen- und sachbezogen

6.1 Personenbezogene Management-by-Techniken

Die personenbezogenen Management-by-Techniken greifen Aspekte auf, die sich auf Motivation, Leistungsfähigkeit und -bereitschaft der im Unternehmen tätigen Personen beziehen. Die Ausprägung dieser Faktoren zu verbessern und ein Zusammenwirken konstruktiver zu gestalten, ist das Ziel solcher Handlungsmodelle.

Motivation und Leistung

Management by participation

Beteiligung an Zielentscheidungen

Hierbei handelt es sich um ein Führungskonzept, das die Beteiligung der Mitarbeiter an den sie betreffenden Zielentscheidungen betont. Die Grundüberlegung besteht darin, durch Mitwirkung der Mitarbeiter an der Formulierung von Zielen und an der Entscheidung von Maßnahmen die Identifikation damit und entsprechend die Leistung anzuheben.

Management by motivation

Identifikation mit den Zielen

Bei „Führung durch Motivation" werden die Erkenntnisse der Motivationslehre berücksichtigt. Sie versucht, die individuellen Ziele der Mitarbeiter zu erkennen. Die Arbeitsaufgabe wird nun so gestaltet, dass sich die Mitarbeiter mit den Zielen der Organisation identifizieren können. Dadurch soll eine hohe Produktivität bei gleichzeitiger Arbeitszufriedenheit erreicht werden.

→ Ergänzende und vertiefende Informationen zum Thema Motivation finden Sie im Kapitel B 3 dieses Buches.

Management by control and direction

Autoritärer Stil

Diese Technik ist dem mehr oder minder kooperativen Charakter der übrigen Techniken entgegengerichtet. Es handelt sich um eine moderne Umschreibung für autoritären Führungsstil, bei der es darum geht, den nachgeordneten Mitarbeitern möglichst wenige Kompetenzen einzuräumen. Genaue Arbeitsanweisungen und Kontrollen unterdrücken die Eigeninitiative. Zur Stabilisierung ist Druck erforderlich. Diese Technik ist für beide Parteien sehr anstrengend und widerspricht einer humanistischen Menschenführung.

→ Ergänzende und vertiefende Informationen zum Thema Kontrolle finden Sie im Kapitel B 6 dieses Buches.

Management by decision rules

Genaue Regeln festlegen

Mit der Delegierung von Aufgaben sind zugleich genaue Regeln ihrer Erledigung festzulegen. Diese Technik ist auf Routineentscheidungen beschränkt, da exakte Entscheidungsregeln nur dann vorgegeben werden können, wenn alle potenziellen Situationen vorhersehbar sind.

Management by delegation

Dieses Führungsprinzip ist durch die Übertragung weitgehender Entscheidungsfreiheit und Verantwortung an Mitarbeiter gekennzeichnet. Um ein selbstständiges Arbeiten innerhalb eines Kompetenzbereiches zu ermöglichen, sind klare Stellen-, Aufgaben- und Zuständigkeitsbeschreibungen notwendig. Als Vorteile sind eine bessere Transparenz und eine höhere Akzeptanz der Unternehmensziele zu nennen, wodurch einerseits die übergeordneten Führungsstellen von Routinearbeiten entlastet werden, andererseits schnelle Entscheidungen getroffen werden können.

Entscheidungsfreiheit und Verantwortung

In der Literatur wird diese Technik vielfach mit dem an anderer Stelle dargestellten Harzburger Modell (vgl. Kapitel E 1) gleichgesetzt, das jedoch nicht allein auf der Technik des Management by delegation basiert.

→ Ergänzende und vertiefende Informationen zum Thema Delegierung finden Sie im Kapitel B 5 dieses Buches.

6.2 Sachbezogene Management-by-Techniken

Bei den sachbezogenen Management-by-Techniken werden Aspekte aufgegriffen, die sich auf Organisation, Geschäftszweck, Prozesse und sonstige Sachverhalte beziehen, bei denen die Mitarbeiter nur indirekt angesprochen und vorrangig Sachaspekte optimiert werden sollen.

Sachaspekte optimieren

Management by alternatives

Bevor eine Entscheidung gefällt wird, sind mehrere Handlungsmöglichkeiten aufzuspüren. Unter Berücksichtigung technischer und psychologischer Aspekte kann die Suche nach Alternativen konsequenter durchgeführt werden. Dazu bietet sich eine Reihe von Kreativitätstechniken an.

Alternativen suchen

Management by innovations

Für die Bestandserhaltung eines Unternehmens sind Innovationen wichtig. Deshalb muss die Unternehmensführung der

Innovationen entwickeln

systematischen Ideenproduktion große Aufmerksamkeit widmen und die Kreativität der Mitarbeiter fördern. Hierbei helfen Kreativitätstechniken. Die Betonung liegt bei dieser Technik auf der Kreativität und der Neuerung, also auf der Entwicklung von Innovationen.

→ Ergänzende und vertiefende Informationen zum Thema Kreativitätstechniken finden Sie im Teil D des zweiten Bandes dieser Buchreihe (Methodenkoffer Arbeitsorganisation).

Management by ideas

Leitmotiv als Grundlage

Hierunter versteht man eine an einem Leitbild oder einer Vision orientierte Führung. Dem betrieblichen Geschehen wird ein Leitmotiv zugrunde gelegt. Erst mit einer solchen Führungsphilosophie kann eine Management-Methode erfolgreich sein und eine für das praktische Handeln der Mitarbeiter gültige und anerkannte Richtschnur darstellen.

Management by break-through

Neue Standards erreichen und sichern

Bei diesem Führungsprinzip werden zwei Ziele zugrunde gelegt. Zum einen soll der Durchbruch zu neuen Leistungsebenen erfolgen, zum anderen der erreichte Zustand durch Kontrolle gesichert werden. Diese Zielsetzungen erfordern unterschiedliche Prozesse. Hierzu ist eine ständige Bereitschaft zur Innovation erforderlich und die Erkenntnis wichtig, dass schnelle Veränderungen ein wesentlicher Bestandteil des dynamischen Betriebsgeschehens sind. Jede Entscheidung sollte auf einer detaillierten Situationsanalyse beruhen. Um eine wirksame Kontrolle zur Sicherung des Erreichten zu gewährleisten, müssen erprobte Bewertungsmaßstäbe und Standards vorhanden sein. Die Differenzierung der beiden Zielsetzungen ist klar herauszustellen und zu erkennen, da sie von grundsätzlicher Bedeutung für die Entscheidung des Managementprozesses ist.

Management by results

Ergebnisorientiertes Konzept

Diese Technik, auch „Führung durch Entscheidungsorientierung“ genannt, ist ein rein ergebnisorientiertes Konzept, das unter anderem auf der Vorgabe von Zielen basiert, die vom Vorgesetzten vorgegeben werden und von den Mitarbeitern zu erreichen sind (Soll-Leistung). Anschließend kontrolliert der Vorgesetzte die erreichten Ergebnisse (Ist-Leistung). Er führt also eine ständige Leistungskontrolle (Soll-Ist-Vergleich) durch, um auf diese Weise eine effiziente Führung zu sichern. Diese Ergebnisanalysen stellen den Ausgangspunkt für neue Ziele dar. Im Vergleich zur Technik des Management by objectives ist das Management by results eher autoritär ausgerichtet. Den Mitarbeitern werden wenige Mitwirkungsbefugnisse eingeräumt. Das Konzept orientiert sich eher an den Ergebniszielen der Unternehmensführung.

Grundsätze

Grundsätze des Management by results sind:

- Die Arbeitsgruppen und Abteilungen sollen ihre ganze Aufmerksamkeit auf wenige, möglichst quantitative Entscheidungsmaximen konzentrieren können.
- Die Ziele sollen für die Mitarbeiter motivierende Kraft besitzen.
- Die Vorgesetzten sollen auf allen Ebenen der Unternehmenshierarchie über die von ihnen erwarteten Verhaltensweisen ausreichend informiert werden; der jeweilige Erfüllungsgrad der Ziele ist durch Vergleich zwischen geplanter und effektiver Leistung zu ermitteln.

Management by systems

Organisation mit Regelkreisen

Diese Führungstechnik ist durch die Systematisierung aller Leistungs- und Kontrolltätigkeiten gekennzeichnet. Sie basiert auf der betriebswirtschaftlichen Systemtheorie. Die Führung erfolgt durch Systemsteuerung. Betriebliche Abläufe sollen möglichst im Sinne von Regelkreisen organisatorisch gestaltet werden.

Regler und Regelobjekt

Ein solcher Regelkreis besteht in der einfachsten Ausprägung aus einem Regler (Geschäftsführung) und einem Regelobjekt (Mitarbeiter, Maschinen etc.), zwischen denen Wechselbeziehungen bestehen. Der Regler wirkt auf das Objekt mithilfe von „Stellgrößen“ ein. Damit sollen die erreichten Ergebnisse (Ist-Größen) den Zielen (Soll-Größen) angenähert werden. Die Kontrolle erfolgt durch einen Soll-Ist-Vergleich. Ursachen für die Abweichungen werden durch den Soll-Ist-Vergleich und die anschließenden Abweichungsanalyse aufgedeckt. Daraus resultieren Korrekturinformationen, die Regelgröße. Diese werden in Form einer Rückkopplung dem Regler zugeleitet. Zu diesen vergangenheitsorientierten Werten kommen in Form von Vorkopplungen auch zukunftsorientierte Werte, die vom Regler analysiert werden und eventuelle Anpassungen auslösen.

→ Ergänzende und vertiefende Informationen zum Thema Systemisches Management finden Sie im zweiten Band dieser Buchreihe im Kapitel C 4 „Systemisches Denken" (Methodenkoffer Arbeitsorganisation).

Unternehmen als System

Die einzelnen Unternehmensteile können als Regelkreise betrachtet werden. Das Unternehmen ist hiernach ein System, das aus miteinander vernetzten Subsystemen besteht. Durch die Schaffung von Verfahrenssystemen sollen Verwaltungskosten reduziert und deren Leistungsfähigkeit verbessert werden.

Drei Elemente

Für die Systematisierung stehen drei Elemente zur Verfügung:

1. *Verfahrensordnungen*
   Diese regeln die einheitliche Durchführung von sich wiederholenden Tätigkeiten und geben an, welche Aufgaben von welchen Mitarbeitern zu welchem Zeitpunkt zu erledigen sind.
2. *Methoden*
   Darunter versteht man manuelle und mechanische Hilfsmittel für Verwaltungstätigkeiten. Sie regeln, wie bestimmte Tätigkeiten durchzuführen sind.
3. *Systeme*
   Sie sind Netzwerke von verknüpften Verfahrensordnungen. Systeme dienen der Koordination der Verfahrensvorschriften und Methoden innerhalb der einzelnen Bereiche. Sie verbinden Einzeltätigkeiten zu einem strukturierten Ganzen.

Management by exception

Probleme klassifizieren

Die „Führung nach dem Ausnahmeprinzip" baut auf der Identifizierung und Klassifizierung von Problemen auf. Sie setzt ein gutes Informations- und Kommunikationssystem voraus, das der Führungskraft signalisieren soll, wann sie eingreifen muss und wann nicht. Management by exception basiert auf Arbeitsteilung, einer weit gespannten Kontrolle sowie auf Delegierung von Verantwortung und Weisungsbefugnis.

Toleranzbereich festlegen

Diese Technik setzt voraus, dass Sachaufgaben an Mitarbeiter abgegeben werden. Da es schwierig ist, die vereinbarten Ziele genau zu erreichen, wird ein Toleranzbereich mit Abweichungsgrößen definiert. Liegt die Abweichung innerhalb dieser Größe, spricht man von einem Normalfall, liegt sie außerhalb, wird dies Ausnahmefall genannt. Die Technik des Management by exception sucht aktiv nach solchen Ausnahmefällen. Die Führungskraft darf nur dann eingreifen, wenn die Ausnahmesituation nicht im Entscheidungsspielraum des Mitarbeiters liegt.

Die Voraussetzungen

Damit diese Technik funktionieren kann, müssen folgende Voraussetzungen erfüllt sein:

- Die Aufgabengebiete sind klar abzugrenzen.
- Eine realistische Grundlagenplanung ist vorhanden.
- Den Mitarbeitern müssen die notwendigen Kompetenzen übertragen werden.
- Die Verantwortung für den Funktionsbereich muss vom Mitarbeiter voll übernommen werden.
- Die Toleranzbereiche müssen genau definiert und überprüfbar sein.
- Die Kontrolle muss tatsächlich durchgeführt werden.

Vier Phasen

Das Management by exception kann in diese vier Phasen eingeteilt werden:

1. *Die Mess- und Projektierungsphase*
   In dieser Phase werden die vergangenheitsorientierten und die gegenwärtigen Daten gesammelt, analysiert und in die Zukunft projiziert. Daraus erfolgt die Zielformulierung.
2. *Die Phase der Kriterienauswahl und -bewertung*
   Hier werden die Kriterien zur Messung des Erfolges sowie die zulässigen Toleranzen bestimmt. Diese sind Voraussetzung für die Bestimmung der Ausnahmefälle.
3. *Die Beobachtungs- und Vergleichsphase*
   Diese Phase dient dazu, die Ist-Leistung aufgrund der ausgewählten Kriterien mit der Soll-Leistung zu vergleichen.

Dadurch kann beurteilt werden, ob es sich um einen Normal- oder einen Ausnahmefall handelt. Ersteren bearbeitet der Mitarbeiter selbstständig, den Ausnahmefall legt er dem zuständigen Manager vor.

4. *Die Entscheidungsphase*
   Hier bestimmt der Manager die Maßnahmen, die durchgeführt werden. Es gilt, die Leistungserstellung wieder mit den gesetzten Zielen in Einklang zu bringen. Ergeben sich veränderte Bedingungen, ist eine Überarbeitung der Zielsetzung nötig, ebenso dann, wenn sich neue Möglichkeiten eröffnen.

Viele Vorteile

Die Vorteile dieser Technik bestehen in der Entlastung der Führungskräfte von Routinetätigkeiten zugunsten der Konzentration auf die Führungsaufgaben. Innerhalb seines Ermessensspielraums hat der Mitarbeiter mehr Eigenverantwortung. Einer Überforderung wird jedoch vorgebeugt, da er nicht alle Entscheidungen selbst zu treffen hat. Die Delegierung von Verantwortung und Entscheidungsbefugnissen wirkt sich fördernd auf den Leistungswillen der Mitarbeiter aus. Positiv können außerdem die Zeitersparnis, die Vereinfachung von Entscheidungen, die Verdeutlichung kritischer Probleme und krisenhafter Entwicklungen sowie die Erleichterung der objektiven Mitarbeiterbeurteilung angeführt werden.

→ Ergänzende und vertiefende Informationen hierzu finden Sie im Kapitel B 5 „Aufgaben, Kompetenzen und Verantwortung delegieren“ dieses Bandes der Buchreihe.

Management by objectives

Beschreibung durch Peter Drucker

Erste Veröffentlichungen der Führungstechniken des Management by objectives (Mbo) erfolgten 1954 durch Peter Drucker. Er umschrieb die Technik wie folgt:

„*Was das Wirtschaftsunternehmen benötigt, ist ein Managementprinzip, das individueller Tüchtigkeit und Verantwortung weitestmöglichen Spielraum lässt und gleichzeitig den Vorstellungen und Anstrengungen eine gemeinsame Richtung gibt, Teamarbeit einführt und die Wünsche des Einzelnen mit dem allgemeinen Wohl harmonisiert. Das einzige Prinzip, das dies vermag, ist Management by objectives und Selbstkontrolle.“*

Popularisierung durch George S. Odiorne

Danach wurde Mbo vor allem von George S. Odiorne popularisiert. Odiorne sieht 1965 in Mbo ein Führungskonzept, bei dem Vorgesetzte und nachfolgende Manager gemeinsam Ziele festlegen, ihren jeweiligen Verantwortungsbereich für bestimmte Ergebnisse abstecken, auf dieser Grundlage ihre Abteilung führen und die Leistungsbeiträge der einzelnen Mitarbeiter bewerten. 15 Jahre später, 1980, behauptete Odiorne, dass Mbo die zentrale Führungskonzeption in großen privaten und öffentlichen Unternehmen sei.

Schwerpunkt im mittleren Management

Erfahrungen haben gezeigt, dass Mbo vorwiegend im mittleren Managementbereich verwirklicht wird. Das liegt wahrscheinlich daran, dass auf den oberen Managementebenen die Prognose-Ungewissheit zunimmt.

Effizienz = Zielrerreichung

Mbo oder Leitung durch Zielvereinbarung ist eine Technik der zielorientierten Unternehmensführung. Sie kann als Gegenbewegung zu Bürokratie und reiner Verfahrensorientierung verstanden werden. Effizienz drückt sich bei Mbo in der Zielerreichung aus und nicht in der Menge der geleisteten Arbeit.

Fünf Phasen

Management by objectives kann in diese fünf Phasen unterteilt werden:

Zielvereinbarung

1. *Vereinbaren von Zielen*
   Als Voraussetzung aller Unternehmensziele muss die Unternehmensphilosophie verstanden werden, die durch die Unternehmenspolitik verwirklicht wird. Hierbei handelt es sich um strategische Ziele, die mittel- bis langfristig festgelegt werden und auf der Abteilungs- und Bereichsebene weiter aufgeschlüsselt werden. Daraus folgen dann die kurzfristigen Ziele der einzelnen Mitarbeiter, die bis zu einem Jahr reichen. Diese Ziele werden von den Führungskräften und den Mitarbeitern gemeinsam festgelegt. Der Mitarbeiter kann in seinem Aufgabenbereich selbst entscheiden, auf welchem Wege er sie erreichen will. Um das unternehmerische Denken aller Beschäftigten zu fördern, erfolgt die Zielvereinbarung in

wechselseitiger Abstimmung. Die Motivation der Mitarbeiter erhöht sich, wenn sie ihre eigenen Vorschläge einbringen können, denn selbstgesetzte Ziele möchte man auch erreichen. In diesem Prozess werden Oberziele bis hin zu operationalen Abteilungszielen konkretisiert und akzeptiert. Der Vorgang wiederholt sich auf jeder Führungsebene und in jeder Führungsperiode.

Leistungsstandards

2. *Vereinbaren von Leistungsstandards*
   Leistungsstandards machen Ziele messbar. Aus ihnen kann man ersehen, wann ein Ziel erreicht ist. Ziele müssen so formuliert sein, dass der tatsächliche Grad der Zielerreichung bestimmt werden kann, das heißt, sie müssen präzise beschrieben und terminbezogen sein.

Zielkriterien

3. *Definieren von Zielkriterien*
   Um die Kontrolle zu ermöglichen, müssen eventuell Zwischenziele gesetzt und durch Ober- und Untergrenzen definiert werden. Ziele mit Toleranzbereichen ermöglichen mehr Selbstkontrolle und lassen sich leichter mit dem Mitarbeiter vereinbaren. Ihre Integrierung ins Unternehmen erfolgt horizontal und vertikal. Ziele müssen widerspruchsfrei, realistisch, von den verfügbaren Mitteln her erreichbar und weder zu hoch noch zu niedrig angesetzt sein, um eine Über- oder Unterforderung zu vermeiden. Schließlich müssen die Ziele so formuliert sein, dass der Mitarbeiter selbst beurteilen kann, inwieweit er sich dem Ziel nähert oder nicht. Diese Leistungsstandards ermöglichen die Kontrolle der Zielerreichung.

Kontrollverfahren

4. *Vereinbaren von Kontrollverfahren*
   Um die Zielerreichung kontrollieren zu können, müssen Kontrolldaten und -verfahren festgelegt werden. Dazu dienen beispielsweise Marktanalysen, Kundenberichte, Umsatzstatistiken, Qualitätsberichte und Messinstrumente.

Erfolgskontrolle

5. *Durchführung und Erfolgskontrolle*
   Nach der Zielvereinbarung erreicht der Mitarbeiter seine Ziele weitgehend selbstständig. Die Führungskraft darf nur in Ausnahmefällen vom Mitarbeiter um Unterstützung gebeten werden, was nur dann geschehen darf, wenn die Zielerreichung innerhalb des Toleranzbereiches, in dem der Mitarbeiter selbstständig handelt, entscheidend gefährdet ist. Der Grad der Zielerreichung wird in regelmäßigen Fort-

schrittsbesprechungen festgehalten. Die Zielabweichung ist zu präzisieren und die Ursache zu analysieren.

Ziele werden fortgeschrieben

Management by objectives ist ein dynamisches System. Die vereinbarten Ziele gelten nicht ein für alle Mal, sondern werden in ständiger Diskussion zwischen Führungskraft und Mitarbeiter fortgeschrieben. Dadurch sollen die Anpassungs-, die Leistungs- und damit die Überlebensfähigkeit des Unternehmens gesichert werden.

Viele Vorteile

Das Mbo wird in der Literatur positiv bewertet. Der Motivationsaspekt tritt dabei in den Vordergrund. Durch die Vereinbarung der Ziele kann sich der Mitarbeiter mit einer gewissen Wahrscheinlichkeit mit den Zielen identifizieren. Er erhält in seinem Ermessensspielraum Eigenverantwortung, was seine Eigeninitiative und das eigenständige Suchen nach Lösungen fördert. Durch die vereinbarten Leistungsstandards kann er sich weitgehend selbstverantwortlich kontrollieren. Für das Erreichen der Ziele kommt ihm Anerkennung zu, was ihn zu neuen Leistungen herausfordert.

Mbo ist auch ein Kontrollinstrument

Oswald Neuberger meint, dass Mbo den Führungskräften vorab klar sagt, was von ihnen erwartet wird und wofür sie verantwortlich gemacht werden: *„Mbo ist damit mindestens ebenso sehr ein Kontroll- und Disziplinierungsinstrument, wie es eine Technik zur Freisetzung von Selbständigkeit und Initiative ist.“* (Neuberger 1983, S. 29)

→ Ergänzende und vertiefende Informationen finden Sie im Kapitel „Ziele vereinbaren“ dieses Buches und im Kapitel A 6 „Zielmanagement“ im zweiten Band dieser Buchreihe (Methodenkoffer Arbeitsorganisation).

Literatur

Oswald Neuberger: *Führen als widersprüchliches Handeln.* Psychologie und Praxis. Zeitschrift für Arbeits- und Organisationspsychologie. Stuttgart-Bad Cannstatt: Hogrefe 1983.

George S. Odiorne: *Human Side of Management.* Lexington: Lexington Books 1987.

George S. Odiorne: *Management by objectives: Führungssysteme für die achtziger Jahre.* München: Verlag Moderne Industrie 1980.

Heinrich Reinermann: *Verwaltung und Führungskonzepte: Management by objectives und seine Anwendungsvoraussetzungen.* Berlin: Duncker und Humboldt 1978.

Rainer W. Stroebe: *Führungsstile: Management by objectives und situatives Führen.* Heidelberg: Sauer 1999.

7. Vier Schlüsselstrategien-Modell

Vier Strategien erfolgreicher Führung

Die „vier Schlüsselstrategien erfolgreichen Führens" basieren auf einem Modell der amerikanischen Autoren Warren Bennis und Burt Nanus. Sie analysierten in ihrem Buch „Führungskräfte – Die vier Schlüsselstrategien erfolgreichen Führens" persönliche Qualitäten und Fähigkeiten sowie die Führungsmethoden erfolgreicher amerikanischer Führungskräfte. Basierend auf 90 detaillierten Interviews mit bekannten Konzernleitern, Persönlichkeiten aus Regierung und Politik, Kultur und Sport, arbeiteten die Autoren vier zusammenhängende Strategien erfolgreicher Führung heraus. Die vorliegende Abhandlung folgt dem Aufbau des genannten Buches.

→ Ergänzende und vertiefende Informationen über die Autoren Bennis und Nanus finden Sie im Kapitel C 3 „Unternehmenskultur" dieses Buches.

Weltweite Führungskrise

Das Buch richtet sich vor allem an die Führungskräfte amerikanischer Unternehmen. Die Autoren sind davon überzeugt, dass eine weltweite Führungskrise existiert, die vom zunehmenden Verlust der Arbeitsmoral begleitet wird. Die Schuld hierfür tragen die Führungskräfte selbst. Nach Ansicht der Autoren haben es die Manager nicht geschafft, ihren Untergebenen langfristige Perspektiven zu eröffnen, Arbeit mit Sinn zu bieten und Vertrauen zu gewinnen. Das entscheidende Problem der heutigen Organisationen, wie zum Beispiel Großunternehmen und Sportvereine etc., besteht darin, dass sie mehr verwaltet als geführt werden.

Ausführlichere Darstellung

Der Denkansatz der Autoren Bennis und Nanus wird hier ausführlicher dargestellt als andere Konzepte. Das geschieht, um Ihnen als Leser mehr als nur einen Kurzüberblick zu geben.

Ganzheitlicher Ansatz

Das Modell von Bennis und Nanus enthält viele der in diesem Buch vorgestellten Konzepte beziehungsweise integriert sie. Das betrifft den interaktiven wie den strukturellen Ansatz. Der sich daraus ergebende ganzheitliche Ansatz eignet sich gegebenenfalls als Hilfsmittel für Ihre eigene Führungstätigkeit.

7.1 Die allgemeine Führungssituation

Was macht Effektivität aus?

Wissenschaftliche Analysen haben uns in den vergangenen Jahrzehnten über 350 Definitionen von Führung geliefert, und über tausend empirische Untersuchungen wurden in den letzten 75 Jahren über Führungspersönlichkeiten durchgeführt. Zwar ist dadurch klarer geworden, *wie* man führt, aber immer noch ungeklärt bleibt die Frage, was effektive Führungspersonen von ineffektiven unterscheidet und effektive Organisationen von ineffektiven trennt.

Realitätsfern und lückenhaft

Das Problem der vielfältigen Führungsdefinitionen hängt in starkem Maße mit schnell wechselnden Moden, politischen Tendenzen und akademischen Interessen der Gesellschaft zusammen. Diese Veränderungen schlagen sich in den unterschiedlichen Führungstheorien nieder, woraus sich die Ansätze, auf längere Sicht gesehen, als realitätsfern darstellen und nur eine lückenhafte und unzulängliche Erklärungsmöglichkeit bieten.

Warren Bennis hat deshalb bei seinen Untersuchungen über die Führung die Gegenwart als einen speziellen und instruktiven Bezugsrahmen gewählt. Er ist der Überzeugung, dass das Erfolgsrezept erfolgreicher Organisationen die Führung ist: „*Die gegenwärtigen Probleme können nicht ohne erfolgreiche Organisationen gelöst werden, und die Organisationen können nicht erfolgreich sein ohne wirksame Führung – und dies jetzt.*“

Zukunftsperspektiven geben und umsetzen

Bennis versteht unter Führung das, was „*einer Organisation Zukunftsperspektiven und die Fähigkeit verleiht, diese Perspektiven in Realität umzusetzen. Ohne diese Umsetzung, die eine Transaktion zwischen Führenden und Geführten voraussetzt, ist die ganze Organisation ohne Herzschlag.*“

Führen ist nicht managen

Dabei hebt er den Führenden eindeutig von einem Manager ab. Während managen *„bewirken, herbeiführen, die Leitung oder Verantwortung übernehmen"* bedeutet, heißt führen *„beeinflussen, die Richtung und den Kurs bestimmen, Handlungen und Meinungen steuern"*. Diese Unterscheidung verdeutlicht das folgende Zitat: *„Manager machen die Dinge richtig, Führende tun die richtigen Dinge."* Der Führende beschäftigt sich mit den grundlegenden Zielen und der allgemeinen Richtung der Organisation. Die Perspektive ist „visionsorientiert", das heißt, der Führende setzt sich im Gegensatz zum Manager nicht mit alltäglichen Dingen auseinander, sondern *„mit den Handlungsparadigmen, der Frage nach den richtigen Dingen"*.

Führungspersonen versuchen, neue Wege zu finden und Richtungen vorzugeben. Im Gegensatz dazu hat der Manager die Aufgabe, Überlegungen und Ideen des Führers in Gang zu setzen, die Umsetzung zu regeln und die Abläufe zu koordinieren. Führende sollten sich nicht mit alltäglicher Organisation aufhalten, sondern mit der Frage nach den richtigen Dingen.

Die Führung in der Krise

Chancen werden nicht genutzt

Bennis und Nanus vertreten die Auffassung, dass es eine weltweite Führungskrise gibt. Diese Krise wirkt sich in besonderem Maße auf den Erfolg vieler Organisationen aus. Unternehmen zeichnen sich heute oftmals durch die Unfähigkeit aus, die Bedürfnisse ihrer Mitarbeiter und Kunden aufzuspüren und bestmöglich zu befriedigen. Problemlösungen werden nur grob entworfen oder fehlen gänzlich. Außerdem reagieren Organisationen oft schwerfällig und unflexibel auf den sich vollziehenden Wandel. Die sich dadurch bietenden Chancen werden folglich nicht hinreichend genutzt.

Transformative Führung

Besonders beunruhigend erscheint diese Situation, wenn man bedenkt, dass Führung eine Grundvoraussetzung für den Erfolg von Organisationen ist, das Instrument, das die Zukunftsvisionen einer Führungskraft in der Organisation umsetzt und die Vision zu verwirklichen hilft. Das Konzept der „transformativen Führung" stellt sich hierbei als Voraussetzung für den angestrebten Erfolg einer Unternehmung dar. Demnach versteht sich eine moderne Führungskraft als Pionier, die dem komplexen Wandel der heutigen Zeit aktiv begegnet. Der Führende stattet die Menschen mit Verantwortung aus und zwingt sie, zu handeln. Er *„verwandelt Geführte in Führende"*.

Bestimmungsvariablen des Führungsumfeldes

Drei Aspekte des Umfeldes

Die angesprochene Führungskrise lässt sich durch eine genaue Betrachtung des Umfeldes, in dem sich Führung ereignet, besser begreifen. Hierbei sind drei Aspekte zu unterscheiden:

1. Engagement
2. Komplexität
3. Glaubwürdigkeit

Engagement

Leistungsverweigerung

Führungskräfte beklagen einen Rückgang der Arbeitsmoral, der sich in einem Mangel an Engagement äußert. Ferner verstärkt sich die Tendenz zur Leistungsverweigerung, was sich in der vorhandenen Differenz zwischen bezahlten und tatsächlich produktiv genutzten Arbeitsstunden ausdrückt. Eine amerikanische Untersuchung bestätigt diese Aussage mit folgendem beispielhaften Resultat: *„Eine überwältigende Mehrheit von 75 Prozent erklärt, dass sie weitaus mehr leisten könnte, als dies gegenwärtig der Fall ist"*.

Weder Sinn gegeben noch Vertrauen gewonnen

Diese Entwicklung ist darauf zurückzuführen, dass Führungskräfte es versäumten, ihren Mitarbeitern langfristige Möglichkeiten zu bieten, der Arbeit Sinn und Inhalt zu geben, Vertrauen zu gewinnen und ihnen Entscheidungsfreiräume zu eröffnen. Folglich ist Führung *„ein entscheidender und unerlässlicher Faktor zur Steigerung der menschlichen Produktivitätskräfte"* sowie ein Instrument zur Abwendung der Teilnahmslosigkeit und Passivität der Arbeitnehmer.

Komplexität

Eskalierender Wandel

Die Gegenwart ist durch Schnelllebigkeit und Unbeständigkeit gekennzeichnet. Umfeldveränderungen, Fusionen, Konkurse und die zunehmende Verschuldung haben weit reichende Konsequenzen für die Gesellschaft und Auswirkungen auf die Führung von Organisationen. Im Zeitalter des eskalierenden

Wandels, der immanenten Ungewissheiten und unüberschaubaren Komplexität müssen sich Unternehmen mit unzähligen Missverständnissen, Absurditäten, Mehrdeutigkeiten und Gegensätzen auseinandersetzen. Lineare Informationen, lineares Denken und Wachstumsstrategien sind der Turbulenz des heutigen Wirtschaftsklimas nicht gewachsen.

Glaubwürdigkeit

Anforderungen der Mediengesellschaft kosten Zeit und Kraft

Im Medienzeitalter werden Sie als Führungspersönlichkeit kritisch unter die Lupe genommen und Ihre Kompetenzen in Frage gestellt. Der Freiraum für kreative, neuartige und nützliche Ideen wird durch den Zwang, den öffentlichen Anforderungen gerecht zu werden, unnötig eingeschränkt. Der Versuch, die Medien und die öffentliche Meinung positiv zu beeinflussen, nimmt wertvolle Zeit und Konzentration in Anspruch und hemmt Ihre Führungsaktivitäten. Wachsende Verunsicherung in allen Bevölkerungsschichten zeigt die entstandene Distanz zwischen Führenden und Geführten auf. Dem Führenden schlägt Misstrauen entgegen, die Mitarbeiter folgen seinen Anweisungen nur noch widerwillig. Mit anderen Worten: Die Beziehung zwischen Führenden und Geführten hat Risse bekommen.

Das Werkzeug Macht

Von quantitativen zu qualitativen Maßstäben

Die veränderten Umfeldbedingungen erfordern eine Neudefinition der Ziel- und Wertvorstellungen, von quantitativen zu qualitativen Maßstäben. Um als Unternehmen in der Zeit des eskalierenden Wandels zu bestehen, ist größte Flexibilität und wache Empfindsamkeit erforderlich. Organisationen müssen sich am Erfolg moderner, lebhafter Unternehmen orientieren, anstatt an veralteten Überzeugungen und Verfahrensweisen untergehender Institutionen festzuhalten. In diesem Zusammenhang ist der Begriff Macht als *„die grundlegende Energie, um jene Handlungen zu initiieren und aufrechtzuerhalten, die Absichten in Realität umsetzen und weiterhin aufrechterhalten“* neu zu definieren.

Negative Assoziationen

Der Begriff Macht ist durch häufigen Machtmissbrauch in der Vergangenheit mit vielen negativen Assoziationen belegt. Rückblickend wurde durch Macht nämlich eher beherrscht und unterdrückt, statt mit ihrer Hilfe positive Entwicklungen einzuleiten und zu fördern. Anders ausgedrückt: Macht wird einerseits als wesentlicher Bestandteil unseres Forstschritts benötigt, andererseits aber löst sie größtes Misstrauen aus.

Macht positiv einsetzen

Führungspersonen nutzen Macht als grundlegende Energie, um ihre Ziele zu erreichen. Sie motivieren ihre Mitarbeiter, übernehmen die Verantwortung für ihr Handeln und setzen ihre Macht auf diesem Wege positiv und für die Mitarbeiter unbewusst ein. Exzellente Führung ist somit Ausdruck richtig angewandter Macht. „*Perspektiven, Zukunftsvisionen sind die Güter, mit denen Führende handeln, und Macht ist ihre Währung.*“

Vier Strategien der Führung

Vier Formen sozialer Kompetenz

Nach den Interviews mit Führungskräften aus Industrie, Wirtschaft und öffentlichen Bereichen versuchten die Autoren, typische Charakteristika erfolgreicher Führung abzuleiten. Untersuchungen allgemeiner demographischer Merkmale bei den Befragten, wie zum Beispiel Geschlecht, Alter, Hautfarbe, Einkommen und Bildung, sowie Betrachtungen hinsichtlich der Dominanz der rechten beziehungsweise linken Gehirnhälfte und des praktizierten Führungsstils konnten keinen Aufschluss über wesentliche Voraussetzungen für den erzielten Erfolg der Interviewten geben. Stattdessen bildeten sich schließlich vier Qualitäten, vier Formen sozialer Kompetenz heraus, die alle auf die Interviewten zutrafen. Die vier Kompetenzen flossen in vier Strategieempfehlungen ein. Diese Empfehlungen sind ein Versuch, die Gemeinsamkeiten aller Interviewergebnisse herauszufiltern und auf wenige aussagekräftige Schwerpunkte zu reduzieren. Sie sollen für Sie eine Anleitung und Hilfe darstellen, Führungsfähigkeiten zu entwickeln und zu verbessern.

Vier Strategien

Die Strategien im Überblick:

- Strategie I: Mit Visionen Aufmerksamkeit erzielen
- Strategie II: Sinn vermitteln durch Kommunikation
- Strategie III: Eine Position einnehmen und damit Vertrauen erwerben
- Strategie IV: Die Entfaltung der Persönlichkeit durch positives Selbstwertgefühl und Wallenda-Faktor

7.2 Strategie Nr. 1: Mit Visionen Aufmerksamkeit erzielen

Begeisterung und Enthusiasmus

Erfolgreiche Führungspersönlichkeiten besitzen in der Regel die Gabe, andere Menschen zu überzeugen und die Begeisterung von sich auf andere zu übertragen. Sie leben und verkörpern diese Eigenschaft auf eine faszinierende Weise, ohne jemals das Ziel aus den Augen zu verlieren. Sie müssen nicht um Aufmerksamkeit ringen, sondern ziehen sie durch ihren Enthusiasmus auf sich. Die Zukunftsperspektiven, die sich daraus für die Mitarbeiter ergeben, lösen Zufriedenheit und Zuversicht aus.

Geben und Nehmen

Es lässt sich erkennen, dass Führende nicht nur Aufmerksamkeit erwecken, sondern auch anderen Aufmerksamkeit schenken. Der Führende weiß zwar ganz genau, was er will, aber trotzdem darf er seinen Mitarbeitern nicht nur fordernd gegenübertreten. Er muss ihnen das Gefühl vermitteln, dass sie nicht nur für ihn auf die Verwirklichung der Vision hinarbeiten, sondern auch im gleichen Maße für sich selbst. Eine produktive Einheit ist gekennzeichnet durch ein gegenseitiges Geben und Nehmen und macht eine erfolgreiche Umsetzung der Vision erst möglich.

Vision und Organisation

Vision kreieren

Bevor Sie als Führungskraft in der Lage sind, die neue zukünftige Richtung der Organisation zu bestimmen, müssen Sie ein mentales Bild eines denkbaren, realistischen sowie erstrebenswerten künftigen Zustands des Unternehmens kreieren. Die Vorstellung darüber kann sowohl vage gefasst als auch präzise entwickelt sein. Ihre Vision dient als Bindeglied zwischen Gegenwart und Zukunft des Unternehmens und trägt so dazu bei, das Fortbestehen der Organisation sicherzustellen.

Definition „Vision"

Eine Vision ist *„eine geistige Vorstellung von einem möglichen und wünschenswerten künftigen Zustand der Organisation"*, welcher besser als der gegenwärtige sein soll. Eine Vision soll animieren, inspirieren und Absichten in Handlungen umsetzen.

Durch eine klare Vermittlung der Organisationsvision, das Einschwören Ihrer Mitarbeiter auf die aus der Vision abgeleiteten, gemeinsamen Ziele und den daraus resultierenden Unternehmenserfolg betrachten sich Ihre Mitarbeiter als Teil einer Gewinn bringenden Unternehmung. Die Arbeitnehmer empfinden ihre Arbeitsresultate für das Bestehen des Betriebs als außerordentlich wichtig und sehen in ihrer Mitwirkung die Chance, einen persönlichen Beitrag zur Verbesserung der Firma zu leisten. Verdeutlicht wird dieser Umstand durch Stolz, Enthusiasmus und Motivation der Mitarbeiter hinsichtlich ihrer Arbeitsbewältigung. Somit sind „*unter diesen Umständen die menschlichen Energien der Organisation auf ein gemeinsames Ziel gerichtet, und eine wichtige Voraussetzung für den Erfolg ist erfüllt*".

Ungenaue Ziele führen zu Unzufriedenheit

Auffällig ist, dass die geschilderten positiven Symptome bei großen Konzernen mit ungenauen Zielvorstellungen fehlen. Monat für Monat werden hier Mitarbeiter mit neuen Entscheidungen konfrontiert, in deren Findung sie zumeist nicht einbezogen sind. Arbeitsunzufriedenheit und fehlendes Engagement sind meist die Folgen.

Ungeachtet dieser Erkenntnisse verwenden sehr viele Unternehmen keine große Mühe darauf, eine Zukunftsvision zu kreieren. Vielmehr stellen sich zahlreiche Unternehmensvisionen nur schemenhaft und verworren dar.

Die Suche nach Visionen

Einfluss anderer Personen

Während Geschichtswissenschaftler mit Vorliebe zu der Darstellung neigen, dass Führungspersönlichkeiten ihre Vision aus geheimnisvollen inneren Kräften schöpfen, stammen die Ideen zumeist jedoch von anderen Personen. So wurde zum Beispiel Lenin „*stark durch die Theorie von Karl Marx beeinflusst, in ähnlicher Weise, wie heutige Wirtschaftsführer durch die Werke führender Wirtschaftswissenschaftler und Managementtheoretiker beeinflusst werden*". Vielmehr handelt es sich bei der Führungskraft um diejenige Person, die eine der gegenwärtig realisierbaren Ideen auswählt, in Worte fasst und die Aufmerksamkeit der Mitarbeiter auf sich lenkt.

Um an Ideen zu gelangen, müssen Sie die Fähigkeit besitzen, aufmerksam zuzuhören und Fragen zu stellen.

Drei Quellen

Hierbei können sich Anhaltspunkte für die Gestalt der künftigen Vision aus drei Quellen ergeben:

1. Vergangenheit
2. Gegenwart
3. Zukunft

Die Vergangenheit

Trends identifizieren

Durch Betrachtung vergangener erfolgreicher Maßnahmen und Aktivitäten identifizieren Sie langfristige Trends, welche Sie gegebenenfalls auf die Zukunft übertragen können.

Die Gegenwart

Ressourcen studieren

„Die Gegenwart gibt einem eine erste Vorstellung von den menschlichen, organisatorischen und materiellen Ressourcen, aus denen sich die Zukunft gestalten wird. Durch das Studium dieser Ressourcen ist es möglich, ein Verständnis für die Hemmnisse und Chancen bei deren Nutzung und für die Bedingungen zu entwickeln, unter denen diese zu- oder abnehmen, interagieren oder sich selbst zerstören werden.“ Vor allem sich abzeichnende veränderte Werte und Bedürfnisse der Gesellschaft müssen in der Gegenwart analysiert werden, um darauf reagieren zu können und die Ansprüche der Bevölkerung und Unternehmensumwelt zu befriedigen.

Die Zukunft

Rückschlüsse ziehen

Wie bereits erwähnt, kann man aus den bisher dargestellten Informationsquellen langfristige Trends für die künftige Unternehmenssituation ableiten. An dieser Stelle lassen unter anderem der Verbrauch globaler Ressourcen als auch sich abzeichnende demografische Entwicklungen innerhalb der Bevölkerung wichtige Rückschlüsse auf zukünftige Gegebenheiten und mögliche Gegenmaßnahmen oder Reaktionen auf die Situation zu. Ihnen als Führungskraft obliegt hierbei, die zur Verfügung stehenden Informationsquellen zu studieren.

Informationen interpretieren

Problematisch stellt sich jedoch die zumeist große Fülle von Informationen dar, welche Ihnen zur Verfügung stehen. Somit liegt die Schlussfolgerung nahe, dass die eigentliche Kunst der Führung in der Interpretation dieser Informationen besteht.

Folglich kreiert eine Führungspersönlichkeit aus den durch sie interpretierten Zukunftsdaten eine realisierbare und überzeugende Vision und wirkt aktiv gestaltend auf die Unternehmenszukunft ein.

Verschmelzung der Visionen: die Bestimmung des Kurses

Visionen auf einen Nenner bringen

Große Führungspersonen verstehen es, geeignete „*Zukunftsvisionen zu wählen, auf einen gemeinsamen Nenner zu bringen und zu artikulieren*". Dafür ist es notwendig, einen Kurs für die Organisation zu bestimmen. Folgende Eigenschaften beziehungsweise Fähigkeiten werden dafür benötigt:

- *Voraussicht* – um zu sehen, wie die Vision in die Organisation passt.
- *Traditionsbewusstsein* – damit die Vision in keiner Weise gegen die Kultur der Organisation verstößt.
- *Weltsicht* – innerhalb der man die Auswirkungen neuer Entwicklungen interpretieren kann.
- *Tiefenwahrnehmung* – um das gesamte Bild richtig beurteilen zu können.
- *Randschärfe* – um zum Beispiel Reaktionen von Konkurrenten verstehen zu können.
- *Fähigkeit zur Revision* – damit bestehende Visionen, wenn nötig, abgeändert werden können.

Räumliche und zeitliche Schranken

Die neue Perspektive hat einerseits räumliche und zeitliche Schranken aufzuweisen, um für Ihre Mitarbeiter nicht unendlich und ziellos zu erscheinen. Andererseits sollte der Planungszeitraum so gefasst sein, dass er auch den nötigen Spielraum für Modifikationen gibt. Ein Ziel ist, Ihre Mitarbeiter davon zu überzeugen, dass die Vision mit ihren eigenen Karriereplänen einhergeht.

7.3 Strategie Nr. 2: Sinn vermitteln durch Kommunikation

Das Zukunftsbild implementieren

Es reicht nicht aus, das Zukunftsbild ins Leben zu rufen und zu formulieren. Entscheidend für den Erfolg ist seine Implementierung in die Organisation. Sie als Führer müssen jetzt alles daran setzen, die Mitarbeiter von Ihrer Idee zu überzeugen und sie zu vollem Einsatz zu bewegen. In der Praxis stellt sich dabei die Frage, auf welchem Weg die Führungsperson ihre Mitarbeiter veranlassen kann, sich mit übergreifenden Organisationszielen zu identifizieren.

Maßnahmen zur Realisierung der Vision

Wichtig: Gute Kommunikation

Zur Verwirklichung der Visionen müssen Sie Ihren Mitarbeitern ein klares Bild von einem erstrebenswerten künftigen Zustand vermitteln. Das setzt gute Kommunikation voraus. Hierzu ist nicht unbedingt eine überdurchschnittliche Redegewandtheit erforderlich. Auch Schweigsamkeit kann positiv wirken.

Metaphern und Modelle

Um Ihren Mitarbeitern die Vision zu veranschaulichen, sollten Sie unter anderem Metaphern, Zeichnungen beziehungsweise Skizzen oder Modelle nutzen. Tendenziell verwenden vorwiegend schweigsame Personen bildhafte Darstellungen sowie Analogien und Vergleiche. Mittels dieser „Konkretisierungen", gestaltet sich die Erfassung der spezifischen Ziele des Vorgesetzten durch seine Mitarbeiter wesentlich einfacher. *„Das richtige Sinnbild übertrifft tatsächlich oft die verbale Kommunikation … Es spricht die Leute emotional an, geht unter die Haut, appelliert an Urinstinkte und emotionale Bedürfnisse, es zündet."* Andererseits besteht die Möglichkeit der Personifizierung der Vision durch den Führenden, indem dieser als Vorbild für die Vision wirkt.

Zudem ist notwendig, dass die Mitarbeiter Bestandteil einer neuen *„sozialen Architektur"* des Betriebes werden. Die Führungskraft muss neben der Rolle des Visionärs die Rolle des sozialen Architekten einnehmen.

Die soziale Architektur

Begriff „soziale Architektur"

Die soziale Architektur einer Organisation ist *„ein Abstraktum, aber sie bestimmt die Art und Weise, wie Menschen handeln, die Werte und Normen, die Gruppen und Einzelnen unterschwellig vermittelt werden, und die zwischenmenschlichen Beziehungen in einer Firma"*. Sie ist insofern Synonym für die Unternehmenskultur, die Führungspersonen bis zu einem gewissen Grad planen und gestalten können.

Funktionen der sozialen Architektur

Die soziale Architektur bietet auch die Antwort auf die Frage, auf welche Weise man die Bereitschaft der Organisationsmitglieder weckt, sich für die übergeordneten Organisationsziele und die Realisierung der Vision zu engagieren. Sie stellt sich als Mechanismus einer Organisation dar, durch den die Mitarbeiter die Vision des Führenden verstehen und engagiert unterstützen, aber auch verhindern können. Die Unternehmenskultur liefert den Arbeitnehmern den Sinngehalt und schwört sie auf Unternehmensphilosophie und -werte ein. Zudem dient sie als „Kontrollmechanismus", der spezielle Verhaltensweisen der Mitarbeiter akzeptiert oder reglementiert.

Entscheidung über den Erfolg

In der Praxis hat die soziale Architektur beziehungsweise die Unternehmenskultur sowohl Einfluss auf den Erfolg von Fusionen und Unternehmenskäufen als auch auf die Realisierung langfristiger Organisationspläne. Beispielsweise ist ein zukünftiger Erfolg im Falle einer Fusion nicht gewährleistet, wenn die Grundwerte beider fusionierender Unternehmen nicht in Einklang stehen. Der Führungskraft kommt aus diesem Grund die Aufgabe zu, strategisch mit der sozialen Architektur einer Organisation umzugehen. Auf welche Weise entsteht aber diese Architektur überhaupt und wie wird sie beibehalten?

Entstehung des sozialen Organisationsstils

Einen ersten Schritt zur Entstehung des sozialen Organisationsstils stellt die Unternehmensgründung durch eine oder mehrere Personen dar. Die Gründer verfolgen in der Regel einen gemeinsamen Zweck, so zum Beispiel die Herstellung von Produkten beziehungsweise das Anbieten von Dienstleistungen. Hierbei sind die Produkte des Unternehmens durch spezifische Einstellungen und Wertmaßstäbe der Unternehmenseigner geprägt. Um erfolgreich zu agieren, plaziert die Organisation ihre Produkte und Dienstleistungen zumeist in einer Marktnische. In einem weiteren Schritt werden Entgeltsysteme für die Mitarbeiter kreiert, die den anvisierten Zielvorstellungen des Unternehmens und der Unternehmensphilosophie Rechnung tragen. Ferner werden die Art und Weise der Informationshandhabung, die Wege der Entscheidungsfindung sowie Macht und Status bestimmt. Durch diese Maßnahmen und Handlungen wird die spezifische Unternehmenskultur erschaffen.

Im Laufe der Zeit schreitet die Entwicklung des bearbeiteten Marktes und der Organisation fort. Um diesen Veränderungen gerecht zu werden, kann es erforderlich sein, Unternehmensleistungen zu modifizieren. Je nachdem, wie schnell man auf veränderte Markt- und Umweltbedingungen reagiert, floriert beziehungsweise stagniert die Organisation.

Unternehmenskultur hält nicht Schritt

Bei diesem Prozess der Wandlung modifiziert sich jedoch die Unternehmenskultur nicht zwangsläufig in gleichem Maße. Nur in Einzelfällen vollzieht sich die Änderung der sozialen Architektur in Einklang mit dem Wandel. Wesentlich öfter wird die Unternehmenskultur beibehalten, obgleich sie nicht mehr zeitgemäß ist. Aus dieser Situation resultiert, dass *„dieser Stil beziehungsweise diese Organisationskultur, die anfangs so funktionell war, zu einer eigenständigen Kraft wird, die unabhängig von den Gründen und Vorgängen ist, durch die sie ursprünglich zustande kam, und manchmal sogar in Widerspruch zu diesen steht"*.

Die Führungskraft muss als sozialer Architekt agieren und auf diesem Wege die Organisation im Sinne der Zukunftsvision beeinflussen und verändern. Die jeweilige soziale Architektur einer Unternehmung kann für die Verwirklichung der Vision ein Hindernis darstellen oder sie im Idealfall fördern und unterstützen. Somit ist die Planung und Gestaltung der sozialen Architektur eine zentrale Aufgaben einer Führungsperson.

Elemente der sozialen Architektur

Es gibt drei unterschiedliche Organisationsarten, deren soziale Architektur durch folgende Elemente gekennzeichnet ist: *„… ihre Entstehung, ihre grundlegende Funktionsweise, die Art der geleisteten Arbeit sowie die Handhabung der Informationen, der Entscheidungsfindung und der Macht, Einfluss und Status."*

Drei Organisationsarten

Die drei Organisationsarten sind:

1. Der kollegiale Organisationsstil
2. Der personalistische Organisationsstil
3. Der formalistische Organisationsstil

Diese drei Stile werden im Folgenden näher erläutert.

Der kollegiale Organisationsstil

Demokratische Entscheidungsfindung

Der kollegiale Organisationsstil charakterisiert sich durch eine demokratische Entscheidungsfindung, an der alle Betroffenen ein Mitspracherecht haben. Ziel ist, durch offene Meinungsäußerungen und Diskussionen zu einem Konsens über offene Fragen zu kommen, nicht jedoch, dass alle Beteiligten zwangsläufig zu einer einheitlichen Auffassung gelangen müssen.

Gleichgestellte Kollegen

Dahinter verbirgt sich die Idee, komplexe Probleme mithilfe von unterschiedlichen und zahlreichen Denkansätzen besser und schneller zu lösen. Der ausschlaggebende Faktor für Macht, Einfluss und Status ist nicht die Hierarchiestellung in der Organisation, sondern die Anerkennung durch die Kollegen. Dabei stehen soziales Verhalten und die Fähigkeit zu einer Gruppeneinfügung im Vordergrund. Gruppenbindung und zwischenmenschliche Beziehungen erfüllen eine Kontrollfunktion, da die Mitarbeiter untereinander für das Einhalten der Regeln sorgen. Diese Führungsstruktur stellt jeden auf eine gleiche Stufe und hat zum Ziel, die Gruppe der Gleichgestellten zu vergrößern.

→ Ergänzende und vertiefende Informationen zu diesem Thema finden Sie in diesem Buch in den Kapiteln D 1 „Teamwork“ sowie C 3 „Unternehmenskultur“.

Der personalistische Organisationsstil

Distanz vermeiden

Das Grundelement des personalistischen Stils ist das Vertrauen zwischen Mitarbeitern und dem Eigentümer, der darauf bedacht ist, Distanz zu seinen Mitarbeitern zu vermeiden und darauf Wert zu legen, mit ihnen im Kontakt zu stehen. Dem Führenden kommt es in den meisten Fällen nicht darauf an, sich von seinen Untergebenen durch Äußerlichkeiten wie zum Beispiel durch das Statussymbol Auto oder ähnliche Extravaganzen zu unterscheiden.

Durch Lob motivieren

Er möchte an dem Geschehen in allen Firmenbereichen insoweit beteiligt sein, als dass er den groben Ablauf kennt. Ihm liegt fern, sich in Dinge einzumischen, von denen er nichts versteht. Innerhalb dieser Strategie wird versucht, die Mitarbeiter durch Lob zu motivieren, anstatt sie mit einem gewissen Druck zum Arbeiten zu bewegen. Die Organisationsbeteiligten sollen durch innere Antriebskräfte und eigene Überzeugungen zu Entscheidungen kommen und sich zudem mit Kritik und Verbesserungsvorschlägen nicht zurückhalten. Die soziale Architektur dieses Organisationstyps hat die individuelle Selbstverwirklichung jedes einzelnen Organisationsmitglieds zum Ziel, um auf diesem Weg die Produktivität und den Gesamterfolg positiv zu beeinflussen. Eine Unternehmensvergrößerung und Umsatzsteigerung soll bei den Mitarbeitern Befriedigung auslösen und zu noch mehr Leistung anregen. Jeder Mitarbeiter soll das Gefühl haben, zum Unternehmenserfolg ein Stück beigetragen zu haben.

Der formalistische Organisationsstil

Zentrale Unternehmenspolitik

Die formalistische Kultur charakterisiert sich durch eine dezentrale Betriebsführung in Verbindung mit einer zentralen Unternehmenspolitik. Sie hat sich im Laufe der Jahre zum Grundmodell vieler industrieller Organisationen entwickelt.

Klare Hierarchie

Ein Grundelement des Organisationsstils ist die klare Hierarchie, die sich durch Kontrolle und Macht des Vorgesetzten auszeichnet. Durch Vorschriften, Gesetze, Belohnungen oder gegebenenfalls Bestrafungen werden Ordnung und Pflichterfüllung gewährleistet. Alle Entscheidungen beziehungsweise Handlungen basieren auf Anweisungen von oben, die Meinungen der Mitarbeiter wiegen kaum. Man legt großen Wert darauf, dass sich die Führungskräfte solcher Organisationen deutlich von den Geführten unterscheiden; man praktiziert Distanz.

Organisationsplan

Der Kern des formalistischen Stils ist ein so genannter Organisationsplan, der die Unternehmensstruktur auf bestimmte Zeit festlegt. Das Planziel sind die Kommunikation mit und die Verbindung von einzelnen Betrieben, um als erfolgreiches und gut koordiniertes Gesamtunternehmen auftreten zu können. Die Geschäftsführer der Einzelbetriebe sollen in ihrer Verantwortung und Entscheidungsmacht nicht eingeschränkt werden und weiterhin das Bild eines eigenständigen Betriebes verkörpern. Im Widerspruch dazu lassen sich aber nach diesem Plan bestimmte Funktionen nur zentral erfüllen, um die gesamten Abläufe miteinander verknüpfen und kontrollieren zu können.

Instrumente des sozialen Architekten

Drei allgemeine Schritte

Es stellt sich die Frage, ob sich die soziale Architektur gezielt verändern lässt. Eine einheitliche Methode kann es nicht geben, da der Erfolg einer Veränderung immer von der spezifischen Unternehmenssituation abhängt. Die folgenden drei Schritte erscheinen für die jeweilige soziale Architektur unerlässlich:

Schritt 1: Eine neue Vision schaffen

Vision entwickeln und platzieren

Die Grundlage für eine Umformung der sozialen Architektur ist das Wunschbild über den Zukunftszustand der Organisation. Es sind mehrere Organisationsmitglieder an der Entstehung und Entwicklung der Vision beteiligt, aber die Verantwortung liegt in erster Linie in den Händen der Unternehmensführung. Die Erfolgsaussichten des Umwandlungsprozesses hängen von der ganzen Führungsspitze ab, da diese zuerst den geplanten Wandel verstehen und vertreten muss. Der ausschlaggebende Punkt ist nicht die Entwicklung der Vision, sondern die richtige Platzierung in das konkurrenzorientierte Umfeld.

Schritt 2: Für die neue Vision Engagement mobilisieren

Mitarbeiter überzeugen und einbeziehen

Ist die Formung des präzisen Zukunftsbildes der Unternehmung abgeschlossen, beginnt nun der eigentliche Aktivierungsprozess im Unternehmen. Das Ziel ist, alle Organisationsbeteiligten von der Vision zu überzeugen und sie aktiv in die Realisierung einzubeziehen. Die bloße Tolerierung der neuen Idee ist nicht ausreichend, da der volle Einsatz der Mitarbeiter gefordert ist, um das Unternehmen in die neue Richtung zu lenken.

Schritt 3: Die neue Vision institutionalisieren

Vision selbstverständlich werden lassen

Die so genannte Institutionalisierung der Vision stellt sich in den meisten Fällen als besonders schwierig dar, weil es von der geistigen Idee bis zur Umsetzung noch ein weiter Weg ist. Nicht selten erfordert der geplante Wandel eine Umstrukturierung der bisherigen Unternehmensabläufe oder sogar eine Veränderung der Grundstruktur. Selbst der Führungsstil muss den neuen Idealen und Vorstellungen angepasst werden. Der Führer hat die unaufhörliche Aufgabe, die Mitarbeiter an die Botschaft und die Visionsziele so lange zu erinnern, bis diese zum selbstverständlichen Teil der Organisation geworden sind.

7.4 Strategie Nr. 3: Eine Position einnehmen und damit Vertrauen erwerben

Diese Strategie beschreibt die Bedeutung, die Vertrauen in einem Unternehmen spielt, sowie die richtige Platzierung des Unternehmens in der Umwelt und die Gestaltung der Beziehungen zu den wichtigsten inneren und äußeren Rahmenbedingungen des Umfelds.

Vertrauen

Vertrauen aufbauen

Gegenseitiges Vertrauen ist die Grundlage für das gemeinsame Arbeiten in einem Unternehmen. „*Vertrauen ist das emotionale Bindemittel, das Führungspersonen und Nachgeordnete vereint. Zunahme des Vertrauens ist ein Gradmesser der Legitimität von Führung.*“ Das Vertrauen der Mitarbeiter müssen sich die Führungskräfte erarbeiten, denn Vertrauen ist selten von Anfang an vorhanden. Menschen vertrauen denjenigen, die kalkulierbar sind, das bedeutet, dass sie Menschen vertrauen, die bestimmte Ziele haben und diese auch strikt verfolgen. Durch eine realistische Zielsetzung für das Unternehmen und durch eindeutige Maßnahmen, um diese zu erreichen, verschaffen sich die Führenden zunächst die Voraussetzungen, ohne die Vertrauen nicht entsteht. „*Vertrauen ist das Öl, das die Räder einer Organisation am Laufen hält. Es ist schwer, sich eine Organisation vorzustellen, die ohne gegenseitiges Vertrauen funktionieren könnte. Eine Organisation ohne Vertrauen ist mehr als eine Anomalie, sie ist ein Widerspruch in sich selbst, eine Ausgeburt kafkaesker Phantasie.*“

Zwei wichtige Punkte

Zur Schaffung von Vertrauen sind die Maßnahmen zur Zielverwirklichung beziehungsweise das Beziehen eines Standpunktes aufgrund der nachfolgend erklärten zwei Punkte von großer Bedeutung:

1. Organisatorische Integrität
2. Hartnäckige Zielverfolgung

Die organisatorische Integrität

Ziele kennen und verfolgen

Ein Unternehmen ist intakt, wenn Ziele bekannt sind und auch gemeinsam verfolgt werden. Eine Schwierigkeit hierbei besteht darin, die vielen Abteilungen und Geschäftseinheiten in Einklang zu bringen. Unternehmerische Handlungsweisen sind das Ergebnis von langwierigen Diskussionen unzähliger Personen, die auch ständigen Einflüssen von außen und innen (zum Beispiel eigene Stimmungen und Gefühle, die bestimmte Entscheidungen auslösen) ausgesetzt sind. „*Damit eine Organisation Integrität besitzt, muss sie auch eine Identität haben, das heißt, ein Bewusstsein, wer oder was sie ist und welche Aufgabe sie hat.*"

Unternehmensteile müssen kommunizieren

Wenn das Unternehmen weiß, was die Ziele sind und auf welche Weise diese realisierbar sind, ist effektives Agieren möglich. Es verdeutlicht nochmals, dass ein Unternehmen aus verschiedenen Teilen besteht, die miteinander kommunizieren müssen, um erfolgreich und effektiv bestehen zu können.

Vier Unternehmenstypen

In diesem Zusammenhang stellt ein Unternehmen gleichzeitig vier verschiedene Typen dar, die häufig Differenzen untereinander aufweisen:

- Das *offenbarte* Unternehmen
- Das *angenommene* Unternehmen
- Das *wirklich existierende* Unternehmen
- Das *benötigte* Unternehmen

Offenbartes und angenommenes Unternehmen

Das *offenbarte* Unternehmen ist das Bild, welches die Öffentlichkeit sich von dem Unternehmen machen kann. Dagegen entspricht das Bild beim *angenommenen* Unternehmen der Ansicht der Mitarbeiter und wie sie das Unternehmen sehen.

Wirklich existierendes und benötigtes Unternehmen

Beim *wirklich existierenden* Unternehmen wird das Bild, zum Beispiel durch einen Berater beziehungsweise im Rahmen von methodischen Untersuchungen geprägt. Bei der *benötigten* Unternehmung wird ihr Bild so beschrieben, wie sie aussehen würde, wenn sie der Realität der Situation entspräche, innerhalb der sie existiert.

Identität ist meist verschwommen

Eine Einheit dieser vier Typen wäre zwar Optimalfall, ist aber in der Realität so gut wie nie vorhanden. Häufiger sind Gegensätze zwischen den Typen erkennbar, die bedeuten, dass die Identität verschwommen und die Integrität schwer zu erreichen ist.

Die hartnäckige Zielverfolgung

Ernsthaftigkeit erkennen lassen

Sie ist für das Beziehen eines Standpunktes immens wichtig, denn um bestimmte Ziele und Ideen zu erreichen, muss man sich über deren Ablehnung hinwegsetzen und beständig und hartnäckig an ihnen arbeiten. Mitarbeiter erkennen auf diese Art und Weise, dass die Führungskraft ein Ziel ernsthaft verfolgt und sich durch Misserfolge nicht aus der Bahn werfen lässt.

Organisationen und ihr Umfeld

Unternehmen müssen sich so positionieren, dass ein langfristiges Bestehen gewährleistet sowie das innere und äußere Umfeld zeitlich und räumlich ausgeglichen ist, da Veränderungen das Ende einer Unternehmung bedeuten können.

Drei Faktoren

Gewisse Unterschiede bestehen hinsichtlich der nachfolgenden drei Faktoren, die Führungskräfte berücksichtigen müssen:

1. Komplexität
2. Zeit
3. Entscheidungen

Komplexität

Das Umfeld von Unternehmen ist wesentlich vielschichtiger und *komplexer,* als es bei natürlichen Lebensformen der Fall ist, denn es sind nicht nur Naturveränderungen zu berücksichtigen, sondern auch die internen Rahmenbedingungen, wie zum Beispiel das Verhalten der Mitarbeiter, und auch externe Rahmenbedingungen des Unternehmens. Dazu gehören Vertragspartner und Kunden genauso, wie technologische, politische, soziale, wirtschaftliche und institutionelle Einflüsse, die auf das Unternehmen einströmen.

Zeit

Die *Zeit* ist ebenfalls ein wichtiger Faktor, in dem sich der Unterschied zwischen Unternehmen und Lebensformen verdeutlicht. In Unternehmen können sich sehr schnell Veränderungen ergeben, zum Beispiel aufgrund einer neuen technologischen Entwicklung, während sich bei natürlichen Lebensformen Veränderungen erst nach geraumer Zeit bemerkbar machen.

Entscheidungen

Deshalb ist es von großer unternehmerischer Bedeutung, schnell und flexibel auf Veränderungen zu reagieren, um wettbewerbsfähig zu bleiben. Diese Veränderungen sind das Ergebnis von bewussten *Entscheidungen*, welche die Führungskräfte der Unternehmungen selbst treffen, wogegen die Modifizierung bei den Lebensformen aufgrund von natürlicher Auswahl geschieht.

Passende Lücke finden

Unter Berücksichtigung dieser drei Faktoren müssen die Führungskräfte nun eine Marktlücke finden, die zu den Charaktereigenschaften des Unternehmens passt. Dies geschieht durch eine Positionierung des Unternehmens. Dabei gibt es vier Strategien, die nachfolgend skizziert werden.

Reagieren

Flexibel, aber kurzsichtig

Meistens wird auf Veränderungen des Umfeldes aus einer Zwangslage heraus reagiert, nachdem wesentliche Ereignisse schon stattgefunden haben. Der Grund ist unter anderem, sich alle Wege offen zu halten und in hohem Maße für jegliche Art von Ereignissen flexibel zu bleiben. Dies ist eine recht kostengünstige, aber kurzsichtige Methode, die nur in Sektoren mit langsam stattfindenden Veränderungen effektiv sein kann.

Das innere Umfeld verändern

Interne Strukturen umgestalten

Veränderungen sollten mit eigens dafür entwickelten Prognoseverfahren vorhergesagt werden, damit die Organisation, anstatt nur zu reagieren, aktiv handeln kann. Eine kurzfristige Neuplatzierung der Organisation ist möglich, wenn Mittel, Arbeitskräfte oder Einrichtungen den betroffenen Bereichen der Organisation zugestanden oder entzogen werden. Langfristige Veränderungen des inneren Umfeldes lassen sich erreichen, wenn interne organisatorische Strukturen auf Dauer umgestaltet werden, so zum Beispiel durch Aus- und Weiterbildung, Auswahl, Einstellungen, Entlassungen und Schaffung einer ganz speziellen Unternehmenskultur.

Das äußere Umfeld verändern

Äußere Bedingungen beeinflussen

Eine Organisation versucht, auf ihr Umfeld Einfluss auszuüben, weil sie Veränderungen im Voraus einkalkuliert und diese mit ihren Bedürfnissen in Einklang bringen möchte. Zweckdienlich können hier sein: „*Werbung und Lobbyismus, Zusammenarbeit mit anderen Organisationen, Schaffung neuer Marktlücken durch unternehmerische Initiative und Innovation und verschiedene andere Mittel.*"

Eine Verbindung zwischen äußerem und innerem Umfeld herstellen

Abstimmen und anpassen

Hier versucht eine Organisation, ihr inneres Umfeld mit dem zukünftig erwarteten äußeren Umfeld neu abzustimmen und beide besser einander anzupassen. Kurzfristig bietet sich diese Möglichkeit durch Gespräche und Verhandlungen, wie zum Beispiel in Tarifrunden, in denen eine Lohnerhöhung (inneres Umfeld) mit Streikverzicht (äußeres Umfeld) einhergeht. Langfristige Mittel, um inneres und äußeres Umfeld zu verbinden, können sein: „*Vertikale Integration, Fusionierung, Erwerb anderer Unternehmen, neue Verbindungen schaffen oder innovative Systeme gestalten.*"

7.5 Strategie Nr. 4: Die Entfaltung der Persönlichkeit

Diese Strategie befasst sich mit der Entwicklung der eigenen Persönlichkeit und den verschiedenen Lernprozessen der Unternehmen.

Das positive Selbstwertgefühl

Die Stärken und Schwächen kennen

Den größten Teil ihrer Arbeitszeit verbringen die Führungskräfte mit ihren Mitarbeitern beziehungsweise deren Problemen. Aus diesem Grund ist ein positives Selbstwertgefühl von enormer Bedeutung. Führungskräfte sollten sämtliche Merkmale dieses Gefühls vorweisen können. Das erste Merkmal ist, um die eigenen Stärken zu wissen und Schwachstellen mit ihrer Hilfe auszugleichen. Ihre Stärken versuchen sie fortlaufend zu verbessern und zu vertiefen; Schwachstellen werden durch Fortbildung ausgemerzt. Ein weiterer Punkt des positiven Selbstwertgefühls ist die Übereinstimmung zwischen persönlichen Stärken und den Erfordernissen der Organisation. Die Führungskräfte haben scheinbar genau gewusst, welche Stellen und Positionen ihren Qualifizierungen entsprochen haben.

Spaß an der Arbeit Positives Selbstwertgefühl bedeutet auch, dass Menschen, die es besitzen, motivierter und leistungsfähiger in ihrem Beruf wirken, denn sie haben mehr Spaß an der Arbeit, und ihre Ergebnisse erfüllen sie mit Stolz. Außerdem können sie Achtung zwischen Kollegen auslösen und ihr Selbstwertgefühl auf andere übertragen. Dabei müssen sie selten negative Kritik anwenden, denn das positive Selbstwertgefühl *„scheint eine Macht auszuüben, indem es bei anderen ein Gefühl des Selbstvertrauens und der hohen Erwartungen auslöst“*. Menschen, die dieses Gefühl besitzen, behalten auch einige kindliche Eigenschaften bei, wie zum Beispiel die Kreativität, die Impulsivität, die Begeisterung, Neues zu lernen und Freude an den Menschen.

Fünf zentrale Eigenschaften Diese Freude und das lebendige Interesse an zwischenmenschlichen Beziehungen verdeutlichen sich auch in den nachfolgenden fünf Eigenschaften, welche die der Untersuchung zugrunde liegenden neunzig Führungskräfte im Umgang mit Menschen berücksichtigen:

Toleranz
1. Die Führungskräfte tolerieren ihre Mitarbeiter mit ihren Stärken und Schwächen und urteilen nicht über sie.

Empathie
2. Sie sind in der Lage, sich in andere Menschen hineinzuversetzen, um ihre Sichtweise besser zu verstehen, anstatt ihnen sofort Vorurteile entgegenzubringen.

Aktualität
3. Probleme lösen sie nicht anhand früherer Geschehnisse, sondern aufgrund jetziger Bedingungen. Es ist zwar wichtig, Erkenntnisse aus der Vergangenheit zu ziehen, doch die Gegenwart als Basis zur Problemvermeidung zu sehen, ist effektiver und leichter für die Mitarbeiter nachzuvollziehen, als nach Lösungen in der Vergangenheit zu suchen.

Aufmerksamkeit
4. Eine weitere Eigenschaft der Führungskräfte ist, dass sie die Menschen in ihrer näheren Umgebung, also Menschen, die ihnen emotional nahe stehen, rücksichtsvoll und aufmerksam behandeln, als hätten sie sie gerade erst kennen gelernt. Dies ist besonders wichtig für den Kollegenkreis, denn nach einer gewissen Zeit der Zusammenarbeit hört man Kollegen meist weniger zu und misst ihnen weniger Bedeutung bei als am Anfang des Arbeitsverhältnisses. Das kann zu erheblichen Problemen und beiderseitigen Missverständnissen führen.

5. Die Führungskräfte können Vertrauen geben, auch wenn es gefährlich scheint, denn sie haben erkannt, dass dies sinnvoller ist, als ständig misstrauisch zu sein und anderen böse Absichten vorzuwerfen. Eine gemeinsame erfolgreiche Zusammenarbeit ist nur auf der Basis beiderseitigen Vertrauens möglich. Zuletzt ist zu erwähnen, dass Führungskräfte auch ohne Lob und Zustimmung produktiv arbeiten können. Ihnen ist es egal, ob andere ihren Führungsstil mögen, solange das Niveau der Arbeit weiterhin qualitativ hoch ist.

Vertrauen

Für die eigene Persönlichkeit ist das positive Selbstwertgefühl von großer Bedeutung, kann es doch erreichen, dass Vertrauen entsteht und effektives Führen möglich wird. Trotzdem behält die Führungsperson die Objektivität bezüglich der Charakterschwächen der Mitarbeiter bei und ignoriert sie nicht völlig.

Der Wallenda-Faktor

Aus Fehlern lernen

Der nach dem Hochseil-Artisten Karl Wallenda benannte Wallenda-Faktor bedeutet die Konzentration auf positive Ziele und auf eine Aufgabe. Niederlagen und Fehler werden hierbei weniger als totaler Misserfolg gesehen oder als Möglichkeit, einige Leute zu entlassen, sondern als Chance, daraus zu lernen. Die Führungskräfte sehen das Positive in den Niederlagen und erhoffen für sich und ihr Unternehmen neue Erfahrungen und Erkenntnisse daraus.

Kombination für erfolgreiche Führung

Während beim Wallenda-Faktor eher das Nachdenken über das Arbeitsergebnis im Mittelpunkt steht, geht es beim positiven Selbstwertgefühl primär um das Vertrauen in die eigene Persönlichkeit, um Arbeit zu bewältigen: „*Um erfolgreich Führung auszuüben, muss eine Kombination von positivem Selbstwertgefühl und Optimismus in Bezug auf ein gewünschtes Resultat vorhanden sein.*" Ist dies nicht der Fall, können die Führenden, je nachdem, was überwiegt, auch negativ reagieren.

Die Grafik auf der nächsten Seite zeigt, dass sich die Führungspersonen mit einem negativen Selbstwertgefühl in einem positiven Umfeld depressiv verhalten, weil sie sehen, dass andere den Erfolg feiern. In einem negativen Umfeld resignieren sie, weil sie keine Rückmeldung auf ihre Bemühungen bekommen. Mit einem positiven Selbstwertgefühl geben sie auch in einem negativen Umfeld nicht auf und kämpfen stetig weiter. Kommt dann noch ein positiver Wallenda-Faktor hinzu, so ist die Voraussetzung für optimales Führen garantiert.

Selbstwertgefühl und Wallenda-Faktor

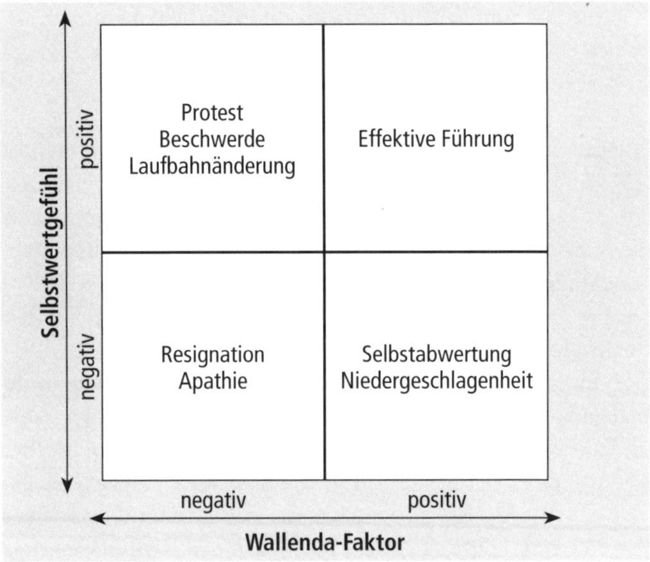

Die persönlichen Qualitäten der Führungspersonen

Nicht auf der Stelle treten

Welche weiteren Eigenschaften sind ebenfalls charakteristisch für eine effektive Führungskraft? Gute Führungskräfte weisen Eigenschaften auf wie Beharrlichkeit und Selbsterkenntnis über die Bereitschaft, Risiken einzugehen und Verluste zu akzeptieren, über Engagement, Konsequenz und Herausforderung, Hartnäckigkeit, die Risikofreude und auch die damit verbundenen Fehler. Doch die wichtigste Eigenschaft in diesem Zusammenhang ist die Bereitschaft, ständig Neues hinzuzulernen. Für die Führenden ist es immens wichtig, nicht auf der Stelle zu treten, sondern durch Fortbildung ihren Horizont zu erweitern und gewonnene Erkenntnisse und Ideen auf die gesamte Unternehmung zu übertragen. Dabei lernen sie im Zusammenhang des Unternehmens und sind in der Lage, zu erkennen, was dafür von Bedeutung ist.

Entscheidende Resultate

Durch Entwickeln spezieller Eigenschaften ist den Führungskräften Folgendes gelungen:
1. Unsicherheit zuzugeben und mitzuteilen
2. Fehler ins Positive zu wenden
3. Für die Zukunft zu planen
4. Zwischenmenschliche Fähigkeiten (Zuhören, Ermutigen, Eingehen auf Wertkonflikte etc.) zu erhalten
5. Selbsterkenntnis zu gewinnen

Grundlage für die lernende Organisation

Diese Eigenschaften ermöglichen es Führungskräften, im Zusammenhang von Unternehmen zu lernen. Sie können offen zugeben, dass sie ihre Unsicherheiten auch ihren Mitarbeitern zeigen und Niederlagen als eine Chance sehen, um daraus neue Erkenntnisse zu ziehen. Außerdem sind sie gewillt, auf zukünftige Projekte hin zu planen und die Mitarbeiter hierbei zu motivieren und zu begeistern. Darüber hinaus sind sie immer bereit, Neues im Rahmen des Unternehmens hinzuzulernen. Diese Eigenschaften bilden die Grundlage für das Lernen im Zusammenhang des Unternehmens.

Die lernende Organisation

Plötzliche und langsame Veränderungen

Veränderungen in Unternehmen ereignen sich fast täglich. Sie können plötzlich auftreten, wie zum Beispiel bei einer Fusion, oder, was häufiger der Fall ist, das Unternehmen verändert sich langsam. Diese langsamen Veränderungen sind das Ergebnis ständigen Lernens der einzelnen Mitarbeiter und von kollektiven Arbeitsgemeinschaften der Unternehmung. Das Lernen geschieht individuell „automatisch" durch das Arbeiten an sich, an den Beziehungen der Mitarbeiter untereinander und zum äußeren Umfeld, in der Gemeinschaft durch das gemeinsame Arbeiten auf ein gemeinsames Ziel hin und im gesamten Unternehmen durch ständige Kommunikation mit dem Umfeld.

Lernen stärkt die Wettbewerbsfähigkeit

Deshalb ist das Lernen die Grundlage für die Wettbewerbsfähigkeit des Unternehmens, denn durch Lernen steigt die Reaktionsfähigkeit auf Veränderungen und die Kapazität, neue Möglichkeiten schneller zu entdecken. Bei dieser Art zu lernen dient die Vergangenheit als Vergleich, es wird nicht in die Zukunft geschaut. Davon zu unterscheiden ist das innovative Lernen.

Das innovative Lernen

Arbeiten in neuen Situationen

Diese Art des Lernens ist erheblich komplizierter als die vorbezeichnete, denn sie spezialisiert sich unter Beachtung von Rahmenbedingungen auf das Arbeiten in neuen, noch nicht bekannten Situationen. Der Lernprozess des Unternehmens ist genauso abhängig von Zielen, Kultur, Rahmenbedingungen und der Reaktion des Unternehmens auf Veränderungen wie der Lernprozess eines Mitarbeiters. Das innovative Lernen setzt sich aus mehreren Punkten zusammen:

1. *Neudefinition der Tradition*
   Die meisten über einen längeren Zeitraum bestehenden Unternehmen verfügen über eine Historie von Niederlagen und Gewinnen, aus denen gelernt werden kann. Diese Vergangenheitserfahrungen müssen aufgrund der veränderten Situation neu benannt werden.
2. *Tests*
   Marktuntersuchungen
   Im Rahmen von Marktuntersuchungen kann die Unternehmung herausfinden, inwieweit sich Veränderungen auswirken, und entsprechend handeln.
3. *Beobachtung der Wettbewerber*
   Durch den Kontakt mit anderen ähnlichen Unternehmen, mit der Fachpresse und mit anderen Führungskräften können die Führenden neue Erkenntnisse und Erfahrungen gewinnen und diese in das Unternehmen integrieren.
4. *Methodische Verfahren*
   Diese Verfahren werden angewendet, um Veränderungen, zum Beispiel am Markt, frühzeitig zu erkennen und diese zu nutzen.
5. *Bildung*
   Weiterbildung
   Die meisten Unternehmen nehmen die Weiterbildung sehr ernst und investieren gewaltige Summen, um die einzelnen Mitarbeiter entsprechend zu qualifizieren. Dies geschieht in Form diverser Schulungen, entweder individuell für einen Mitarbeiter oder für eine Gruppe von Personen. Dabei sind die Zielsetzungen dieser Maßnahmen sehr unterschiedlich.
6. *Umlernen*
   Durch Veränderungen in ihrem Umfeld ist es für Unternehmen wichtig, alte Traditionen und Erkenntnisse außer Acht zu lassen und sich auf die Veränderung zu konzentrieren.

„Die sechs Arten des innovativen Lernens veranschaulichen, wie Organisationen lernen können, sich neu zu strukturieren, alte Regeln zu ersetzen, den internen Informationsfluss zu verbessern und schöpferische Fähigkeiten zu erneuern."

Die lernende Organisation führen

Vorbild sein

Als Führungskraft ist es wichtig, dass Sie sich für Ihre Mitarbeiter als Vorbild verhalten, dem man nachzueifern versucht. Darum müssen Sie zeigen, dass Sie selbst Lernen als existenziell ansehen und auch bereit sind, ständig neue Erfahrungen zu sammeln.

Verhalten belohnen

Die Bereitschaft des Mitarbeiters, sich neue Kenntnisse anzueignen, sollte von Ihnen als Führungskraft unterstützt werden, zum Beispiel durch Erhöhung des Gehaltes oder durch immaterielle Anerkennung wie mehr Verantwortung. Einige Verhaltensweisen sind in diesem Zusammenhang besonders stark zu belohnen. Dazu gehören unter anderem die Entwicklung neuer Ideen, Fantasie, Risikobereitschaft, frühzeitige Erkennung von neuen Möglichkeiten, Experimente, Engagement.

Das diesbezügliche Lernen kann auf unterschiedliche Arten erfolgen. Einige Unternehmen greifen zu finanziellen Mitteln für Tipps, die zur Optimierung des Unternehmens beitragen, oder sie erlauben die Bearbeitung von Plänen nur, wenn die jeweilige Arbeitsgruppe nach einigen anderen Möglichkeiten sucht und diese entsprechend fundiert.

Das innovative Lernen organisieren

Unflexible und flexible Unternehmen

Einige Unternehmen sind so unflexibel, dass sie sich nur schwer verändern lassen, so beispielsweise nur durch größere Krisen. In offenen Unternehmen können die Führungskräfte so umorganisieren, dass flexibler, lernfähiger und somit auch innovativer mit Gegebenheiten umgegangen wird. In diesen Unternehmen existieren überwiegend kleine Arbeitsgruppen, damit die Mitarbeiter eine höhere Verantwortung empfinden und das Ergebnis leichter messen können.

Die Teilnahme an Entscheidungen und die Mitsprache sind ebenfalls wichtige Punkte in offenen Unternehmen, denn sind die Mitarbeiter in die Ziele und Maßnahmen des Unternehmens involviert und integriert, so zeigen sie mehr Motivation, Begeisterung und Engagement, um Ergebnisse zu erreichen.

Voraussicht durch Planungsprozesse

Neben der Teilnahme ist die Voraussicht wichtig, um eine Basis für das innovative Lernen zu gestalten. „*Dies wird gewöhnlich durch die Einführung eines effektiven Planungsprozesses und die Belohnung von Leuten erreicht, die diesen als Mechanismus zur Bewältigung von Veränderungen benutzen.*" Die Aufgabe der Führungskraft ist es also auch, solche offenen Unternehmen zu gestalten, um die Basis für das innovative Lernen zu schaffen.

Umfeld beobachten

Es ist wichtig für ein Unternehmen, möglichst viele Informationen über Veränderungen des Umfeldes zu erhalten, um sich ein besseres Bild über die Zukunft des Unternehmens zu verschaffen. Ein Überleben des Unternehmens ist dann oft leichter zu ermöglichen. Die Führungskraft hat hierbei die wichtige Funktion, das Unternehmen zu Höchstleistungen zu führen. In diesem Zusammenhang wird jede Aufgabe als eine neue Möglichkeit zu lernen angesehen, um in Zukunft effektiver zu agieren.

7.6 Die Führung übernehmen: Führen und Ermächtigen

Die Mitarbeiter beflügeln

„*Unsere Mitarbeiter waren bereit, einen Versuch zu wagen, weil sie sich als Teil von etwas Großartigem fühlten, und sie wollten die zusätzliche Stunde arbeiten oder einen weiteren Anruf machen oder auch mal am Samstag arbeiten. Wenn wir ein anderes Management gehabt hätten, das genau dasselbe getan hätte, außer Leute so zu – ja – beflügeln, dann hätten wir es nicht geschafft.*"

Dieses Beispiel zeigt, wie das Ergebnis richtiger Führung aussehen kann. Es zeigt, was passiert, wenn die Führungskräfte die Mitarbeiter so stark motivieren können, dass diese bereit sind, zur Verwirklichung der Ziele alles zu geben.

Die Ermächtigung

Ein Ergebnis dieses Führungsstils, welcher auch als transformativ bezeichnet wird, ist die „Ermächtigung". Sie ist differenziert von der Macht zu sehen. Während Macht in der Regel von einer Seite ausgeht, nämlich von der der Führenden, muss Ermächtigung von beiden Seiten ausgehen. Der Führende hat die Aufgabe, die Mitarbeiter mit sich zu ziehen, sie zu motivieren und ihnen realistische Ziele vor Augen zu halten, die es gemeinsam zu erreichen gilt.

Vier Punkte

Die Ermächtigung der Mitarbeiter unter effizienter Führung verdeutlicht sich in den nachfolgenden vier Punkten:
1. Wichtigkeit
2. Fähigkeit
3. Gemeinsamkeit
4. Begeisterung

Wichtigkeit und Fähigkeit

Der einzelne Mitarbeiter muss das Gefühl empfinden, dass er für das Unternehmen enorm wichtig ist. Gute Führungskräfte sind in der Lage, dieses Gefühl ihren Mitarbeitern zu vermitteln, sodass diese selbstbewusster und engagierter ihre Arbeit bewältigen. Die ständige Weiterbildung im individuellen Arbeitsbereich bewirkt bei Mitarbeitern das Gefühl, die eigenen Leistungen erhöhen und dadurch effizienter für das Unternehmen arbeiten zu können.

Gemeinsamkeit und Begeisterung

Das Gefühl der Gemeinsamkeit ist genauso wie die Begeisterung für die Arbeit ein Punkt, der *„somit nicht nur die Qualität des Berufslebens, sondern das Leben als solches verbessert"*. In der Realität stellt dies eher eine Seltenheit dar, weil die Unternehmen nicht *geführt,* sondern *gemanagt* werden, was bedeutet, dass Mitarbeiter und Vorgesetzte einen Arbeitsvertrag eingehen, bei dem der Mitarbeiter bestimmte Aufgaben gegen Geld erledigt, ohne aber mit dem Herzen dabei zu sein. Darin verdeutlicht sich auch das enorme Problem der Managementausbildung, denn sie beinhaltet ausschließlich theoretische Grundsätze über Problemlösungen, die auf die menschliche Seite bewusst nicht eingehen und diese vernachlässigen.

In der Bevölkerung herrschen noch immer Meinungen über Führungskräfte, die nicht der Wahrheit entsprechen und deshalb nachfolgend entkräftet werden, um mehr Menschen zu ermutigen, den Weg einer erfolgreichen Führungskraft einzuschlagen.

Vorurteile

Zentrale Vorurteile lauten:
1. Führungsqualitäten sind selten.
2. Zum Führenden wird man nicht gemacht, sondern geboren.
3. Führer sind charismatisch.
4. Führung existiert nur an der Spitze einer Organisation.
5. Der Führer herrscht, verfügt, drängt, manipuliert.

Gegenargumente

Was ist von diesen Vorurteilen zu halten?
- *Zu 1:* Führungskräfte sind nicht so rar, wie allgemein vermutet, denn jeder Mensch hat die Fähigkeit, sich zu einer Führungsperson zu entwickeln.
- *Zu 2:* Die meisten Führungseigenschaften sind theoretisch und praktisch erlernbar.
- *Zu 3:* Das Charismatische an Führern trifft vielleicht auf einige wenige zu, doch die meisten Führungspersönlichkeiten sind wenig charismatisch und sehr menschlich. Wahrscheinlich entsteht die charismatische Aura oft durch den Respekt und die Achtung, die ihnen ihre Mitarbeiter entgegenbringen.
- *Zu 4:* Durch Entstehung immer kleinerer Arbeitsgruppen in den Unternehmen erhöht sich auch der Anteil der Führungskräfte, die nicht direkt an der Spitze der Firma stehen, sondern an der kleinerer Arbeitsgruppen.
- *Zu 5:* Ein erfolgreiches Führen zeichnet sich unter anderem durch das Motivieren und Begeistern zur Erreichung von realistischen Zielen ab.

7.7 Fazit

Menschlichkeit und Kreativität werden vernachlässigt

Die Managementausbildung formt und fördert spezielle Problemlöser, aber die menschlichen und kreativen Prozesse, die für eine erfolgreiche Führung unerlässlich sind, werden stark vernachlässigt. In den meisten Fällen lehrt man die zukünftigen Manager, von bestimmten Annahmen und eindeutigen Zielen auszugehen und zugleich die Zukunft als machbar und berechenbar zu betrachten. In der Realität warten aber große Probleme auf sie.

Konzentration auf Menschen ist nötig

Die Studie von Bennis und Nanus ist informativ, gibt Impulse und regt zum Nachfragen an. Das betrifft insbesondere das dialektische Verhältnis von Management und Führung. Letztere gewinnt demnach immer mehr an Bedeutung, während Managen unwichtiger wird. Der Grund liegt darin, dass ein Unternehmen immer mehr Veränderungen ausgesetzt ist, was eine stärkere Konzentration auf Menschen und zukünftige Ereignisse erforderlich macht.

Warum Führer gefragt sind

Die Antwort, warum die Autoren „den Leader" über den Manager stellen, findet sich in den vier Schlüsselstrategien erfolgreichen Führens, das heißt:

1. in der Kreativität, Visionen zu schöpfen,
2. der Kommunikationskraft, Sinn zu vermitteln,
3. der Stärke, durch Bekenntnis zu einer Position Vertrauen zu erwerben und
4. dem positiven Selbstwertgefühl als Basis zur Persönlichkeitsentfaltung durch eigenes Lernen und zur Anregung der Mitarbeiter zum kollektiven Lernen.

Fragen bleiben offen

An diese vier Strategien knüpfen sich aber auch Fragen an, die in dem Buch nicht gestellt wurden:

- Warum wurden keine Führungspersonen genannt, die mit ihren Visionen gescheitert sind, und eventuelle Gründe dafür?
- Warum wurde auf die Abgrenzung zwischen Führer und Verführer verzichtet?
- Gibt es nicht auch Fälle fortwährenden Lernens, Persönlichkeitsentfaltung und positiven Selbstwertgefühls, bei denen sich der erwartete Führungserfolg *nicht* einstellte?
- Welches ist das richtige Maß der vier Strategien?
- Wo liegt der richtige Mix zwischen den vier Strategien?
- Inwieweit lassen sich Defizite einzelner Strategien durch andere kompensieren?

Doch unabhängig hiervon ist die Arbeit von Bennis und Nanus positiv zu würdigen. Ihre Meinungen und Erkenntnisse werden mit Blick auf andere Bereiche, zum Beispiel die Politik, bestätigt, wenn auch hier das Fehlen von Führungspersönlichkeiten in Anbetracht stromlinienförmiger Karrieristen, die frisch dem Windkanal entschlüpft sind, beklagt wird.

Ohne Führung keine wünschenswerte Zukunft

„Ohne Führung jener Art, für die wir eingetreten sind, ist es schwer vorstellbar, wie wir für die Nation oder die Welt eine wünschenswertere Zukunft gestalten können. Das Fehlen oder die Ineffektivität von Führung lässt auf das Fehlen von Visionen schließen, auf eine Gesellschaft ohne Träume, und dies wird bestenfalls die Aufrechterhaltung des Status quo bewirken und schlimmstenfalls zum Niedergang einer Gesellschaft führen, der es an Zielen und Zusammenhalt fehlt. Wir brauchen dringend Frauen und Männer, die die Führung übernehmen können. Was könnte eine fruchtbarere Herausforderung sein?“

Literatur

Warren Bennis und Burt Nanus: *Führungskräfte. Die vier Schlüsselstrategien erfolgreichen Führens.* Frankfurt/M.: Campus 1985.

8. Wunderer-Konzept

Besonders wichtig: Die Mitarbeiterführung

Organisationen und Individuen, die in arbeitsteilige Leistungsprozesse eingebunden sind, bedürfen der Steuerung und Koordination. Diese Feststellung ist unbestritten. Worüber diskutiert wird, sind Umfang, Intensität und Formen von Führung und Kooperation sowie die zugrunde liegenden Werthaltungen, Ziele, Strategien und Instrumente. Der Mitarbeiterführung kommt hierbei eine besondere Bedeutung zu; bei Prognosen zur Bedeutung von Personalfunktionen wurde sie immer wieder auf den ersten Rang gesetzt.

Unter Mitarbeiterführung versteht man die zielorientierte soziale Einflussnahme zur Erfüllung gemeinsamer Aufgaben in und mit einer strukturierten Arbeitssituation.

Zwei Steuerungsfunktionen

Sie beinhaltet somit zwei Steuerungsfunktionen:
1. *strukturelle* (indirekte) Steuerungsfunktion
2. *interaktionelle* (direkte) Steuerungsfunktion

Auf großes Interesse stieß in diesem Zusammenhang das in den vergangenen Jahren von Professor Dr. Rolf Wunderer entwickelte Führungskonzept der strukturellen Führung. Wunderer ist Ordinarius für Betriebswirtschaftslehre an der Hochschule St. Gallen sowie Gründer und Direktor des dort angesiedelten Instituts für Führung und Personalmanagement. Von ihm stammt die Unterscheidung in strukturelle und interaktionelle Führung.

8.1 Strukturelle Führung

Einen generellen Rahmen schaffen

Bei der strukturellen Steuerungsfunktion schafft die Führungskraft einen generellen Rahmen für die Situationsgestaltung. Sie sorgt in erster Linie für optimale Leistungsbedingungen und ein förderndes Umfeld für die Mitarbeiter, in dem diese dann möglichst selbstständig arbeiten können und wollen.

Drei Medien Im Mittelpunkt stehen drei zentrale Steuerungsmedien:
1. Kultur
2. Strategie
3. Organisation

Führungskultur Die *Führungskultur* konzentriert sich auf die Wertesteuerung, die in darauf ausgerichteten symbolischen Handlungen, in konkreten Gestaltungsmustern (z. B. Logo oder Büroausstattung) sowie in zur Gewohnheit gewordenen Verhaltensmustern (z. B. Anrede mit Vorname oder mit Titel) erkennbar ist. Sie macht Aussagen zum Sinn und Zweck von Einflussgestaltung, über Art und Umfang wechselseitiger Beeinflussung sowie über Grundwerte (z. B. Persönlichkeitsrechte der Mitarbeiter oder Autonomie oder Kooperation, Arbeit und Leistung). Insbesondere geht es um die Kultur des Mithandelns, Mitverantwortens und Mitdenkens.

Führungsstrategie Die *Führungsstrategie* setzt diese Werte in spezifische Ziele und Mittel um, wodurch die Führungsstrategiewahl definiert wird. Sie kann schließlich auch auf einzelne Mitarbeiter und Vorgesetzte individualisiert angewendet werden. Solche strategischen Wahlen prägen dann die darauf ausgerichtete Führungstaktik, welche das Verhalten in verschiedenen Situationen (z. B. Führungsstilwahl nach dem Reifegrad der Mitarbeiter) spezifizieren soll.

Führungs- und Arbeitsorganisation Die *Führungs- und Arbeitsorganisation* hat die Aufgabe, Führungswerte und strategische Entscheide in die Aufbau- und Ablauforganisation umzusetzen, das heißt, die Verteilung beziehungsweise Zuordnung von Aufgaben und Kompetenzen zu organisieren.

8.2 Interaktionelle Führung

Innerhalb dieser systemisch-strukturellen Führung gibt es noch wesentliche und unverzichtbare Aufgaben für die interaktionelle (direkte) Beziehungsgestaltung. Die sich direkt vollziehende Führung ergänzt die strukturelle, schließt Steuerungslücken und sichert die Flexibilität. Mit ihr wird über direkte Kommunikation Einfluss ausgeübt. In reifen Führungsbeziehungen geschieht dies wechselseitig, also interaktionell.

Ziele individuell umsetzen

Menschen sind keine Maschinen; sie sind von ihrer Entwicklung her auf persönlichen Kontakt und direkte Einflussbeziehungen sozialisiert. Führung erfordert damit immer Interpretations- und Koordinationsaufgaben, die nicht strukturell, generell und personenunabhängig geleistet werden können. Den Vorgesetzten kommt die Aufgabe zu, die strukturellen Gestaltungsziele von Unternehmensführung und Personalmanagement situationsbedingt und individuell für die einzelnen Mitarbeiter und Organisationseinheiten umzusetzen. Sie sollen dabei vor allem kommunizieren und die Aufgaben gemeinsam mit den Mitarbeitern bewältigen. Zu beachten ist: Je kleiner das Unternehmen, desto mehr werden Funktionen des Personalmanagements, der Unternehmensleitung und Mitarbeiterführung von denselben Personen wahrgenommen. Mit wachsender Betriebsgröße verteilen sich diese Aufgaben auf verschiedene Hierarchien und Einheiten in arbeitsteiliger Weise.

Interaktionelle und strukturelle Führung im Vergleich

Interaktionelle Mitarbeiterführung	**Strukturelle Mitarbeiterführung**
Unmittelbare Einwirkung auf den Mitarbeiter	Mittelbare Einwirkung auf den Mitarbeiter
Situative Gestaltung der zwischenmenschlichen Beziehungen	Zielgerichtete inhaltliche, prozessuale und strukturelle Regelungen der Führungs- und Arbeitsorganisation
Spielraum zur Modifikation der strukturellen Führung	Ersetzt und substituiert teilweise die interaktionelle Führung
Wirkung durch Wahrnehmung von Führungsaufgaben (Delegierung, Anerkennung, Kritik u. Ä.)	Kulturelle, strategische und organisatorische Faktoren
Verantwortung: direkter Vorgesetzter	Verantwortung: Top-Management

8.3 Der Führungsprozess im Rahmen der acht Leitprinzipien der Mitarbeiterführung

Das Konzept von Rolf Wunderer baut den Führungsprozess auf der Grundlage von acht Prinzipien beziehungsweise Funktionen der Mitarbeiterführung auf. Sie stellen für ihn ein allgemeines Konzept der Mitarbeiterführung dar.

Vier Komponenten Die folgende Abbildung zeigt, dass diese Prinzipien in einen allgemeinen Bezugsrahmen der Führung integriert werden, der zwischen folgenden vier Komponenten unterscheidet:

1. Potenziale
2. Prozesse
3. Ergebnisse
4. Ergebnisverteilung

<table>
<tr><th>Sollen, Dürfen, Haben</th><th>Können, Wollen</th><th>Leisten</th><th>Erreichen</th><th>Beteiligen</th></tr>
<tr><td rowspan="2">Verfügen
Ressourcen</td><td rowspan="2">Qualifizieren</td><td>Individuum</td><td rowspan="2">Zufriedenheit von Bezugsgruppen: Markt, Mitarbeiter, Miteigentümer</td><td>Qualität/ Preis</td></tr>
<tr><td>Team</td><td>Beschäftigungs-sicherheit, Vergütung</td></tr>
<tr><td rowspan="2">Verpflichtungen, Ermächtigen, Kultur, Strategie, Organisation</td><td rowspan="2">Identifizieren, Motivieren</td><td>Bereich</td><td rowspan="2">Leistungsergebnisse</td><td>Dividende, Unternehmenswert</td></tr>
<tr><td>Unternehmen</td><td>Externe Effekte</td></tr>
<tr><td>Strukturpotenzial</td><td>Mitarbeiterpotenzial</td><td>Leistungsprozesse</td><td>Ergebnisse</td><td>Ergebnisverteilung</td></tr>
</table>

Sollen, Dürfen, Haben

Mitarbeiterführung bewegt sich immer im Kontext struktureller Entscheide des Personalmanagements und der Unternehmensführung. Die drei Steuerungsmedien Kultur, Strategie und Organisation werden von der Führungskraft im Rahmen von Vorgaben situationsbedingt beurteilt, kommuniziert und umgesetzt sowie als Sollwerte für die Mitarbeiterführung verwendet.

Vorteil struktureller Führung Der Vorteil struktureller Führung ist, dass sie in mehr personenunabhängiger, genereller und formalisierter Weise (z. B. über

Richtlinien) für motivierte, informierte und qualifizierte Mitarbeiter sorgt und den Bedarf an interaktioneller (persönlicher, direkter) Führung mindert.

Sollen und Dürfen

Im Führungskonzept von Rolf Wunderer wird das betroffene Personal verpflichtet *(Sollen)* und ermächtigt *(Dürfen)*, im Rahmen der Ziele, Werte und Normen beziehungsweise Rollenerwartungen möglichst selbstständig zu handeln. Dadurch sollen Freiräume und ein Anreizkonzept für (mit-)unternehmerisches Verhalten geschaffen werden.

Haben

Im Rahmen der vorhandenen Ressourcen *(Haben)* hat die Führungskraft die Aufgabe, für ihr Team nach Festlegung der strukturellen Führungsdimension über direkte (interaktionelle) Führung die abgestimmten Entscheide auf die einzelnen Mitarbeiter zu übertragen. Sie muss dabei planen, zuteilen, Mitarbeiter auswählen und einsetzen, beurteilen und über Honorierung und Förderung der Mitarbeiter entscheiden.

Können, Wollen

Aufgaben der Führungskraft

Die Hauptverantwortung für die Entwicklung und Motivation sollte bei den Mitarbeitern selbst liegen, denn ohne hohes eigenes „freiwilliges" Engagement ist ein (mit-)unternehmerischer Ansatz nicht realisierbar. Aber auch die Führungskraft hat Qualifizierungsaufgaben, die über strukturierte Mitarbeitergespräche, durch Übertragung von Sonder- oder Stellvertretungsaufgaben und durch Projektarbeit realisiert werden. Ebenso sind konstruktive Kritik, sachbezogene Kontrolle, aber auch Handlungsspielräume und Vertrauen sowie ausreichend Zeit für unternehmens- und mitarbeiterrelevante Kommunikation zu gewähren.

Geringe Motivation durch die Vorgesetzten

In Theorie und Praxis wird der Motivationsfunktion große Bedeutung in der Führung zugewiesen. Empirische Erhebungen ergaben jedoch, dass die Mitarbeiter die Motivation durch ihre Vorgesetzten als sehr gering beurteilen.

Bei „reifen", in der Regel hoch qualifizierten Mitarbeitern steht die den Anreiz fördernde Gestaltung des Strukturpotenzials gegenüber der direkten, personalen Steuerung im Vordergrund. Dieser Ansatz bietet die entscheidende Voraussetzung für die Identifikation mit der Aufgabe, dem Arbeits- oder Organisationsziel, dem Arbeitsplatz, den Vorgesetzten, Mitarbeitern oder Kollegen. Diese selbstgewählte Bindung gegenüber berufsbezogenen Identifikationsobjekten zeigt stärkere und längerfristige Wirkungen als jede Fremdmotivierung. Voraussetzung dafür ist aber die Bereitschaft und Fähigkeit zur Eigenmotivation und zum freiwilligen Engagement.

Leisten

Formen der Steuerung

Im Leistungsprozess gibt es unterschiedliche Formen der Steuerung, die sich nach Leistungssituation, Führungsphilosophie und Führungsstil, Reifegrad von Mitarbeitern und Vorgesetzten richten.

Vier Idealtypen

Die Abbildung zeigt, dass vier Idealtypen unterschieden werden:
1. hierarchische Steuerung
2. bürokratische Steuerung
3. beziehungsorientierte Steuerung
4. marktfokussierte Steuerung

	Hierarchie	Bürokratie	Betriebsfamilie	Markt
Legitimationsgrundlage	Entscheide, Weisungen	Regeln, Vorschriften	Verpflichtungen, Gefühle	Leistungen, Erträge
Führungsphilosophie	weisungsgerecht	professionell	beziehungsorientiert	management-, service- und businessorientiert
Rolle	Untergebener	Mitglied	Mitarbeiter	Mitunternehmer
Bezugsgruppenausrichtung	Vorgesetzten-zufriedenheit	persönliche Zufriedenheit	Vorgesetzten- und Mitarbeiter-zufriedenheit	Kundenzufriedenheit
Qualifikationsausrichtung (Auswahl)	▪ Anpassungs-fähigkeit ▪ Verlässlichkeit ▪ Umsetzungs-fähigkeit	▪ Kompetenz ▪ Erfahrung ▪ Verlässlichkeit ▪ Regelorientierung ▪ Gerechtigkeit	▪ Kontakt ▪ Unterstützung ▪ Gesinnung ▪ Standhaftigkeit ▪ Verständnis ▪ individuelle Hilfe	▪ Innovation ▪ Problemlösung ▪ Koordination ▪ Implementation ▪ strategische Zielerfüllung ▪ Aufwand/Ertrag

Die Führungskultur (Unternehmenskultur) hat einen besonders großen Einfluss bei der Wahl dieser Steuerungsansätze, denn die

Wertemuster einer Unternehmung kann man als Kernstücke der Mitarbeiterführung verstehen, die nicht vom Personal zu trennen sind. Dies drückt sich dadurch aus, dass eine kurz- bis mittelfristige Kulturänderung meist nur durch Maßnahmen des Personaleinsatzes herbeizuführen ist.

Mitarbeiter richtig einsetzen

Diese Erkenntnis erklärt auch die bislang in der heutigen Praxis umfassenden Um- und Freisetzungen – nicht nur in den oberen und mittleren Führungsebenen. Im Rahmen dieser Phase hat die interaktionelle (direkte) Führung eine verstärkte Bedeutung. Die Führungskraft muss in der Lage sein, die verfügbaren Ressourcen (Mitarbeiter) richtig einsetzen sowie darüber hinaus neue Leistungssituationen entsprechend analysieren, bewerten und berücksichtigen zu können, beispielsweise durch Prioritätensetzung, Timing oder durch Rationalisierung von Aktivitäten.

Erreichen

Kundenzufriedenheit ermitteln

Nach der Steuerung der Leistungsprozesse steht die Ermittlung der monetären und nichtmonetären Ergebnisse an. Bei den nichtmonetären Ergebnissen geht es zum einen um die Zufriedenheit der Marktteilnehmer (insbesondere der Kunden). Die klassischen Qualitätsindikatoren der Servicedimension – Leistungsintensität, Leistungsumfang und Ansprechbarkeit – stehen hier im Vordergrund.

Mitarbeiterzufriedenheit messen

Die Zufriedenheit der Mitarbeiter wird anhand von Motivations- und Identifikationsanalysen sowie durch Umfragen zu den Führungs- und Kooperationsbeziehungen zwischen Mitarbeitern, Kollegen und Vorgesetzten gemessen. Die Miteigentümer und Fremdkapitalgeber werden über den shareholder value berücksichtigt. Dabei geht es zum Beispiel um den erzielten und ausgeschütteten Gewinn, die Entwicklung der Aktienkurse oder um das Unternehmenswachstum.

Zentrale Aufgaben

In dieser Phase sind die zentralen Aufgaben der Führungskraft:

- Ermitteln
- Analysieren
- Bewerten
- Durchführung von Soll-Ist-Vergleichen

Beteiligen

Vergütung und Sonderleistungen

Das achte und letzte Leitprinzip der Mitarbeiterführung beschreibt die wertschöpfungsgerechte Ergebnisverteilung auf das Personal, also Führungskräfte und Mitarbeiter. Die Grundlage für die Ergebnisverteilung bildet die vereinbarte Vergütung. Dazu treten – bisher nur für obere Führungskräfte – ergebnisabhängige Sonderleistungen.

Nichtmonetäre Formen

Zur Erfolgsbeteiligung gehören aber auch nichtmonetäre Formen, zum Beispiel Beförderung, Übertragung von Sonderaufgaben und Kompetenzen, aber auch die Weitergabe von Anerkennung durch externe Kunden.

Literatur

Rolf Wunderer: *Führung und Zusammenarbeit. Eine unternehmerische Führungslehre.* Neuwied: Luchterhand 2002.

Rolf Wunderer und Heike Bruch: *Umsetzungskompetenz. Diagnose und Förderung in Theorie und Unternehmenspraxis.* München: Vahlen 2000.

Rolf Wunderer und Petra Dick: *Personalmanagement, Quo vadis? Analysen und Prognosen zu Entwicklungstrends bis 2010.* Neuwied: Luchterhand 2002.

Rolf Wunderer und Wendelin Küpers: *Demotivation – Remotivation. Wie Leistungspotenziale blockiert und reaktiviert werden.* Neuwied: Luchterhand 2003.

9. Empowerment

Der Begriff Empowerment, übersetzbar mit „Bevollmächtigung, Ermächtigung“, tauchte Anfang der 1980er-Jahre in den USA als „Zauberbegriff“ auf dem Markt moderner Organisationskonzepte auf. Zu diesem Zeitpunkt erkannten Wirtschaftsexperten, Führungskräfte und Wissenschaftler, dass viele US-amerikanische Unternehmen an Wettbewerbsfähigkeit verloren. Darum begann man herkömmliche Managementmethoden zu überdenken.

Nichts vergeuden

Das Informationszeitalter stellte die Unternehmen vor neue Herausforderungen und verlangte nach neuen Ideen für das Überleben im Wettbewerb. Verschärfte Konkurrenz, anspruchsvollere Kundschaft und eine rasche Technologieentwicklung zwangen Unternehmen, sich dem neuen Wettbewerbsumfeld anzupassen. Die Zeiten sind zu rau geworden, als dass es sich ein Unternehmen leisten könnte, auch nur den kleinsten Beitrag an vorhandenen Talenten, Fähigkeiten oder Kenntnissen zu vergeuden.

Potenziale nutzen

Die oft ungenutzt gebliebenen Potenziale an Intelligenz, Innovation und Talenten wurden erkannt und sollten nunmehr genutzt werden. „*Irgendwie erscheint es paradox, dass Unternehmen, die in technischer Hinsicht schon auf dem Stand des 21. Jahrhunderts sind, in ihrer Firmenstruktur Prinzipien des frühen 20. Jahrhunderts aufweisen und ihre Mitarbeiter mit Methoden des 19. Jahrhunderts zur Arbeit motivieren möchten.*“ (Scott u. a. 1995, S. 63)

Gestärkte Wettbewerbsfähigkeit

Um das zu ändern, sind Mitarbeiter zu fördern, ist ihnen Verantwortung und Entscheidungsbefugnis zu übergeben. Empowerment will Mitarbeiter bewegen, unternehmerisch zu denken, um sie so zu größeren Leistungen zu motivieren. So wird das Unternehmen in seiner Wettbewerbsfähigkeit gestärkt. Die empowerte Mitarbeiterschaft steigert, so die Vorstellung, durch die eigene Arbeitszufriedenheit auch die Kundenzufriedenheit und -treue.

Keine Standarddefinition

Es gibt keine Standarddefinition für Empowerment, denn die Konzeptinterpretationen sind sehr unterschiedlich. Im Prinzip handelt es sich um eine von vielen Formen der Arbeitsgestaltung, die auf Effizienzsteigerung und Wettbewerbsoptimierung zielt. „*Die Menschen besitzen bereits Macht durch ihr Wissen und ihre Motivation. Empowerment bedeutet, diese Macht zu aktivieren.*“ (Blanchard u. a. 1999, S. 111)

Neuverteilung der Macht

Darum fordert das Empowerment-Konzept ein Arbeitsumfeld, in dem Mitarbeiter einen großen Verantwortungs- und Handlungsspielraum haben und ihre Fähigkeiten voll einbringen können. Es geht hier nicht nur um die Delegierung von Aufgaben, sondern um eine Neuverteilung der Macht. „*Empowerment ist keine Zauberei. Es besteht aus einigen wenigen einfachen Schritten und einem langen Atem.*“ (Blanchard u. a. 1999, S. 111)

9.1 Umsetzungsstrategie

Flache Hierarchien

Die Organisationsstruktur eines Unternehmens muss zur Idee des Empowerment kompatibel sein. Flache Hierarchien fördern sie. Darum fordert das Konzept unter anderem die Ersetzung des Pyramidenmodells der Unternehmensführung durch ein Kreismodell.

Pyramidenstruktur

In einem Unternehmen mit Pyramidenstruktur ist der Aufgabenbereich der einzelnen Mitarbeiter abgegrenzt und die Stellenbeschreibung eng definiert. Planung erfolgt an der Spitze und Entscheidungsbefugnisse sind dort angesiedelt. Die unteren Ebenen sind überwiegend ausführend tätig.

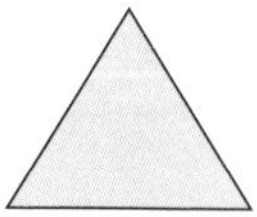

Kreisstruktur

Eine Kreisstruktur, die man auch als Netzmodell bezeichnet, basiert auf mehreren, miteinander kooperierenden, selbst gesteuerten Arbeitsteams, die durch ein gemeinsames Zentrum koordiniert werden.

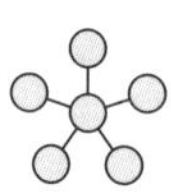

Selbstverantwortliche Teams

Die Abschaffung des Pyramidenmodells führt zu einer Beschleunigung von Planungen und Entscheidungen, da wichtige Machtbefugnisse delegiert und bis in die untersten Organisationsebenen dezentralisiert sind. Das herkömmliche Hierarchie-Konzept wird durch selbstverantwortliche, qualifizierte Teams ersetzt.

Unnötige Vorschriften eliminieren

Hierzu müssen der Tätigkeitsspielraum wie auch der Entscheidungs- und Kontrollspielraum erweitert werden, um den „ermächtigten" und „befähigten" Mitarbeitern eine selbstständige und eigenverantwortliche Bewältigung der Aufgaben zu ermöglichen. Das ist oft nur möglich, indem das Unternehmen unnötige Vorschriften und Regeln, welche die Reaktionsfähigkeit des Unternehmens einschränken, eliminiert.

Die nötigen Veränderungen im Überblick

Von	Zu
Fremdbestimmung	Eigeninitiative
Befolgen von Anordnungen	Eigenverantwortung
Hierarchie	Vernetzung
Funktionsorientierung	Prozessorientierung
etwas richtig machen	das Richtige machen
Fremdkontrolle	Selbstkontrolle
Entscheidung / Anordnung	Beratung/Konsens
Arbeitsteilung	Ganzheitlichkeit
One man = One job	Gruppen/Teams
Fremdorganisation	Selbstorganisation
Nationaler Orientierung	Globaler Orientierung
Reagieren	Agieren
Tradition	Innovation
Quantität	Qualität und Quantität
Individualität	Kollektivität
Schuldzuweisung	Problemlösung

Charakter der Unternehmenskultur

Dieser organisatorische Wandel benötigt eine von allen Mitarbeitern getragene Unternehmenskultur, mit einem Höchstmaß an Information, Kommunikation und Kooperation. Die Unternehmenskultur einer Empowerment-Organisation ist durch ein enges Vertrauensverhältnis zwischen den Vorgesetzten und der Belegschaft geprägt. Jeder Mitarbeiter hat Zugang zu allen wichtigen Informationen. Das befähigt, selbstständig Entscheidungen treffen zu können, ohne auf Anweisungen von „oben" warten zu müssen.

Verzicht auf Statussymbole

Eines der Merkmale einer derartigen Unternehmenskultur ist zum Beispiel der Verzicht auf äußere Status- und Hierarchiesymbole. So spricht man sich in einer auf Empowerment ausgerichteten Organisation üblicherweise mit dem Vornamen an, selbst wenn die Gesprächspartner völlig unterschiedlichen Führungsebenen – oder auch nationalen Kulturkreisen – angehören.

Keine Barrieren

Der Übergang vom Pyramidenmodell zum Kreismodell erfordert folgende gedanklichen und organisatorisch-prozessualen Veränderungen: In einer durch Empowerment geprägten Unternehmenskultur *„gibt es kaum physische, funktionale oder hierarchische Barrieren: Die Mitarbeiter bewegen sich überall dort, wo sie etwas zu erledigen haben, die Arbeit und die Ideen eines jeden Mitarbeiters geschätzt werden und die risikoreiche und neuartige Idee gefragt ist und belohnt wird.*“ (Clutterbeck u. a. 1997, S. 78)

Teamwork

Regeln für Teamarbeit

Der Aufbau selbstgesteuerter Teams ist der wichtigste Schritt bei der Schaffung einer durch Empowerment geprägten Unternehmenskultur. Teams sind Gruppen von Mitarbeitern, die ihren Arbeitsablauf selbstständig und eigenverantwortlich organisieren und eigenverantwortliche Entscheidungen treffen. Arbeitsteams bekommen hier wenig Anweisungen von den übergeordneten Führungsebenen. Doch diese grundsätzlichen Regeln gilt es zu befolgen:

- Der Kunde kommt immer zuerst.
- Die finanziellen Interessen der Firma müssen gewahrt werden.
- Gute Entscheidungen müssen flexibel getroffen werden.
- Die Mitarbeiter im Betrieb werden auf dem Laufenden gehalten.

Informationsfluss

Keine Verantwortung ohne Information

Mitarbeiter, die Verantwortung übernehmen und selbstständig Entscheidungen treffen, benötigen Informationen, denn *„Menschen, die nicht informiert sind, können nicht verantwortungsvoll handeln. Menschen, die informiert sind, wollen verantwortlich handeln*“. (Blanchard u. a. 1999, S. 40) Information ist also eine

Grundbedingung für das Funktionieren des Empowerment-Konzepts.

Offenheit und Vertrauen

In den letzten Jahren wurden in fast allen Unternehmen verschiedene Programme zur Effizienzsteigerung eingeführt, ohne die Belegschaft über Sinn und Zweck zu informieren. Das führte zu Misstrauen unter den Mitarbeitern und Zweifeln an diesen Programmen. Sie stehen ihnen auch weiterhin eher skeptisch gegenüber, wenn sie nicht darüber informiert werden, was diese Neuerungen für sie persönlich bedeuten. Ein empowertes Unternehmen funktioniert nur mit aktiver Information und Kommunikation, horizontal wie vertikal. Das impliziert absolute Offenheit und Vertrauen. Sie sind Voraussetzungen für das Gelingen des Konzepts.

Management

Aus dem Alltagsgeschehen heraushalten

„*Ein Sporttrainer steckt in die Vorbereitung seiner Mannschaft viel Arbeit, aber sobald das Spiel begonnen hat, steht er außerhalb des Spielfelds. Nur die Spieler können den Spielplan realisieren.*" (Clutterbeck u. a. 1997, S. 140) Das bedeutet, dass die Führungskräfte in einer empowerten Organisation die Rolle der Befehlsinstanz aufgeben, um sich zu einem Berater, Herausforderer und Trainer zu entwickeln. Sie halten sich aus dem Alltagsgeschehen heraus und konzentrieren sich auf strategische Aufgaben.

„*Der neue Manager sollte nicht länger Anweisungen, sondern stattdessen Anleitungen zum Handeln geben. Die einzelnen Mitglieder eines Arbeitsteams müssen lernen, Probleme gemeinsam zu lösen sowie Autorität, Kontrolle, Verantwortung und Erfolgserlebnisse miteinander zu teilen.*" (Scott u. a. 1995, S. 80)

Aufgaben des Vorgesetzten

Im Kontext des Empowerment sind dies die Aufgaben des Vorgesetzten:

- Koordination von Marschrichtungen (im Sinne der Zielsetzung)
- Beschaffung erforderlicher Ressourcen (Geld, Ausrüstungen, Fach- und Erfahrungswissen)
- Ansprechbarkeit bei Bedarf
- Vertretung des Teams nach außen

Autonomie durch Abgrenzung

Richtlinien definieren

Trotz weitgehender Handlungsfreiheit der Mitarbeiter ist es wichtig, bestimmte Richtlinien festzulegen, um die Energien in die gewollte Richtung lenken zu können. Das ermöglicht dem Mitarbeiter zu erkennen, worin sein Beitrag zum Unternehmenserfolg besteht und in welchen Grenzen er dazu bevollmächtigt ist, frei zu entscheiden und zu handeln. Durch diese Definition von Richtlinien wird zugleich auch die Vision des Unternehmens in konkrete Rollen und Ziele umgesetzt.

Abgrenzungsbereiche

Abgrenzungsbereiche, die Autonomie schaffen, sind:

- *Zweck:* In welcher Branche das Unternehmen tätig ist
- *Werte:* Richtlinien für das Handeln
- *Was:* Das Bild von der Zukunft
- *Ziele:* Was, wann, wo, wie und warum getan wird
- *Rollen:* Wer macht was
- *Organisatorische Strukturen und Systeme:* Der notwendige Rahmen

9.2 Ein Umsetzungsbeispiel: Oticon

Projektorientierte Geschäftseinheiten

Das dänische Unternehmen Oticon ist ein weltweit führender Hersteller von Hörhilfen. Hier wurde das Undenkbare eingeführt: eine Organisation ohne Arbeitsplatzbeschreibungen und Privilegien, in der man sich kaum noch um Formalitäten, sondern um Leistung und Ergebnisse kümmert. Man schuf hundertprozentig projektorientierte Geschäftseinheiten, in der die Mitarbeiter ihre Aufgaben selbst finden und selbstverantwortlich erledigen.

Chaotischer Wissensfluss

Vorstandsvorsitzender Lars Kolind, dänischer „Mann des Jahres 1995", charakterisiert sein Unternehmen als eine Spaghetti-Organisation, die den „chaotischen Wissensfluss" fördert: *„Um wieder wettbewerbsfähig zu werden, mussten wir sehr kreativ werden. Bei uns hat niemand einen festen Arbeitsplatz, es gibt keine Hierarchie, keine festen Arbeitszeiten. Bei uns herrscht das kreative Chaos."* (Handelsblatt 14./15.9.1996)

So wurden verloren gegangene Marktanteile zurück gewonnen und rote Zahlen schnell in Rekordgewinne umgewandelt.

9.3 Fazit

Befürchtungen der Chefs

Die Grundidee des Empowerments ist vernünftig, denn *„das Denken, das in der Vergangenheit erfolgreich war, wird in der Zukunft keinen Erfolg haben."* (Blanchard u.a. 1999, S. 14) Dennoch bleiben viele Führungskräfte dem Prinzip von Befehl und Gehorsam verbunden. Firmenchefs fürchten um ihren Status im Unternehmen, da die Übertragung von Aufgaben und Kompetenzen an die „Frontline Employees" für sie auch die Abgabe eines Teils ihrer Macht bedeutet.

Bedenken der Belegschaft

Auch die Belegschaft betrachtet dieses Konzept mit gemischten Gefühlen. Mehr Verantwortung und Entscheidungsfreiheit hört sich für die Mitarbeiter gut an und wird deshalb begrüßt. Aber niemand ist persönlich gern rechenschaftspflichtig. Deshalb ist es wichtig, bevor die Entscheidung über Einführung von Empowerment in einer Organisation gefällt wird, das Konzept genau zu definieren, die Ziele festzulegen und die Einführungsstrategie vorzubereiten.

Die Umstellung, die auf allen Ebenen stattfinden sollte, bedeutet Verhaltensänderung, und zwar sowohl bei den Managern als auch bei den Angestellten. Die Realisierung des Empowerments ist nicht einfach, aber durchaus möglich. Die Schaffung einer derartigen Organisation erfordert Innovationsgeist, Mut und Ausdauer.

Literatur

Kenneth Blanchard, John P. Carlos und Alan Randolph: *Management durch Empowerment. Das neue Führungskonzept. Mitarbeiter bringen mehr, wenn sie mehr dürfen.* Reinbek: Rowohlt 1999.

David Clutterbeck und Susan Kernaghan: *Empowerment. So entfesseln Sie die Talente Ihrer Mitarbeiter.* Landsberg/Lech: mvg 1997.

Julia Katrin Schneider: *Personalführung und Empowerment in jungen Wachstumsunternehmen. Theoretische Grundlagen und Problemanalyse, Entwicklung eines integrierten Empowermentmodells und empirische Untersuchung zu Einsatz und Wirkungen von Empowerment in jungen Wachstumsunternehmen.* Berlin: Pro Business 2003.

Cynthia D. Scott und Dennis T. Jaffe: *Empowerment – mehr Kompetenz den Mitarbeitern: So steigern Sie Motivation, Effizienz und Ergebnisse.* Wien: Ueberreuter 1995.

Bertold Ulsamer: *Empowerment in Zeiten der Krise: an Schwierigkeiten wachsen, statt darin unterzugehen.* München: Goldmann 2004.

Bernd Wildenmann: *Professionell führen: Empowerment für Manager, die mit weniger Mitarbeitern mehr leisten müssen.* Neuwied und Kriftel: Luchterhand 2002.

10. Leadership

Fundamentale Veränderungen in Wirtschaft und Gesellschaft machen es für Unternehmen notwendig, sich ständig neuen und komplizierten Bedingungen anzupassen. Diese Anpassungserfordernisse verunsichern vor allem die Mitarbeiter und bewirken tendenziell Demotivation. Darum benötigen Führungskräfte im 21. Jahrhundert Verhaltensweisen und Fähigkeiten, die man früher dem charismatischen Führer zuschrieb.

Traditionelles Führungsverhalten eignet sich nicht mehr

Das traditionelle Führungsverhalten aus Zeiten der Kommandowirtschaft eignet sich nicht mehr, die Aufgaben und Probleme der veränderten Wirtschaftswelt zu lösen. Als Alternative bietet sich ein Denkansatz an, der unter der Bezeichnung Leadership weltweit Furore machte.

10.1 Begriffsklärung

Der Begriff Leadership wurde durch den Politologen James MacGregor Burns in den 1970er-Jahren popularisiert, obwohl er von Philip Selznick schon 1957 durch sein wenig bekanntes Buch „Leadership in Administration" geprägt worden war.

Zwei Arten von Führung

Darin grenzt er zwei Arten von Führung voneinander ab:
1. Vorgangsorientierte Führung
2. Transformierende Führung

Vorgangsorientiertes Management

Das *vorgangsorientierte Management* war tayloristisch geprägt. Es legte den Fokus auf die zielorientierte Steuerung des technischen und organisatorischen Ablaufs, also auf das, was man allgemein als Management bezeichnet. Demnach leitet und verantwortet ein Manager die richtige Umsetzung von Aufgaben. Er mobilisiert die „physischen Ressourcen", zum Beispiel Kapital, Material, Technologie, und löst Probleme mithilfe von Managementmethoden.

Dieses Verständnis von Management hat viele Managergenerationen geprägt. Die zahlengläubige, rationalistische Managementlehre beherrschte die Business Schools. Man glaubte, dass gut ausgebildete Manager mit den richtigen Analyse-Instrumenten und Leitungsmethoden so gut wie alles managen könnten.

Viel Management, wenig Führung

Als Folge hiervon wurde immer mehr sachbezogen verwaltet und *gemanagt,* aber immer weniger zwischenmenschlich *geführt.* Organisationen litten immer stärker an einem Zuviel an Management und einem Zuwenig an Führung (Gertrud Höhler). Manager, die etwas verändern wollten, bastelten in der Regel an der Strategie oder der Organisation herum, aber selten am eigenen Verhalten.

Transformierende Führung

Als in den 1970er- und 1980er-Jahren das Wirtschaftswachstum abflachte, setzte ein Paradigmenwechsel der Managementtheorie ein. Theorie und Praxis der Unternehmensführung verabschiedeten sich vom Konzept des „wissenschaftlichen Managements" des Arbeitsplatzes (Taylorismus) und fragten nunmehr nach der richtigen Art und Weise der Mitarbeiterführung. Vor diesem Hintergrund entstand die Idee der *„transformierenden Führung"*, eine Art des Einwirkens auf Mitarbeiter, das auf dem Sinnstreben des Menschen aufbaut und ein sinnstiftendes Organisationsziel formuliert.

Zu höherer Motivation und Moral verhelfen

James MacGregor Burns wirft den früheren Managementforschern vor, sie hätten sich vor allem mit der Machtfrage beschäftigt und dabei die weitaus wichtigere Aufgabe der Sinnvermittlung aus den Augen verloren. Seine Kernaussage lautet: *„Führung ist darum im Gegensatz zur nackten Machtausübung untrennbar verbunden mit den Bedürfnissen und Zielen der Geführten."* Transformierende Führung liegt für ihn dann vor, wenn eine oder mehrere Personen mit anderen so zusammenwirken, dass Führer und Geführte einander zu höherer Motivation und Moral verhelfen.

Manager und Leader

Als Folge hiervon bildete sich eine Balance zwischen Managen und Führen heraus. Während Manager planen, analysieren, realisieren und kontrollieren, vermittelt die Führung Sinn, schafft

Motivation und Solidarität für gemeinsame Ziele. Die amerikanischen Managementexperten Bennis und Nanus drückten das so aus: „*Managers do the things right, leaders do the right things.*" Anders gesagt: Manager arbeiten mit Zahlen und Fakten, Leader mit Menschen und Gefühlen. Wenn sich der Manager als Businessarchitekt betätigt, ist der Leader als Sozialarchitekt aktiv.

10.2 Der Unterschied zwischen Managen und Führen

Begriff „Leadership"

Im Zusammenhang mit dem Paradigmenwechsel der Managementpraxis setzte sich der Begriff Leadership durch. Bei diesem Führungsverständnis stehen die menschlichen Qualitäten des Führenden im Vordergrund: „*Leadership ist die natürliche und spontane Fähigkeit, Mitarbeiter anzuregen, zu inspirieren und sie in die Lage zu versetzen, diese neuen Möglichkeiten zu entdecken und umzusetzen sowie sich freiwillig und begeistert für die Verwirklichung gemeinsamer Ziele einzusetzen.*" (Hinterhuber 1999, S. 22) Während der Manager für die Arbeit und das Funktionieren der Organisation sorgt, kümmert sich der Leader um die Lust an der Arbeit und die Freude an der Organisation.

Die Unterschiede zwischen Leadership und Management

So handelt der Leader

Der neue Typ des Leaders sucht innovative Lösungen für alte Probleme, um so eventuell noch unbekannte Handlungs- und Geschäftsmöglichkeiten zu entdecken. Er weitet Spielräume aus und beschreitet neue Wege. Das impliziert vorbildliches Verhalten, vor allem bei der Verwirklichung von Visionen.

Leadership	Management
▪ Entdecken neuer Möglichkeiten, das Kommende vorbereiten ▪ Mitarbeiter anregen und in die Lage versetzen, Spitzenleistung zu erbringen ▪ ganzheitliche Veränderung, Leistungssteigerung ▪ Zeithorizont: länger als ein Jahr ▪ Führung mit sinnstiftenden Inhalten und Visionen	▪ Die vereinbarten Ziele erreichen ▪ „Dinge" und Menschen durch Methoden, Techniken und Kontrolle in Bewegung setzen ▪ partielle Veränderungen, Leistungssicherung ▪ Zeithorizont: ein Jahr ▪ Führung mit Zahlen und Daten sowie mess- und kontrollierbaren Zielen

So macht es der Manager

Im Gegensatz dazu versucht der Manager klassischen Zuschnitts, die gestellten Ziele zu erfüllen und gegebene Probleme zu lösen. Er agiert in vorhandenen, gegebenenfalls klar strukturierten Märkten und Branchen. Seine Methoden, Techniken und Werkzeuge sind technisch, mathematisch, analytisch und linear im Sinne von Wenn–Dann, von Ursache und Handlung. Sein wichtigstes Führungsmittel sind konkrete Ziele, die einem ständigen Soll-Ist-Vergleich unterliegen, sodass er gegensteuern kann. Das ermöglicht ihm, den Erfolg beziehungsweise Misserfolg seiner Handlungen gegenüber seinen Vorgesetzten oder auch Aktionären zu belegen.

Das kann der Leader nicht, da seine Visionen nicht so leicht messbar sind. Sie zeichnen sich außerdem durch einen Langzeiteffekt aus. „Test“ ist ein wichtiges Wort in seinem Vokabular. Er weiß, dass es keine risikolosen Risiken gibt.

Einzelpersönlichkeiten neu entdeckt

Ein Unternehmen benötigt solche Identifikationspersonen. Diese Einsicht war in der Teameuphorie der letzten zwei Jahrzehnte verloren gegangen. Erst in den letzten Jahren wurde die besondere Rolle der Einzelpersönlichkeit neu entdeckt. Menschen wie Nelson Mandela und Bill Gates treiben das Handeln von Menschen in Unternehmen, Organisationen und Nationen voran.

Doch trotz der hier beschriebenen Unterschiede haben Leadership und Management gleiche wirtschaftliche Ziele. Es geht letztendlich um die langfristige Gewinnsicherung von Unternehmen, um Marktführerschaft oder die Steigerung des Unternehmenswertes.

Der Manager muss auch Leader sein

Müssten Manager nicht zugleich Leader und Leader nicht zugleich Manager sein? Den ersten Teil der Frage beantworten die Protagonisten des Leadership-Konzepts mit Ja. Da es die Hauptaufgabe eines Managers ist, Ziele durch die Mitarbeit anderer Menschen zu erreichen, kann er nicht ohne die Fähigkeiten des Leaders, also soziale Kompetenz, auskommen.

Im Gegensatz dazu sollte der Leader mit einem Minimum an Management auskommen. Erfolgreiche Leader lassen andere für sich managen oder verlagern Managementaufgaben in die Arbeitsgruppe. Doch darf der Leader nicht auf Management verzichten, da sonst ein Blindflug droht.

10.3 Die Praxis des Leaderships – Anforderungen an den Leader

Drei Anforderungen

Nach Meinung der Leadership-Apologeten sollen Führungskräfte drei Anforderungen erfüllen:

1. Visionär sein
2. Vorbild sein
3. den Unternehmenswert steigern

Jede Führungskraft, soweit sie die Leaderrolle einzunehmen gedenkt, sollte prüfen, ob sie diese Anforderungen erfüllt.

Visionär sein

Wer wirksam und zukunftsbezogen führen will, sollte *Visionär* sein. Er überzeugt andere und spornt sie an, indem er Sinn vermittelt und die Richtung vorgibt. Dazu benötigt er Willenskraft und nutzt gegebenenfalls seine Macht, aber ohne diese zu missbrauchen. Mit seiner Vision (Kernauftrag) drückt er das aus, was er für möglich hält. Er lebt sie vor und wirkt so auf seine Mitarbeiter ein.

Vorbild sein

Der Führende muss für seine Mitarbeiter *Vorbild* sein. Das betrifft insbesondere sein Bemühen zur Steigerung des Unternehmenswertes und Verbesserung der Unternehmenskultur. Für ein Unternehmen ist dies (überlebens-)wichtig und auch deshalb notwendig, weil das Bild, welches die Außenwelt von einem Unternehmen wahrnimmt, durch das Verhalten der Mitarbeiter und Führungskräfte geprägt wird.

Natürlich sind auch Motivation und das Engagement der Mitarbeiter zu wecken, weil sich Kundenzufriedenheit nur durch zufriedene Mitarbeiter erreichen lässt.

Das Top-Management ist hier ebenfalls gefordert. Werte, Normen und Ziele sind von oben nach unten vorzuleben. Die natürliche Autorität und Glaubwürdigkeit aller Führungskräfte hängt davon ab, ob ihre vorgelebte Vision, ihre Strategien und Einstellungen von den Mitarbeitern geglaubt und akzeptiert werden.

Den Unternehmenswert steigern

Das Verhalten des Leaders ist Mittel zum Zweck. Dieser lautet: Rentabilitätssicherung und gegebenenfalls Ausbau der Marktführerschaft, um den Unternehmenswert zu steigern, und zwar im Interesse der Eigner und Mitarbeiter langfristig und nachhaltig. Der „Managementstar" Jack Welch von General Electric meint: *„Als Führende werden wir bezahlt, kurzfristige Ergebnisse zu erzielen und die Unternehmung langfristig stärker zu machen."* (Hinterhuber 1999, S. 65) Dies setzt ein ausgeprägtes Kostenbewusstsein und eine engagierte Gewinnorientierung voraus.

Die Basis erfolgreichen Leaderships sind die Kunden. Ein Unternehmen ohne Kunden ist de facto früher oder später pleite. Je mehr Kunden das Unternehmen hat, desto größer ist die Chance, dass es erfolgreich überlebt und seinen Unternehmenswert steigert.

Zentrale Kennzeichen

Leadership ist gemäß Hinterhuber gekennzeichnet durch:

- Den Aufbau einer gemeinsamen Sicht der Zukunft der Führungskräfte und Mitarbeiter, die den Kundennutzen in den Mittelpunkt stellt.
- Der Führende hat die Willenskraft und die Bereitschaft, die verliehene Macht aktiv zu gebrauchen. Dadurch sollen Handlungen und Entscheidungen beschleunigt und die Zielerreichung der Unternehmensziele gesichert werden.
- Kompetenzen müssen delegiert werden. Trotz Abgabe und Delegierung von Kompetenzen müssen alle Mitarbeiter das Unternehmensziel verfolgen.
- Leader gehen davon aus, dass jeder Mitarbeiter Fähigkeiten und Fertigkeiten mit- und einbringt, die für die Erreichung des Zieles wichtig sind. Mitarbeiter werden angeregt und in die Lage versetzt, Spitzenleistung zu erbringen.
- Im Gegensatz zum autoritären Führungsstil bestimmt ein Leader Ziel und Aufgaben, ohne in die Ausführungen einzugreifen.

- Der Leader kontrolliert nicht den Weg beim Erfüllen der Aufgabe, sondern die Zielerreichung.
- Der Leader gesteht den Mitarbeitern ihren Anteil am Erfolg zu. Er muss auch schwache Signale deuten können und schon im Vorfeld von Bedrohungen Information interpretieren und präventiv handeln.
- Der Leader steht zu den eigenen Fehlern und schiebt die Verantwortung nicht den Mitarbeitern zu.
- An die Stelle der rigiden Organisation tritt eine sich selbst formierende Organisation mit einem gemeinsamen Werteverständnis, dessen Gestaltung sich an der jeweiligen Aufgabe orientiert. Das System wird überarbeitet.
- Das Erreichte muss immer wieder in Frage gestellt werden, um das Unternehmen laufend den Kundenbedürfnissen und Wettbewerbsverhältnissen anzupassen.
- Bereichsübergreifende Problemlösungen stehen im Mittelpunkt.

10.4 Fazit

Neuer Begriff für alte Erscheinung

Beim Leadership hat man eine schon länger bekannte Erscheinung im Sozialgefüge von Menschen in einen neuen Begriff gegossen beziehungsweise auf die Unternehmenswelt übertragen. Bereits Max Weber hatte die Existenz und die Rolle des charismatischen Führers soziologisch beleuchtet, nach der sich der Führer durch besondere Persönlichkeitsmerkmale auszeichnet. Leadership darf dem Teamgedanken nicht gegenübergestellt, sondern muss in diesen eingefügt werden.

Kein Gegensatz

Leadership und Management bilden in der Praxis nicht den Gegensatz, den man in der Literatur antrifft. Eher handelt es sich bei diesen Begriffen um idealtypische Gegenüberstellungen. Man sollte sich beides eher als Kontinuum vorstellen, bei dem je nach Situation eher die eine oder die andere Richtung beschritten wird.

Ob und inwieweit Leadership praktiziert werden kann, hängt auch von der Organisation beziehungsweise der Mitarbeiterschaft ab. In der New Economy oder einem Forschungslabor mag es der adäquate Führungsstil sein, aber nicht bei der Feuerwehr oder auf einer von Terminsorgen geplagten Baustelle.

Nur ein Baustein im Gesamtgefüge

Wesentliche Fragen, wie sich der Leader im psychologisch-sozialen Wechselspiel konstituiert, bleiben in den meisten Büchern zu diesem Thema unbeantwortet. Das gilt auch für die Frage der Kompatibilität hierarchischer Traditionalorganisation mit innovativer Handlungsfreiheit für den Leader. Leadership kann nur ein Baustein im Gesamtgefüge eines Unternehmens sein. Erst in der Kombination mit Teamwork, Empowerment, Visionsmanagement, Innovationsmanagement und einer Unternehmenskultur kann Leadership Wirkung entfalten.

Literatur

Ralph Berndt (Hg.): *Leadership in turbulenten Zeiten.* Berlin: Springer 2003.

Kenneth H. Blanchard und Marc Muchnick: *Die Leadership-Pille: was Mitarbeiter heute wirklich motiviert.* Hamburg: Hoffmann und Campe 2004.

James MacGregor Burns: *Leadership.* New York: Harper & Row 1978.

Owen Harrison: *The Spirit of Leadership, Führen heißt Freiräume schaffen.* Heidelberg: 2001.

Hans H. Hinterhuber: *Leadership. Strategisches Denken systematisch schulen von Sokrates bis Jack Welch.* Frankfurt/M.: FAZ 2003.

Julia Katrin Schneider: *Personalführung und Empowerment in jungen Wachstumsunternehmen: theoretische Grundlagen und Problemanalyse, Entwicklung eines integrierten Empowermentmodells und empirische Untersuchung zu Einsatz und Wirkungen von Empowerment in jungen Wachstumsunternehmen.* Berlin: Pro Business 2003.

Philip Selznick: *Leadership in Administration. A Sociological Interpretation.* New York: Harper & Row 1957.

Brian Tracy: *High-Performance-Leadership. Der Schlüssel zu erfolgreicher Führung und Motivation.* Landsberg: 1999.

Bertold Ulsamer: *Empowerment in Zeiten der Krise: an Schwierigkeiten wachsen, statt darin unterzugehen.* München: Goldmann 2004.

Marianne Vollmer: *Leadership statt Management. Unternehmen gestalten. Mitarbeiter stark machen.* Regensburg: Walhalla und Praetoria 2005.

Bernd Wildenmann: *Professionell führen: Empowerment für Manager, die mit weniger Mitarbeitern mehr leisten müssen.* Neuwied und Kriftel: Luchterhand 2002.

Gerhard Zapke-Schauer: *The art of leadership: Reflektionen und Inspirationen für wirkungsvolle Führung.* Wiesbaden: Gabler 2003.

Stichwortverzeichnis

GABAL Business-Bücher für Erfolg und Karriere

Love it don't leave it
200 Seiten
ISBN 3-89749-502-3

Beziehungsmanagement
144 Seiten
ISBN 3-89749-503-1

Die souveräne Stimme
ca. 220 Seiten
ISBN 3-89749-505-8

Selbstmanagement
160 Seiten
ISBN 3-89749-550-3

Souverän freie Reden halten
168 Seiten
ISBN 3-89749-363-2

Grundlagen erfolgreicher Mitarbeiterführung
180 Seiten
ISBN 3-89749-548-1

Erfolg durch Effizienz
191 Seiten
ISBN 3-89749-433-7

Erfolgreiche Führungsgespräche
192 Seiten
ISBN 3-89749-464-7

Gestern Kollege – heute Vorgesetzter
176 Seiten
ISBN 3-89749-463-9

Ganz einfach verkaufen
136 Seiten
ISBN 3-89749-341-1

Das 1x1 der Selbstmotivation
160 Seiten
ISBN 3-89749-551-1

Moderation & Kommunikation
136 Seiten
ISBN 3-89749-003-X

5-100

Informationen über weitere Titel unseres Verlagsprogrammes erhalten Sie in Ihrer Buchhandlung, unter info@gabal-verlag.de oder im GABAL Shop.

www.gabal-shop.de